JN300824

水産
無脊椎動物学
入門

林 勇夫 著

Introduction to Useful
Aquatic Invertebrates

恒星社厚生閣

は じ め に

　筆者らの前著「基礎水産動物学」が世に出てはや十数年が経過した．当時としては最新の知見を網羅したつもりであるが，その後分子生物学をはじめとして生物学の発展は目覚ましく，海洋生物に関しても多くの新しい知見が得られている．また，それぞれの動物と我々との関わりもずいぶん様変わりをし，書き直しを必要とする個所も少なからず出てきた．

　本書はこのような現状に鑑みて，この間明らかにされた主な知見を含めて，内容を一新して書き直したものである．

　旧版は，水生無脊椎動物はもとより，魚類をはじめとする脊椎動物も網羅して，文字通り水圏に生息する動物全体を扱った点がそれまでの類書と趣を異にしたものであったが，今回の改訂に際し，このスタイルを踏襲するかどうかが企画の段階で大きなテーマとなった．1冊に水生動物をすべて網羅したことが本書のアイデンティティーとして認知されてきた面は決して小さくなかったと思われるが，一方で，限られた紙面に盛りだくさんの項目を含めることで，割愛しなければならない部分も多くあった．加えて，今回は筆者が一人で改訂にあたることになったため，筆者の能力面での制約も加わって，結局，本改訂版では無脊椎動物に限るのが適当であろうと判断し，結果としてかなり大幅な変更を加えることになり，改訂の意図を明確にするために，書名にも無脊椎動物と明記することにした．無脊椎動物に限ることで，従来の類書のスタイルに戻ることになったが，スペースに余裕ができたことで，最初に総論部分を設け，無脊椎動物について全般的に記した上で，各論で個々の分類群についてより詳しく記述することで，読者の理解を得やすいよう配慮した．

　また，筆者の元同僚の豊原治彦氏に水生無脊椎動物に関する最近のホットな話題を主に生理・生化学的な視点から解説してもらったコラムをいくつか挿入し，読者に水生無脊椎動物に興味を持っていただけるよう工夫もした．

　このように，大幅な改訂を試みたとはいえ，本書は，前著同様入門書として意識して書かれたもので，各章ともごく基礎的な事項を中心に扱っている．より専門的な勉強をするための最初のステップとして本書を活用いただければと思っているところである．

i

本書の上梓は，前著の主著者であり筆者の恩師でもある岩井保京都大学名誉教授からの熱心なお薦めで実現したもので，先生の御配慮に深く謝意を表したい．また，御多忙のところ筆者の依頼に快く応じていただいた豊原治彦氏および一部の挿入図のトレースでお世話になった花岡皆子氏の御厚意に感謝する．

　いうまでもなく，本書の内容はすべて先学の諸賢によって得られている貴重な成果に基づいたものであるが，挿入図表以外は，読みやすさを優先させることで，原則として個々の記述の出典を記さなかったことをお断りしておく．

　執筆の過程で，前著同様多くの方々に御教示と貴重な資料の御提供をいただいた．とくに，別記の方々からは，本書出版の意義を御理解いただき，御多忙のところそれぞれの御専門のお立場から素稿の査読をしていただいた上，数多くの貴重な御教示を賜った．御指摘いただいた多くの御教示はできる限り本書に反映させたつもりであるが，全体の統一性を考慮して一部従えなかった点もあり，したがって，本書の内容に関する責任はすべて筆者に帰するものである．

　恒星社厚生閣の片岡一成社長および佐竹あづささんには，筆者の無理をいろいろ聞いていただくなど，出版に至る過程で大変お世話になった．厚く御礼申し上げる．

　なお，水産動物学の改訂版の出版の必要性を説かれ，執筆の過程で，折に触れお励ましをいただいた故佐竹久雄前社長には，筆者の遅筆が原因で，御存命中に本書の出版まで見届けていただくことが叶わず，返す返すも心残りであるが，お詫びの気持ちも込めて本書を謹んで御霊前に捧げたい．

平成18年8月　林　　勇　夫

　本書の素稿を御査読いただき，種々の御教示を賜った下記の各位にあらためて深く感謝申し上げます．

朝倉　彰，有山啓之，上野正博，奥谷喬司，木島明博，久保田信，五嶋聖治，小島　博，小林　哲，崎山一孝，桜井泰憲，白山義久，青海忠久，田近謙一，寺崎誠，直海俊一郎，萩原篤志，藤田敏彦，藤原建紀，藤原正夢，松田浩一，馬渡峻輔，柳澤豊重，山崎　淳，葭矢　護，和田克彦，渡辺洋子（五十音順，敬称略）

水産無脊椎動物学入門　目次

はじめに ………………………………………………………………………………… i

1　水産無脊椎動物とは …………………………………………………… 1

2　水生無脊椎動物の生息環境 ………………………………………… 5
2・1　海洋 …………………………………………………………………………… 5
2・2　陸水域 ………………………………………………………………………… 9
2・3　汽水域 ……………………………………………………………………… 10
2・4　水圏に出現する動物 …………………………………………………… 11

3　水生無脊椎動物の形態と機能 …………………………………… 13
3・1　形態形成 …………………………………………………………………… 13
　　1．胚発生（13）　2．初期幼生（17）
3・2　動物の体制 ………………………………………………………………… 17
　　1．相称性（17）　2．体のサイズ（18）　3．体節性（19）
3・3　水生無脊椎動物の体の構造と機能 ………………………………… 19
　　1．骨格（19）　2．消化系（20）　3．呼吸および循環系（21）
　　4．神経系および感覚受容（24）　5．内分泌系およびフェロモン（28）
　　6．排出と浸透調節（32）　7．生殖様式および生殖器官（34）

4　動物の分類および系統 ……………………………………………… 41
4・1　分類単位 …………………………………………………………………… 41
4・2　動物分類学から動物系統分類学へ ………………………………… 43
4・3　現生動物門の系統関係 ………………………………………………… 45

5　水生無脊椎動物の生活 ……………………………………………… 51
5・1　生活様式の類別 …………………………………………………………… 51
5・2　動物の食生活 ……………………………………………………………… 52
　　1．摂食型の分類（52）
5・3　初期生活 …………………………………………………………………… 56
　　1．幼生期（57）　2．着底・変態過程（57）
5・4　成長 ………………………………………………………………………… 58

iii

5・5　水生無脊椎動物の生活史型 ··59
　　1．生活史型が有する意味（59）　　2．生活史型の類別（60）

6　水生無脊椎動物と我々との関わり ····················63
6・1　有用生物としての水生無脊椎動物 ································63
　　1．食資源としての水生無脊椎動物（63）　　2．有用成分の産生者としての水生無脊椎動物（65）　　3．海洋資源生物の餌料生物としての無脊椎動物（65）　　4．海洋生態系における水生無脊椎動物の役割（66）　　5．環境指標生物としての水生無脊椎動物（66）
6・2　有害生物としての水生無脊椎動物 ································68
　　1．有用生物の食害（68）　　2．寄生および付着（68）
　　3．大量発生による操業被害（69）

各　　論

7　海綿動物（Porifera）································73
7・1　体の構造と機能 ··73
　　1．一般形態（73）　　2．襟細胞（74）　　3．水溝系（75）
　　4．摂食および消化（76）　　5．呼吸および循環系（76）
7・2　生殖および発生 ··77
　　1．有性生殖（77）　　2．無性生殖（77）
7・3　分類および主な種 ··78
　　1．石灰海綿綱（78）　　2．尋常海綿綱（78）　　3．六放海綿綱（78）

8　刺胞動物（Cnidaria）······························81
8・1　体の構造と機能 ··82
　　1．一般形態（82）　　2．刺胞（83）　　3．腔腸（84）
　　4．摂食および消化（84）　　5．ガス交換および排出（85）
　　6．感覚および神経系（85）
8・2　生殖および発生 ··86
　　1．生殖様式（86）　　2．群体形成（87）
8・3　分類および主な種 ··88
　　1．ヒドロ虫綱（88）　　2．箱虫綱（89）　　3．鉢虫綱（89）
　　4．花虫綱（92）

目　次

9　扁形動物（Platyhelminthes）⋯⋯⋯⋯⋯⋯⋯⋯⋯97
9・1　体の構造と機能 ⋯⋯⋯⋯⋯⋯⋯⋯⋯⋯⋯⋯⋯97
　　1．一般形態（97）　2．摂食および排出（99）
9・2　生殖 ⋯⋯⋯⋯⋯⋯⋯⋯⋯⋯⋯⋯⋯⋯⋯⋯100
9・3　生活環⋯⋯⋯⋯⋯⋯⋯⋯⋯⋯⋯⋯⋯⋯⋯⋯100
9・4　分類および主な種 ⋯⋯⋯⋯⋯⋯⋯⋯⋯⋯⋯⋯101
　　1．渦虫綱（101）　2．単生綱（101）　3．吸虫綱（101）
　　4．条虫綱（102）

10　輪形動物（Rotifera）⋯⋯⋯⋯⋯⋯⋯⋯⋯⋯⋯⋯103
10・1　体の構造と機能 ⋯⋯⋯⋯⋯⋯⋯⋯⋯⋯⋯⋯103
10・2　分類および主な種 ⋯⋯⋯⋯⋯⋯⋯⋯⋯⋯⋯104
　　1．ウミヒルガタワムシ綱（104）　2．ヒルガタワムシ綱（105）
　　3．単生殖巣綱（105）

11　軟体動物（Mollusca）⋯⋯⋯⋯⋯⋯⋯⋯⋯⋯⋯109
11・1　腹足綱 ⋯⋯⋯⋯⋯⋯⋯⋯⋯⋯⋯⋯⋯⋯⋯109
　　1．構造と機能（109）2．生殖および発生（116）
　　3．分類および主な種（117）
11・2　二枚貝綱 ⋯⋯⋯⋯⋯⋯⋯⋯⋯⋯⋯⋯⋯⋯125
　　1．構造と機能（125）2．生殖および発生（136）
　　3．分類および主な種（137）
11・3　頭足綱 ⋯⋯⋯⋯⋯⋯⋯⋯⋯⋯⋯⋯⋯⋯⋯148
　　1．構造と機能（150）　2．生殖および発生（155）
　　3．分類および主な種（158）

12　環形動物（Annelida）⋯⋯⋯⋯⋯⋯⋯⋯⋯⋯⋯167
12・1　多毛類の体の構造と機能 ⋯⋯⋯⋯⋯⋯⋯⋯168
　　1．一般形態（168）　2．移動（169）　3．摂食および消化（170）
　　4．呼吸および循環系（171）　5．排出および浸透調節（171）
　　6．神経節および感覚器官（172）
12・2　生殖，発生および再生 ⋯⋯⋯⋯⋯⋯⋯⋯⋯172
　　1．有性生殖（172）　2．発生（173）　3．無性生殖（174）
　　4．再生（174）

12・3　分類および主な種 ································· 175
　　　　1. 多毛綱（175）　2. 有帯綱（180）

13　節足動物（Arthropoda）··························· 183
　　13・1　甲殻亜門の体の構造と機能 ·················· 184
　　　　1. 外部形態（184）2. 摂食器官および消化系（188）
　　　　3. 呼吸および循環系（189）
　　　　4. 排出および浸透調節（190）　5. 神経系および感覚器官（190）
　　　　6. 脱皮（192）
　　13・2　生殖および発生 ······························ 194
　　13・3　分類および主な種 ···························· 195
　　　　1. 鰓脚綱（195）　2. 顎脚綱（197）　3. 貝虫綱（202）
　　　　4. 軟甲綱 -1（203）　5. 軟甲綱 -2　十脚目（210）

14　外肛動物（Ectoprocta）························· 231
　　14・1　体の構造と機能 ······························ 231
　　14・2　生殖および発生 ······························ 232
　　　　1. 有性生殖（232）　2. 発生（233）　3. 群体形成（233）
　　　　4. 休芽（234）　5. 褐色体（234）
　　14・3　分類および主な種 ···························· 235
　　　　1. 被口綱（掩喉綱）（235）　2. 狭口綱（狭喉綱）（235）
　　　　3. 裸口綱（裸喉綱）（235）

15　毛顎動物（Chaetognatha）······················ 237
　　15・1　体の構造と機能 ······························ 237
　　15・2　摂食および消化 ······························ 238
　　15・3　生殖および発生 ······························ 239
　　15・4　分類および主な種 ···························· 240

16　棘皮動物（Echinodermata）····················· 241
　　16・1　体の構造と機能 ······························ 241
　　　　1. 一般形態（241）　2. 水管系（244）　3. 消化系（245）
　　　　4. 循環系（246）　5. 神経系および感覚器官（247）

目　次

16・2　生殖および発生 ……………………………………………248
　　1．生殖（248）　2．発生（249）　3．再生および無性生殖（250）
16・3　分類および主な種 ……………………………………………251
　　1．ウミユリ綱（251）　2．ヒトデ綱（252）　3．クモヒトデ綱
　　（252）　4．ウニ綱（252）　5．ナマコ綱（255）

17　脊索動物（Chordata） …………………………………………259
17・1　尾索動物亜門 …………………………………………………259
　　1．体の構造と機能（260）2．摂食および消化系（264）
　　3．循環系，排出系および神経系（264）　4．生殖および発生（266）
　　5．分類と主な種（269）
17・2　頭索動物亜門 …………………………………………………270
　　1．体の構造および機能（270）　2．摂食および消化（271）
　　3．循環系，ガス交換および排出（271）4．神経系および感覚器官
　　（271）　5．生殖および初期発生（272）　6．分類と主な種（272）

引用文献 ………………………………………………………………274
索　引 …………………………………………………………………276

　　＜コラム＞
　　1　シックスセンス　（29）
　　2　タウリンの秘密　（35）
　　3　DNA が教えてくれるもの　（55）
　　4　カブトガニの血液から作られた診断薬　（67）
　　5　海綿とシリコンテクノロジー　（79）
　　6　バイオミネラリゼーション　（115）
　　7　なまけものの省エネ戦略　（128）
　　8　シジミは川のシロアリか？　（149）
　　9　口も肛門もない生物—チューブワーム　（181）
　　10　甲殻類の殻の効用　（187）
　　11　遺伝子の水平伝播　（263）
　　12　希少金属濃縮機構　（267）

vii

1 水産無脊椎動物とは

　地球に生物が誕生して約40億年，その間多くの生物が現れ，消えていった．現在この地球上に生息する動物のうち，これまで科学的な手続きを経て正式に記載されている種は約100万種余りであるが（表1・1），現実に生息している種は，研究者により3,000万種以上とも1億種以上とも見積もられている．このうち数万種の脊椎動物を除く残りはすべて無脊椎動物である．

　脊椎動物と無脊椎動物の大別は，19世紀初頭にLamarckが提唱して以来，広く受け入れられてきたものであるが，最近は，脊椎動物が尾索動物，頭索動物などの無脊椎動物に属する分類群とともに，脊索動物門の亜門の1つとして位置づける分類体系がほぼ定着し，脊椎動物と無脊椎動物の対置がもはや科学的な合理性をもつものではなくなった．さらに，脊椎動物はどのレベルの分類階級に位置づけられようと，脊椎をもつという形態学的特徴を共有することで，今でも意味のある分類群として認識されているのに対し，無脊椎動物は脊椎を欠くという特徴だけでまとめられた集団で，詳しくみれば，それぞれ独自の進化過程を経て出現してきた分類群を含んでおり，分類学的に意味を有する集団とはいえない．

　にもかかわらず，脊椎動物と無脊椎動物の大別がいまなお広く受け入れられているのは，いまだに無脊椎動物学と謳った成書がいくつも出版されていることからも明らかである．教育現場でのニーズを配慮した側面は大きいが，一方で，分類学的にヘテロな集団であるが故に，無脊椎動物は動物の多様性の実態を理解する上で，また，動物の進化の歴史を辿る上で恰好の対象であるといえ，無脊椎動物を包括的に捉えることの意味は今なお決して小さくはない．本書もこの点を十分意識した上で，あえて無脊椎動物にこだわり，とくに漁業と関わりの深い，いわゆる水産動物を中心に扱っている．

　水産動物を文字通り解釈すれば，漁業活動を通して，我々の食生活と密接な関わりを有する，魚類を主とした水生動物ということになるのであろうが，数

多くいる水生無脊椎動物の中には，最近，単に食生活にとどまらず，我々の日常生活の色々な側面で関わりを有するものが増えているのも事実である．このような状況にも配慮すれば，厳密な意味での水産動物という枠組みからは少し逸脱するが，より幅広く扱うのが現実的で有用であると思われる．実際に，既

表1・1　現生の動物門と記載種数および生活型

門	記載種の概数	生息域* 水圏 海域	生息域* 水圏 陸水域	生息域* 陸圏	生活型* 底生	生活型* 浮遊	生活型* 寄生・共生
海綿動物 （Porifera）	5,500	○	○		○		
平板動物 （Placozoa）	1	○			○		
一胚葉動物 （Monoblastozoa）	1	○			○		
菱形動物 （Rhombozoa）	70	○					○
直泳動物 （Orthonectida）	20	○					○
刺胞動物 （Cnidaria）	10,000	○	○		○	○	
有櫛動物 （Ctenophora）	100	○			○	○	○
扁形動物 （Platyhelminthes）	20,000	○	○	○	○		○
紐形動物 （Nemertea）	900	○	○	○	○		○
輪形動物 （Rotifera）	1,800	○	○		○		
腹毛動物 （Gastrotricha）	450	○	○		○		
動吻動物 （Kinorhyncha）	150	○			○		
線形動物 （Nematoda）	25,000	○	○	○	○		○
類線形動物 （Nematomorpha）	320	○	○	○		○	○
鉤頭動物 （Acanthocephala）	1,100	○	○	○			○
内肛動物 （Entoprocta）	150	○	○		○		
顎口動物 （Gnathostomulida）	80	○			○		
鰓曳動物 （Priapulida）	16	○			○		
胴甲動物 （Loricifera）	10	○			○		
有輪動物 （Cycliophora）	1	○					○
星口動物 （Sipuncula）	320	○			○		
ユムシ動物 （Echiura）	135	○			○		
環形動物 （Annelida）	16,500	○	○	○	○		○
有爪動物 （Onychophora）	110			○	○		
緩歩動物 （Tardigrada）	800	○	○	○	○		
節足動物 （Arthropoda）	> 1,000,000	○	○	○	○	○	○
軟体動物 （Mollusca）	100,000	○	○	○	○	○	
箒虫動物 （Phoronida）	20	○			○		
外肛動物 （Ectoprocta）	4,500	○	○		○		
腕足動物 （Brachiopoda）	335	○			○		
棘皮動物 （Echinodermata）	7,000	○			○	○	○
毛顎動物 （Chaetognatha）	100	○			○	○	
半索動物 （Hemichordata）	85	○			○		
脊索動物 （Chordata）	50,000	○	○	○	○	○	

動物門の配置と種数は Brusca and Brusca（2003）に準じている
*一部の特殊な例外を除く

往の水産動物学と題した類書でも概ねこのような位置づけで扱われてきている
ようである．したがって，本書でも書名には水産という語句を冠してはいるが，
正確には有用・有害水生無脊椎動物を対象とし，本文中でも，正確さを期すた
めに極力水生無脊椎動物と表記するようにした．

参考文献（無脊椎動物学全般にわたるもの）

Barnes, R. S. K., Calow, P., Olive, P. J. W., Golding, D. W. and Spicer, J. I.: The Invertebrates; A Synthesis. 3rd ed. Blackwell Science Ltd., 2001, 497pp.

Brusca, R. C. and Brusca, G. J.: Invertebrates. 2nd ed. Sinauer Ass. Inc. Publishers, 2003, 916pp.

今原幸光（編著）：写真でわかる磯の生き物図鑑．トンボ出版，2011，271pp.

Luts, P. E.: Invertebrate Zoology. The Benjamin/Cummings Publishing Co. Inc., Menlo Park, 1985, 734pp.

Nielsen, C.: Animal Evolution. Interrelationships of the Living Phyla. 2nd ed. Oxford University Press Inc., 2001, 563pp.

奥谷　喬（編）：水産無脊椎動物Ⅱ　有用・有害種各論．恒星社厚生閣，1994，357pp.

奥谷　喬・太田　秀・上島　励（編）：水棲無脊椎動物の最新学．東海大学出版会，1999，341pp.

Ruppert, E. E., Fox, R. S. and Barnes, R. D.: Invertebrate Zoology; A Functional Evolutionary Approach. 7th ed. Brooks/Cole-Thomson Learning, 2004, 963pp.

山田真弓（監）：動物系統分類学追補版．中山書店，2000，451pp.

2 水生無脊椎動物の生息環境

　水生動物が生息する水圏は，山間の渓流域から深海の海底に至るまで，きわめて多様な環境を含むが，水圏生態系を海洋，陸水域および汽水域の3つに分けるのが自然である．それぞれの水域は，水という媒質を通して互いに密接な関わりを有していることはいうまでもないが，一方で各水域は固有の環境特性をも有している．

2・1 海　洋

　海洋は地球表面の71%（約3/4）を占め，水平方向にも鉛直方向にも大きな広がりを有する空間である．陸上や陸水域とは異なり，明らかな物理的な障壁はないが，海域によって環境は大きく異なり，極地や熱帯，あるいは沿岸域や沖合域などで水温や栄養塩量などで対照的な環境となっている．また，局地的にみた場合も，水平方向および鉛直方向にいくつかに区分される（図2・1）．それは基底面に沿った沖合へと，海表面から海底への2つの方向で示される．基底面に沿った方向では，陸との境界にあたる汀線付近はやや複雑に区分される．ほぼ半日周期の潮汐リズムにより海面が上下するため，最も陸側は，潮汐に合わせて干出したり，海面下に没したりする．そして，この潮汐の規模はほぼ半月周期で増減する．その規模が最も大きくなる大潮（spring tide）の時には，満潮時と干潮時の汀線の距離が最も大きくなり，逆に小潮（neap tide）の時はそれが最も小さくなる．大潮，小潮の周期は月齢と密接に関連しており，大潮は新月および満月時に一致し，小潮は上弦および下弦の月齢時に一致する．一般に，平均最高潮位の汀線と平均最低潮位の汀線の間を潮間帯（intertidal zone），その上を潮上帯（supralittoral zone）とそれぞれ呼ぶ．同じ潮間帯でも，場所により冠水時間および干出時間が異なるため，潮位面を基準にさらに細分し得る（図2・1）．干出時間は潮間帯に生息する動物にとっては重要な分

5

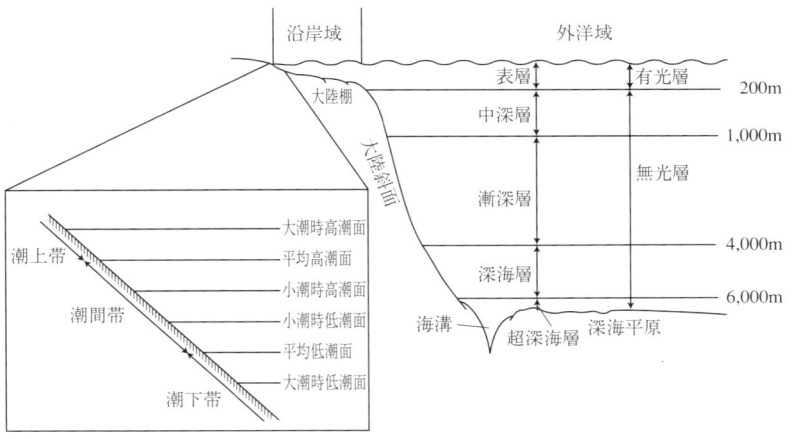

図2・1　海洋の生態区分と潮位区分（Brusca and Brusca, 2003 をもとに作成）.

布規定要因となっており，多くの種がそれぞれ特定の潮位面において帯状分布を示すことは古くから知られている.

　潮間帯の下限から水深60mぐらいまでの部分は潮下帯（sublittoral zone）と呼ばれ，概ね常に海面下にある. ここには場所により海藻の群落が発達し，藻場が形成されている. 藻場では光合成が活発に行われ，プランクトンや付着生物が豊富で，良好な餌料環境を提供するのみならず，藻の茂みが隠れ場にもなり，多くの動物の産卵場や稚仔の成育場となっている. 日本沿岸では，主として砂泥底に形成されるアマモ場（*Zostera* bed）と呼ばれるアマモ群落と，主として岩場に形成されるガラモ場（*Sargassum* bed）と呼ばれるホンダワラ科海藻群落が代表的なものであり，ほかにカジメ類やコンブ類のような大型褐藻群落が，北海道沿岸や本州太平洋側の海岸沿いに分布する.

　潮下帯の基底面はおおむね水深150mないし200m前後まで緩やかな傾斜で下降するが，この部分は大陸棚（continental shelf）と呼ばれる. 生物生産の盛んな海域で，漁業の面からもきわめて重要なところである. 海岸線から大陸棚縁辺までの間を沿岸域（coastal area），それより沖合を外洋域（oceanic area）とそれぞれ呼ぶ. 大陸棚縁辺から先には，基底面が急傾斜で下降する大陸斜面（continental slope）が連なり，水深4,000m前後で深海平原（abyssal plain）と呼ばれる比較的平坦な深海底へと続く. 深海底には，大小の海山

6

（sea mount），海嶺（ridge）といった基底面の隆起や，海溝（trench）または
トラフ（trough）と呼ばれる裂け目などが存在し，場所によってはきわめて複
雑な海底地形を示す．海溝は水深6,000m以深に及び，最も深いとされるマリ
アナ海溝では最深部は10,000mを超える．

　一方，海面から深海底に至る鉛直方向については以下のように区分すること
ができる．海面から水深150～200mまでの表層（epipelagic zone）は，植物
プランクトンの光合成作用により一次生産の最も盛んな層で，有光層（photic
zone）とも呼ばれる．以下水深約1,000m前後までの中深層（mesopelagic
zone），その下方4,000m前後までの漸深層（bathypelagic zone），さらに深部
の6,000m前後までの深海層（abyssopelagic zone）に区分される．また海溝
部などの深海部を超深海層（hadal pelagic zone）と呼ぶ．中深層より深部に
は光はほとんど届かず，無光層（aphotic zone）とも呼ばれ，光合成に依存す
る一次生産は期待できない．加えて水温や溶存酸素量が低下する一方，水圧が
著しく増加し，動物にはきわめて厳しい生息環境となっている．

　海域の媒質である海水は種々の溶存物質を含む（表2・1）．Cl$^-$，Na$^+$，
SO$_4{}^{2-}$，Mg^{2+}，Ca^{2+}がその主なものであるが，各種塩分の総含有量は海水1
kg当たり約35gである．このほかにも含有量は微量だが，栄養塩として生物
の発育に必要な燐酸塩，硝酸塩，珪酸塩なども含んでいる．このような海水の
化学的性状は，そこに生息する動物に種々の影響を与えている．

　相当量の塩分を含む媒質は比熱が大きいため，1年を通しての水温の変化の
幅は陸上や陸水域に比べて遙かに小さく，
水温変化に関しては比較的穏和な環境である
といえる．しかし，多量の塩分を含む媒質
は浸透圧の上昇を伴い，動物は高浸透圧の
環境に曝されている．

　また，海水中には種々の有機物が含まれ
ているが，これらは多くの海洋無脊椎動物
にとって重要な栄養源となっている．

　海洋はまた，色々なスケールで水の動き
があるため，動物は多かれ少なかれその影

表2・1　海水に含まれる主な成分と
その濃度（Lalli and Parsons, 1997；
長沼，2005より再引用）

イオン	濃度（g kg^{-1}）
塩素（Cl$^-$）	18.98
ナトリウム（Na$^+$）	10.56
硫酸（SO$_4{}^{2-}$）	2.65
マグネシウム（Mg^{2+}）	1.27
カルシウム（Ca^{2+}）	0.4
カリウム（K$^+$）	0.38
重炭酸（HCO$_3{}^-$）	0.14
臭素（Br$^-$）	0.07
ホウ酸（H$_3$BO$_3$）	0.03
ストロンチウム（Sr^{2+}）	0.01

響を受ける．最も身近な例は岸に押し寄せる波浪であり，その規模は局地的な気象条件によって目まぐるしく変化する．汀線付近に生息する動物はとくにこの影響を強く受けている．このほか大海流のような地球規模での水の動き，潮汐に伴う周期的な水の動き，沿岸域と沖合域の間で恒常的に存在する循環流，さらには，局地的な水温勾配や塩分勾配に伴う小規模な動きなどがある．また，海底地形が隆起する周辺では，底層流が海底隆起にぶつかり，上層へと流れ上がる湧昇流（upwelling）も各所でみられる．このような水の動きは浮遊期の幼生の分散を助け，また懸濁性の有機物を食物源とする動物に対して，その供給に大きな役割を果たしている．海底近くの水の動きは，海底の堆積物の性状にも影響を与える．流れが強いほど堆積物の粒子組成が粗くなり，流れの淀むところは泥分の多い堆積物が卓越する．海底に生息する動物は，堆積物の性状と密接な関係を有しているため，動物の分布に及ぼす水流の間接的な影響も無視できない．停滞性水域では，夏季の成層期には，水の循環が悪くなり，過剰な有機物の供給があれば，その分解に大量の溶存酸素が消費されて，しばしば底層に貧酸素域が形成される．

　海洋はまた生物生産の仕組みでも陸上の場合とは大きく異なる．陸上では，

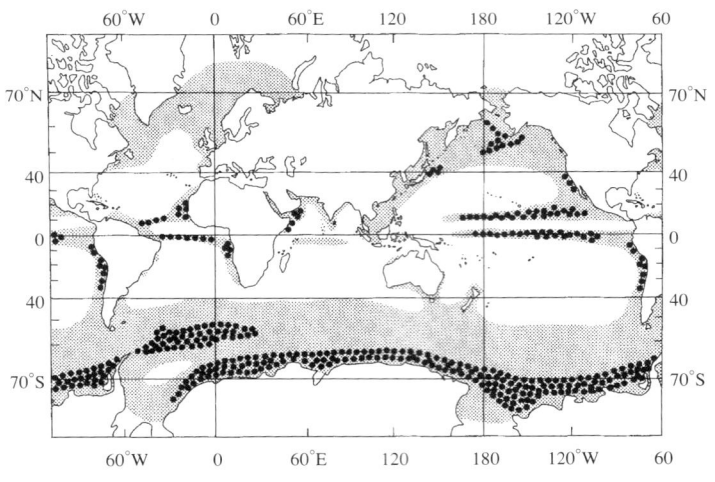

図2・2　海洋の高生産力海域（陰影部）（Mackintosh, 1965，および奈須, 1969 から作成）．
黒点は湧昇流域またはとくに生産力の高い海域を示す．

一次生産の大部分を大型の樹木の光合成に依存しているが，海洋では，陸上の樹木に相当する大型藻類は生物量としてはきわめて限られており，一次生産のほとんどは，植物プランクトンを主体とする微生物が行う光合成に依存している．光合成には光を必要とすることから，活発な一次生産が行われるのは，光が届く海表面から数百メートルまでの範囲の有光層に限られる．したがって，それ以深では，動物の営みは上層で生産されて沈降してきた有機物に基本的には依存している．一次生産には，光とともに窒素，燐などの栄養塩も必要であり，これらの栄養塩の供給源が陸域か深海（有光層下）であるため，一次生産が活発に行われるのは沿岸域か海底からの湧昇流のあるところに限られ，それ以外の大部分の海域は相対的に生産力が低い傾向にある（図2・2）．また，最近，深海底の熱水や冷水が地中から噴出するところで，これらの水とともに排出される硫黄などを利用して，嫌気細菌が化学合成した有機物を一次生産物とする生態系が発達していることが明らかにされている（コラム8参照）．

2・2　陸水域

　陸水域は海洋に比べて遙かに規模が小さく，また，それぞれが陸域によって隔離されて存在する．河川のように常に一定の方向の流れのある環境と，湖沼のような停滞的な環境とに大別できる．

　河川は上流域，中流域および下流域に大別でき，それぞれ環境は大きく異なる．

　上流域は急峻な山間地を流れるため，流量は少ないが流れは速い．また，その流路は谷筋に沿って蛇行することが多く，水流の速い瀬（rapid）と淀みのある淵（pool）が繰り返し出現して複雑な流況を示す．里域を流れる中流域も多少とも瀬や淵を伴うが，上流に比べて流量が増し，逆に流速は減じる．そして，下流域ではこの傾向が一層顕著となる．また，ここは最も人為的な影響を受けるところであるとともに，最下流部では海域の影響も無視できない環境である．

　一方，湖沼は基本的には上記の海洋と同様の水域区分が可能で，大きく3つに分けられる．

沿岸帯（littoral zone）は岸に近く，水深の浅いところで，光は水底まで届き，植物プランクトンや水草などの植物が生育する．生物相が豊富で，多くの動物の産卵場や成育場となっている．

　沖帯（limnetic zone）は岸を離れた沖の表層，ほぼ光が届く深さまでの水域で，植物プランクトンが主な生産者となる．

　深底帯（profundal zone）は光が到達しない深部で，一次生産が望めないため，ここに生息する動物は沿岸帯または沖帯由来の有機物に依存する．ほとんど止水的な環境にあるため，有機物の供給が豊富なところでは，その分解に大量の溶存酸素が消費されて，しばしば貧酸素域が形成される．

　陸水は水温の変動幅が大きく，陸水に生息する動物は，海洋に比べて激しい温度変化を経験する．また，塩分をほとんど含まない陸水は浸透圧が低く，動物の体液との浸透圧差が大きいため，動物は海洋に比べて遙かに深刻な生理的プレッシャーを受けている．また，陸水は海水に比べて密度（比重）が小さいため，動物が受ける浮力が海洋に比べて小さい．したがって，陸水中での浮遊および遊泳には，海洋に比べてより多くのエネルギーを必要とする．

2・3　汽水域

　汽水域は海水と陸水が混じり合った塩分の低い水（汽水）に曝される水域であり，河口域，内湾の奥部や海域と直接交流のある湖沼でみられる．実際には潮汐や波浪などの影響を受けたり，海水と真水との密度差もあって，混合の程度は一様ではなく，環境水の塩分範囲はほとんど海水から真水まできわめて広範囲にわたる．したがって，このような環境に生息できるのは，広範囲の塩分の変化に順応できる，いわゆる広塩性の種に限られる．陸域からの豊富な栄養塩の供給を受けて生産性はきわめて高いこともあり，成体期には海域や陸水域に生息する種の中にも，初期生活期の一時期河口域で過ごすものも多い．一方，河口域や内湾奥部は最も人間活動の影響を受ける環境でもあり，環境汚染に対して常に注意を払わなければならない水域である．

　汽水域には塩性湿地（salt marsh）やマングローブ沼沢地（mangrove swamp）と呼ばれる塩性植物を伴うところも含まれる．ここでは陸水によって

供給される栄養塩が植物の茎や根によってとどめられるのに加えて，植物の落葉が有機物として添加されることにより，きわめて生産性の高い水域を形成している．

2・4　水圏に出現する動物

水圏には，陸圏とは比べようもなく多様な動物が存在する．種類数そのものは現状ではむしろ陸圏の方が水圏を凌いでいるが，陸圏に生息する既知の動物の大部分は節足動物の昆虫の仲間が占めているのに対し，遙かに多様な分類群を含んだ均衡のとれた種構成がみられるのが水圏の特徴である（表1・1）．とりわけ海域でこの傾向が強く，ウニ類やヒトデ類が属する棘皮動物門をはじめ，ほとんど海域からしか知られていない分類群が多く存在する．また，海産種に関して，分類学的整理が陸上ほど十分になされていない現実を考えれば，実際に海域に生息する動物の種数は陸域よりは遙かに多いと思われる．

海域がこのように多様な動物を擁する理由は，ここが生物発祥の場所であり，すべての動物が海洋動物にその起源を有していることがまず挙げられるが，空間的な広がりとそれに伴う環境の多様性，穏和な環境，高い生産性といった海洋の環境特性もまた多様な動物を育くむ要因となっている．一方，同じ水圏でも陸水域や汽水域は，陸域と同様地形的な障壁がそれぞれの水域の空間的な広がりを大きく制約するとともに，その環境が特殊であるが故に，それに適応できたごく限られた種が生息するに過ぎず，海域とは好対照である．

地形的な障壁が存在せず，無限ともいえる空間的広がりを示す海域といえども，卓越した遊泳能力を有して，大回遊を行うような一部の種を除いて，それぞれの動物の分布は特定の海域に限られる．水温，光，水流，塩分，水深，海底の堆積物の性状や栄養条件などの環境要因が実質的な障壁となり，動物の分布域が制約されている．総じて動物の分布は大陸棚と称される沿岸浅海の一次生産の盛んな海域に集約される．沖合海域は一般に動物の分布は貧弱であるが，暖流と寒流がぶつかる海洋前線域や，深層からの湧昇流のあるところで形成される一次生産の盛んなところでは，それを起点にした生態系が発達している．好漁場が形成されるのもこのようなところである．

参考文献

長沼　毅（訳）：生物海洋学入門，第2版（Lalli, C. M. and Parsons, T. R.: Biological Oceanography. An Introduction, 2nd ed. Butterworth-Heinemann, 1997）．講談社サイエンティフィク，2005，242pp.

西条八束・奥田節夫：河川感潮域―その自然と変貌．名古屋大学出版会，1996，248pp.

佐々木克之：干潟域の物質循環（総説）．沿岸海洋研究ノート，26，172-190, 1989.

柳　哲雄：海の科学―海洋学入門，第2版．恒星社厚生閣，2001，137pp.

3 水生無脊椎動物の形態と機能

　動物の形は千差万別である．多系統の分類群を含む無脊椎動物ではとりわけこの傾向が目立つ．しかし，一方で，外部の有機物を摂取して自らの体をつくり，成長し，子孫を残すという，動物としての基本的な特徴を共有する以上，その構造と機能に共通するところが多いのも事実である．水圏という生活圏をともにする水生無脊椎動物に限ればなおさらである．

　ここでは，水生無脊椎動物の生命活動を担う主要な各部分の構造と機能について簡単に概説する．

3・1　形態形成

　動物は，卵発生の開始からその後の発生過程および孵化後の初期生活期を経て体形成を進めるが．ほとんどの水生無脊椎動物では，発生を終えて孵化した幼生は，その成体とは似ても似つかない形をしているのが普通で，その後の初期生活期に劇的な変態を繰り返した後成体の形態となる．このように，水生無脊椎動物の初期の形態形成はきわめて複雑な経過を辿る．

1. 胚発生

　すべての動物は1つの卵細胞に由来し，発生過程で卵割（cleavage）と細胞分裂（cell division）を繰り返し形態形成が進む（図3・1）．卵割は卵子と精子の核の融合によって誘発される．卵割によって生じる各細胞を割球（blastomere）と呼ぶ．発生初期の卵割のパターンは，卵内に含まれる卵黄の量と分布によって決まる．含まれる卵黄が少なく，卵内に均等に分布している等黄卵（isolecithal egg）と呼ばれる卵では，卵割面が完全に卵細胞を貫く全割（holoblastic cleavage）を行い，卵割によって生じた各割球はほぼ等しい．一方，卵黄が一部に偏って存在する端黄卵（telolecithal egg）では，卵割面が

13

卵黄塊を貫くことなく，部分的な卵割（部分割：meroblastic cleavage）がみられる．卵割の過程で割球の大きさに差がみられる場合，大きな割球は大割球（macromere），小さい方は小割球（micromere）とそれぞれ呼ばれる．小割球が形成されるのは動物極（animal pole）と呼ばれる側で，その対極は植物極（vegetal pole）である．

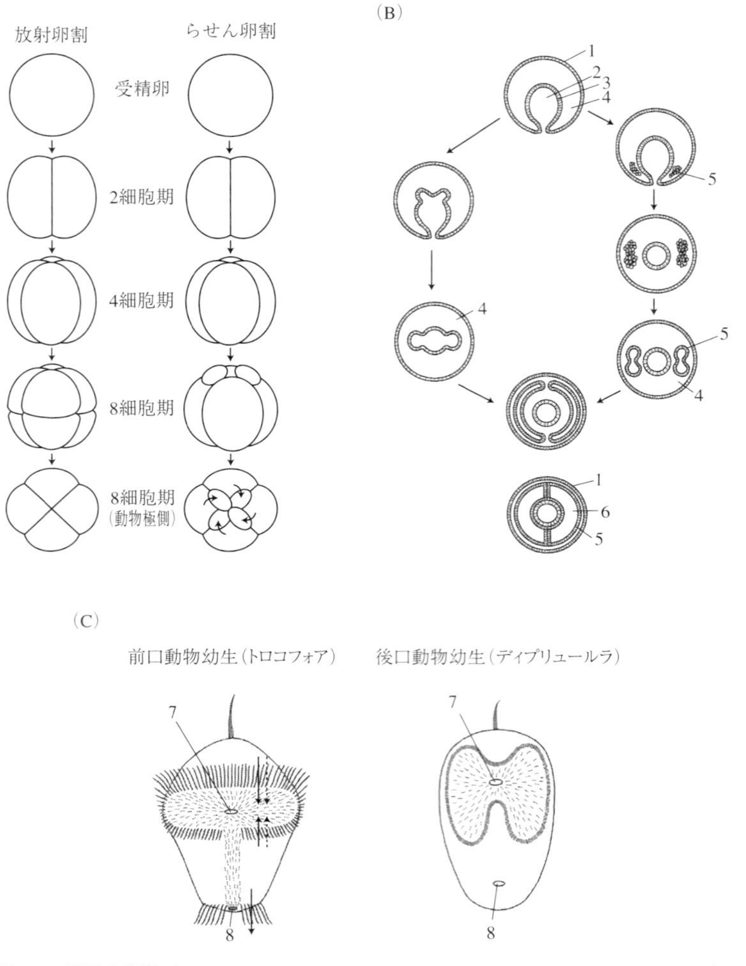

図3・1　卵発生過程（A：Brusca and Brusca, 2003，B：Lutz, 1985，C：Nielsen, 2001）．
（A）卵割様式，（B）体腔形成過程，（C）トロコフォア幼生とディプリュールラ幼生
1：外胚葉　2：原腸　3：内胚葉　4：胞胚腔　5：中胚葉　6：真体腔　7：口　8：肛門

14

3. 水生無脊椎動物の形態と機能

また，卵割方式は放射卵割（radial cleavage）とらせん卵割（spiral cleavage）の大きく2つに分けられる（図3・1A）．前者は初期の卵割が，動物極と植物極を結ぶ軸を含む面または軸に鉛直の面に沿って卵割が進み，各割球は軸を取り巻いて整列する．一方，後者は8細胞期に割球が上下2層になる時，上層の動物極側の4つの割球が下層の割球の位置から時計回りにずれて形成され，さらに，次の16細胞期には逆に反時計回りにずれて割球が形成される．同様の過程は64細胞期まで繰り返され，新しく生じる割球が交互にずれて出現するため，割球の配置が放射卵割に比べてかなり複雑になる．

卵割が進むと割球は次第に胚の表面を覆うようになり，ほぼ完全に覆った状態の胚を胞胚（blastula）と呼ぶ．内部に腔所を含む場合は，この腔所を胞胚腔（blastocoel）といい，胞胚腔を内部に含む胚を有腔胞胚（coeloblastula）と呼ぶ．

胞胚期を過ぎると，表面を覆っていた細胞層が植物極から胞胚腔内部へ陥入する．この時期を嚢胚（gastrula）と呼び，陥入が生じる場所を原口（blasto-pore），胚の陥入部分を原腸（archenteron）とそれぞれ呼ぶ．原腸陥入が起こると，内外2層の細胞層となり，それぞれ内胚葉（endoderm）および外胚葉（ectoderm）に分化する．その後ほとんどの分類群では内外両胚葉の間に中胚葉（mesoderm）が出現し，3胚葉となる．中胚葉は胞胚腔内に分離した内胚葉由来の一部の細胞から生じる場合と，原腸壁が左右に膨出した後分離して生じる場合とがある（図3・1B）．いずれにしてもこれら3胚葉の行く末は決まっており，外胚葉は神経系や外皮およびその派生物の形成，内胚葉は消化管の主要部とそれに関連する構造の形成，そして中胚葉は体腔内面を覆う腹膜（peritoneum），循環系，生殖系，骨格および筋肉の形成にそれぞれ関わる（表3・1）．中胚葉の出現は体腔（body cavity；coelom）の形成とも密接に関わっており，中胚葉の細胞分裂が進む過程で，細胞塊の内部に形成される腔所が体腔になる．胞胚腔内に分離して生じた中胚葉から形成される体腔を裂体腔（schizocoel），原腸の膨出部から生じた中胚葉から形成される体腔を腸体腔

表3・1 各胚葉由来の主な組織・器官

外胚葉	中胚葉	内胚葉
外皮	体腔壁（腹膜）	消化系
神経系	骨格系	
	筋肉系	
	結合組織	
	循環系	
	排出系	
	生殖系	

（enterocoel）とそれぞれ呼んで区別する．どちらの場合も，体腔内面は中胚葉由来の腹膜によって取り巻かれるが，これとは別に，中胚葉と関わりなく体内に腔所を形成する動物もいる．これは発生過程で細胞分裂が進むに伴い，細胞間に生じた隙間が腔所に発達したもので，この場合は中胚葉由来の細胞の取り巻きはみられない．中胚葉に由来する体腔を真体腔（deuterocoel），そうでないものを偽体腔（pseudocoel）と呼んで区別する．なお，本来体腔となるべき部分に細胞が充満し，体内に腔所をもたない動物もみられ，このような動物を無体腔動物（acoelomate）と称している．

　体腔は種々の器官などの格納場所となるほか，各種物質の輸送路でもあり貯蔵場所でもある．また，体腔内に体液を満たすことで，体を硬直させることを

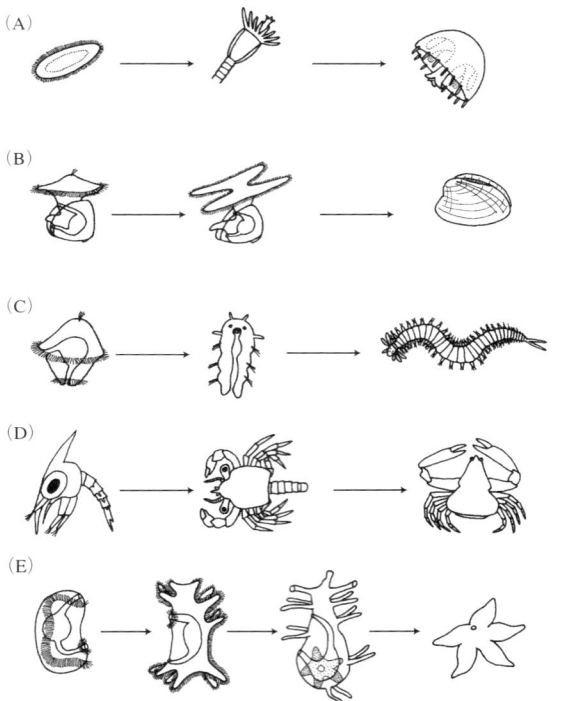

図3・2　主な分類群の幼生（Barnes *et al.*, 2001 をもとに作成）．
（A）刺胞動物ヒドロ虫綱，（B）軟体動物二枚貝綱，（C）環形動物多毛綱，
（D）節足動物甲殻亜門（カニ類），（E）棘皮動物ヒトデ綱

16

3. 水生無脊椎動物の形態と機能

可能にし，水骨格（後述）の発現の場ともなる．

　囊胚期以後，各器官の分化をはじめとして初期幼生の形態形成が進むが，原腸陥入が起こった原口がやがて幼生の口になる場合と，原口が肛門となり，口は別の場所に開口する場合とがある．前者を前口動物（旧口動物：Protostomia），後者を後口動物（新口動物；Deuterostomia）とそれぞれ呼んで区別する．

2. 初期幼生

　上記の胚発生過程を経てやがて幼生として孵化する．直達型の発生様式を示すごく一部のものを除いて，孵化直後の幼生は親とはまったく異なる形態を示すのが常である．一般に前口動物群に含まれる動物の幼生は駒形のトロコフォア（trochophore）幼生として知られ，後口動物群の動物の幼生は3つに分かれた体腔を具えたディプリュールラ（dipleurula）幼生と総称される（図3・1C）．幼生は発育過程を通して何度となく変態を繰り返し，やがて親の形に変態して幼生期を終える（図3・2）．

3・2　動物の体制

　生命体としての動物の枠組みを規定している基本的な体の構造と生理的な仕組みは，体制（ground plan；bauplan）という概念でしばしば表現される．発生様式，各器官系の配置と機能などもその一部ではあるが，より包括的な内容を含んだものとして理解されている．重複を避けるために，個別の詳細は後述するが，ここではとくに，相称性，体サイズおよび体節性について述べる．

1. 相称性

　相称性とは動物の体を2つに分けた場合に，その両方が対称形を示すような対称軸があるかどうかに注目するもので，ほとんどの動物は1つの対称軸をもつ左右相称形（bilateral symmetry）である（図3・3A）．2つ以上の相称軸を有する場合を放射相称形（radial symmetry）と呼び，ヒトデのように5つの相称軸を有する場合をとくに五放射相称形（pentaradial symmetry）と呼んで

17

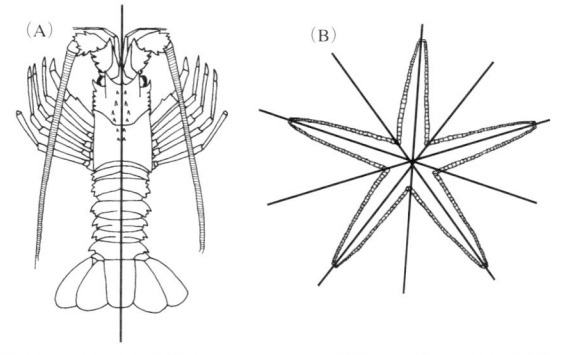

図3·3　動物の相称性（A：Holthuis, 1991を略写，B：佐波ら，2002を略写）．
（A）左右対称形，（B）五放射相称形

いる（図3·3B）．放射相称形の場合，体の前後軸は存在せず，口とその対極とを結ぶ軸が体軸となる．完全な球形の場合には無数の相称軸が存在することになる（球相称：spherical symmetry）が，この範疇に含まれるのは原生動物の一部のみで，多細胞生物にはごく初期の卵細胞期を除いてこのような相称性を示すものは存在しない．逆に，不規則な形をした海綿動物のように，相称面をまったくもたないものもいる．

　相称性は単に体の構造を規定するにとどまらず，動物の行動とも密接に関わっている．前後軸をもたない放射相称形の動物は水平方向に対して極性を有さないのに対し，左右相称形の動物は中枢などの重要な構造を体前部に集中させ，効率的な行動を可能にしている．

2．体のサイズ

　体のサイズもまた動物の体の仕組みを決める重要な要素となる．動物が生命を維持していくために，呼吸や摂食活動を通して，体内と外界の環境との間での物質のやりとりが不可欠であるが，その仕組みは体のサイズに大きく依存している．単細胞生物や微小な動物では，特別な輸送システムがなくても，体表を覆う細胞を通して直接物質のやりとりをするだけで十分であるが，体のサイズの増加に伴う体の容積の増加は体表面の増加を上回るため，大部分の動物にとっては外界に接する細胞膜を通しての物質のやりとりだけでは不十分であり，物質のやりとりを効率的に行うために，循環系や消化系といった輸送システムを体内に発達させている．大型の動物ほど体内輸送システムへの依存度が大きく，そのために発達した系を具えている．

3. 体節性

体節性（metamerism）とは動物の体の前後軸に沿って同一の構造が繰り返し配列する状態をいい，それぞれの単位を体節（segment）と呼ぶ．環形動物と節足動物で典型的にみられ，これを根拠に両動物門を体節動物としてまとめ，進化の進んだ動物に特徴的な体制であるとされてきた．事実，体節構造を有することで，体節相互を連携させて体の各部の協調的な動きを可能にし，スムースな移動を実現させることができるようになったと考えられる．とくに，埋在性の環形動物などでは，各体節を仕切ることにより，各部ごとに独自に変形させることができ，堆積物内に潜入するのに有利であるとされている．しかしながら，同じ体節構造でも，多くの環形動物では体節性が体の内部構造にまで及ぶのに対し，節足動物の多くは体節性が体表面だけに止まることから，両者の体節構造の相同性に関して異論もみられ，それぞれ進化の過程で独自に獲得したものではないかと考える研究者もいる．

3・3 水生無脊椎動物の体の構造と機能

無脊椎動物の体は多くの点で脊椎動物とは大きく異なっている．ここでは，水生無脊椎動物に特徴的な点を中心に，体の構造と機能について述べる．

1. 骨 格

無脊椎動物は脊椎を有しないことで象徴的に示されるように，体を支持，保護する骨格系が脊椎動物とはまったく異なる．

骨格には体の外部に存在する外骨格（exoskeleton）と，体の内部に存在する内骨格（endoskeleton）がある．外骨格は体表の細胞が分泌する細胞外基質によって構成され，貝類の貝殻や甲殻類の外殻がそれにあたる．前者は炭酸カルシウムを，後者はキチンと呼ばれる特殊なムコ多糖類をそれぞれ主な構成物質とする．後者は成長に伴い脱皮を繰り返す過程で，外骨格構成物質の再吸収，再利用を行うのに対し，前者の場合は一度形成されると，体外構造物として生理的な過程からはずれる．サンゴ礁は群体を形成する刺胞動物のイシサンゴ類の各個体が分泌した外骨格が融合したものである．

内骨格は脊椎動物の骨格系が代表的であるが，無脊椎動物では海綿動物の体壁に埋在する骨片がこれに相当する．また，棘皮動物のウニ類の殻はみかけは外骨格のようにみえるが，実際は体壁内に存在する内骨格である．比較的大きな骨片が結合して楕円球を形成するが，同じ棘皮動物でも，ヒトデやクモヒトデの腕を支える内骨格は，多数の小さな骨片が関節で連なり，体を支持しつつ各部の屈曲を可能にしている（図16・2A）．ナマコの体壁内に埋在する骨片も内骨格に含められるが，退化が著しく，体の支持，保護としての機能はほとんど有しない．また，刺胞動物のサンゴ類の中で，軟サンゴ（soft coral）と呼ばれる八放サンゴ類のサンゴは，イシサンゴのような造礁機能は有していないが，内部に軸状の硬組織を形成する．これもまた内骨格の一例である．

　一方で，無脊椎動物には硬組織としての骨格が著しく退化的であったり，まったく欠くものも多いが，外骨格を欠く蠕虫型の動物も，体表にクチクラ層を分泌して体表を強化しているものが多い．ホヤ類の体表を包む強靭な被嚢も同様とみなせる．また，体内に内腔を発達させている動物には，その内腔に一時的に体液や外界水を取り込んで充満させ，内圧を高めることにより，体全体や一部を硬直させて，硬骨格で支持，保護されるのと同様の状態を作り出すことができるものがいる．硬組織の骨格とはまったく異なるが，骨格と同様の働きをすると見なして，これを水骨格（hydrostatic skeleton）と呼んでいる．

2．消化系

　動物はほかの生物が生産した有機物を取り込んで体内での代謝過程を通して自らの生命活動を維持している．摂食過程は，対象となる食物の摂取，消化および吸収の過程からなり，これらの一連の過程は，特別の器官系を有しない海綿動物や刺胞動物などの一部の分類群を除いて消化系（alimentary canal system）で行われる．

　消化系は胚発生過程の嚢胚期に出現する原腸に由来する．その形状は動物によって多様であるが，基本的には体の前端から後端，あるいは口側から反口側に向かって走る管である．発達した消化系では，部位によって形態および機能の分化が進むとともに，栄養摂取に関わる種々の構造が付随する．主に消化に関わるように特化した部分は胃（stomach）であり，その内面には消化に必要

な消化酵素を分泌する分泌細胞を含む.

消化した栄養分の吸収は通常腸で行われるが,軟体動物の貝類や節足動物の甲殻類では,胃に近接して存在する消化腺(digestive gland)や中腸腺(midgut gland)と呼ばれる特別の構造で行われる.

なお,棘皮動物のヒトデ類では,胃を反転させて体外に出し,餌生物を体外で消化吸収を行うという特殊な摂食生態を示すものがいるが,このような消化の仕方を体外消化(external digestion)という.消化・吸収されなかった残渣は,腸管を経て糞として肛門より排出される.なお,後述するように,二枚貝などのような懸濁物食性の種では,集餌器官で捕捉した懸濁物質のうち栄養価値のあるもののみを選択して摂取し,それ以外のものは消化管に取り込まずに,そのまま粘液で固めて直接排出するが,これを偽糞(pseudofeces)と呼んで,消化管を経由して排出される糞(feces)と区別する.

3. 呼吸および循環系

ほとんどの動物は栄養,酸素,二酸化炭素および代謝産物などを体内輸送するための特別のシステムを発達させている.外界の水を体内に取り込んで循環液として利用している海綿動物や刺胞動物を除いて,特別の細胞外液がその役割を担っている.体腔に含まれる体腔液が物質輸送に果たす役割も無視できないが,通常は循環系(circulatory system)と呼ばれる輸送システムが主に関わる.特殊な循環系を有する棘皮動物などは別にして,循環系を構成する管系を満たす循環液は血液と総称され,すべての物質は血液に溶けた状態で運ばれる.

(1) 循環系

動物の循環系は血管系とも呼ばれ,体内を網目状に走る血管からなる.無脊椎動物の循環系

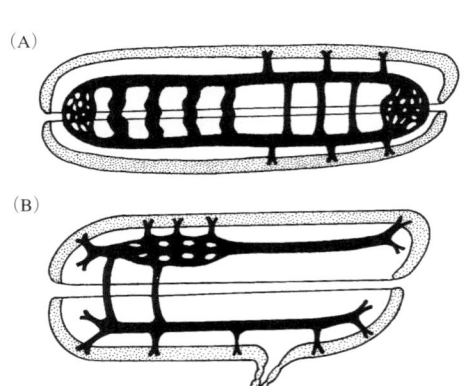

図3・4　循環系の模式図(Brusca and Brusca, 2003)
(A) 閉鎖循環系,(B) 開放循環系

は大きく閉鎖循環系（閉鎖血管系）と開放循環系（開放血管系）の2つのタイプに分けられる．

閉鎖循環系（closed circulatory system）は血管網が閉じた状態になっており，心臓を出た血液が系外に出ることなく体内を巡り，再び心臓に戻る（図3・4A）．循環系の一部は樹状に分枝して複雑な毛細血管網を形成し，輸送される物質は末端の血管壁の薄い膜を介して体内各組織や外界とやりとりされる．外界とガス交換をするためにとくに発達した器官が鰓（gill；branchia）である．無脊椎動物では，多くの環形動物や軟体動物のイカ・タコ類がこの型の循環系を有する．

開放循環系（open circulatory system）は，閉鎖循環系のように毛細血管網の発達がみられず，血管網の一部が体組織に対して開いている（図3・4B）．心臓から出た血液は，動脈を経てやがて体組織の間隙に入り，ここで血液が直接体組織に接し，細胞との間で物質のやりとりが行われる．血液が浸透しやすいように間隙がとくによく発達している部分を血体腔（hemocoel）または血洞（blood sinus）と呼ぶ．また，血液が血管から直接組織内を流れて，脊椎動物のリンパ液の働きをも併せもつことから，この循環系を流れる血液をとくに血リンパ（hemolymph）と呼ぶ．体組織を巡った血液はやがて静脈に集められ，静脈から鰓を経て心臓に戻る．血体腔は単に物質の交換場所にとどまらず，この腔所に血リンパをため込んで，その内圧を高めることにより，水骨格としての役割を果たすこともある．例えば，二枚貝が堆積物内に挿入した足部に血リンパを充満させることにより膨張させ，一種の錨の働きをさせて，流れに抗したり，体を堆積物内に埋没させるのはその典型的な例である．軟体動物や節足動物の多くがこの型の循環系を有する．

　（2）呼　　吸

外界から取り込んだ酸素を体内各部に輸送し，逆に体内で生じた二酸化炭素を集め，外界に放出するのが循環系の重要な機能の1つである．細胞がエネルギーを得るためには酸素を必要とし，その過程で代謝産物として二酸化炭素が生じる．呼吸（respiration）を細胞内で行われるこのような代謝過程に限定し，鰓などを通して行う外界との酸素や二酸化炭素のやりとりをガス交換（gas exchange）として区別することもある．鰓は樹状に無数の突起が配列し，各

突起は薄膜で覆われ，血液や体液の供給を十分に受けている．その形状は多様であり，また，その起源は動物間で相同ではないと考えられている．特殊な例では，消化管の内膜がガス交換の場所となっているものがいる．ナマコ類でみられる呼吸樹（respiratory tree）は消化管から派生したものである（図3・5A）．一方，無脊椎動物の中には，ガス交換のための特別な器官を欠くものも多く，この場合は，外界と接する体表がガス交換場所となる．小型の動物のように，体のサイズに比して体表の占める割合が高いものでは，特別な呼吸器官をもたなくても必要とするガ

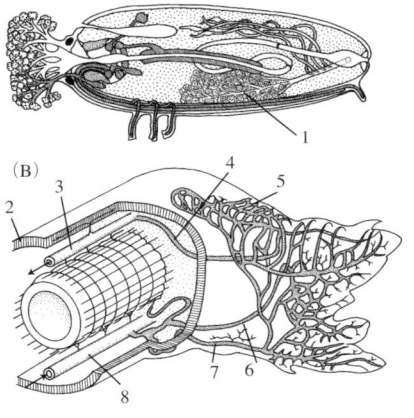

図3・5　ガス交換系.
（A：本川ら，2003，B：Brusca and Brusca，2003）
（A）ナマコの呼吸樹，（B）多毛類の付属肢を走る血管網
1：呼吸樹　2：体壁　3：背行血管　4：背側行血管　5：毛細血管　6：中側行血管　7：腹側行血管　8：腹行血管

ス交換量を十分に確保できる．棘皮動物に特有の器官である管足（tube foot）もまた重要なガス交換の場であるとされている．なお，環形動物の一部の種では，付属肢の体表直下に毛細血管網を発達させ，ここで体表を通してガス交換を行っているが（図，3・5B），このようなガス交換方式を皮膚呼吸（dermal respiration）と呼ぶ.

　また，一部には，酸素のない環境でも生存できるものがいるが，このような環境では，彼らは乳酸発酵系などのように，酸素を必要としない特別な系を代替させることにより，生命維持に必要なエネルギーを得ている.

（3）血　液

　血液は上で述べたように，酸素，二酸化炭素，栄養物質や代謝によって生じた老廃物などを運搬するほか，内分泌器官から分泌されたホルモンをその標的器官に輸送したり，体外から入り込んだ細菌や毒素を排除する機能を有するなど，動物が生命を維持していく上できわめて重要な働きをしている.

　血液には血球や血小板などの固形成分と血漿などの液体成分が含まれる．と

りわけ呼吸に関わる酸素や二酸化炭素の運搬を担う呼吸色素（respiratory pigment）と呼ばれる特殊なタンパク質は重要な成分である．呼吸色素には，酸素や二酸化炭素との結合能力の強い金属を含んでいるが，脊椎動物などで普通にみられるヘモグロビン（hemoglobin）は鉄を含んだ赤色の呼吸色素で，赤血球の内部に含まれるか血液中に溶けた状態で存在する．無脊椎動物でも，環形動物や節足動物をはじめとして多くの分類群でヘモグロビン様の呼吸色素を有する．同じく鉄を含む呼吸色素としてヘメリスリン（hemerythrin）やクロロクルオリン（chlorocruorin）が知られており，前者は環形動物や星口動物などの一部の分類群が，後者は環形動物の一部がそれぞれ有する（表3・2）．

一方，多くの軟体動物や節足動物の甲殻類では，呼吸色素として銅を含んだヘモシアニン（hemocyanin）を有しており（表3・2），血液やそのほかの体液に溶けた状態で存在する．ヘモグロビンと異なり，酸素と結合すると緑色を呈する．

表3・2　無脊椎動物の呼吸色素の構造と機能（種々の出典から作成）

呼吸色素の種類	分子量	含有金属	酸素との結合比	酸素結合時の色	主な無脊椎動物
ヘモグロビン	65,000	鉄	1：1	赤	B形動物 線形動物 軟体動物 環形動物 節足動物 棘皮動物 脊索動物
ヘメリスリン	40,000 - 108,000	鉄	2：1	紫	環形動物 星口動物
クロロクルオリン	3,000,000	鉄	1：1	緑および赤	環形動物
ヘモシアニン	40,000 - 9,000,000	銅	2：1	青	軟体動物 節足動物

4．神経系および感覚受容

真の神経系を欠くとされる海綿動物などを除くほとんどの多細胞動物では，外界からの各種の刺激の受容とそれに対する反応には，種々の受容器とそれに連なる神経系が関わる．

（1）感覚器

外界からの刺激はまず受容器（receptor）によって受容される．各刺激に対

3. 水生無脊椎動物の形態と機能

してそれぞれ特定の受容器が対応する．下等なものでは，数個の感覚細胞が集まった程度の単純な構造を示すが，多くの場合，異なる機能を有する感覚細胞によって構成される機能的な感覚器（sense organ）を具えている．

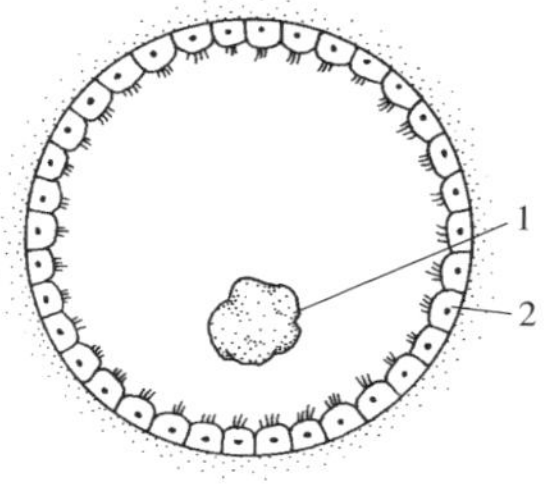

触覚に関わる触受容器（tactile receptor）は，頭部付近に存在する触角や触手に集中するほか，体表にも広く散在する．主に接触刺激として受容されるが，振動刺激の受容にも関わ

図3・6　平衡器（Brusca and Brusca, 2003）.
1：平衡石　2：感覚上皮

る．重力覚（georeceptor）は重力を知覚するもので，これにより動物は上下の方向を知ることができる．多くの場合，平衡器（statocyst）が重力の知覚に重要な働きをしており（図3・6），その内面を取り巻く有毛の感覚細胞が平衡器内部に存在する平衡石（statolith）の動きや位置により情報を得る．甲殻類のエビ・カニ類では，頭部の第1触角の基部に（図3・7A），また，アミ類では体の最後部の尾扇を形成する付属肢の左右の内肢の基部にそれぞれあり，後者の場合は外部からでもその存在はよく確認できる（図3・7B）．音刺激を受容する音受容器（phonoreceptor）は甲殻類と一部の環形動物では知られているが，それ以外の無脊椎動物は，特別の受容器は知られておらず，通常は振動刺激として受容されていると思われる．圧力を受容する圧力感覚器（baroreceptor）に関してはよく知られていないが，生息する水深などの知覚はこれによっていると考えられている．また，最近，軟体動物の腹足類や節足動物の甲殻類の一部で磁気受容器（magnetoreceptor）の存在が想定されている（コラム1参照）．

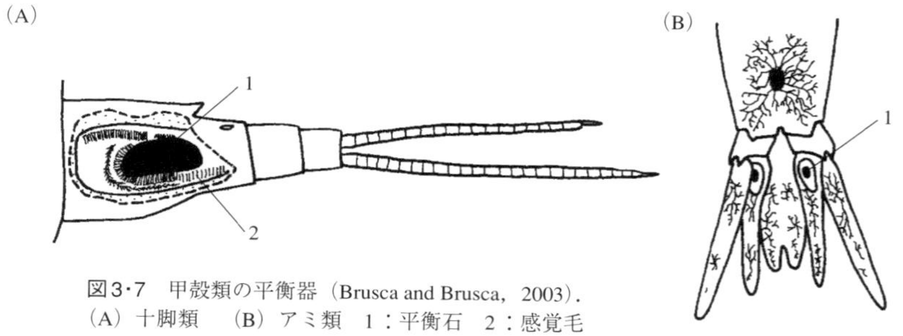

図3・7　甲殻類の平衡器（Brusca and Brusca, 2003）.
（A）十脚類　（B）アミ類　1：平衡石　2：感覚毛

一方，化学刺激に応答する感覚器は味覚や嗅覚に関わり，pHなどの水質の
感知，餌生物の探索，捕食者や異性の存在の感知，底質の解析などに関わる．
対象が発する化学物質に反応することにより知覚するもので，とくにアミノ酸
に対する知覚が優れているとされている．
　光受容器の最も単純なものは，単細胞の眼点（eyespot）と呼ばれるもので
あるが，ほとんどの動物は眼と総称される多細胞の光受容器を有し，大きく3
つに分類される．

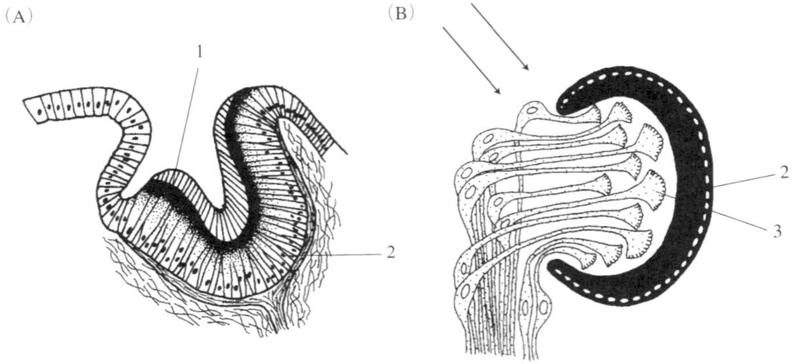

図3・8　単眼各型（A：Ruppert *et al*. 2004，B：Meglitsh and Schram, 1991）.
(A) 直接受光型，(B) 間接受光型
1：網膜　2：色素杯　3：感桿　矢印は光の入射方向を示す.

　単眼（ocellus；eyespot）は複数の色素細胞と光受容細胞からなるが，
光受容細胞が外界に面して直接受光する場合（図3・8A）と，色素細胞層が表
面を覆い，光受容細胞が色素細胞層の内面に面し，色素細胞層の開口部から入
射して細胞層で反射した光を受光する場合とがある（図3・8B）．前者は多くの
動物でみられる単眼の典型的な構造であり，後者は刺胞動物，B形動物や紐形
動物など一部の分類群に特有の構造である．
　複眼（compound eye）は個眼（ommatidium）と呼ばれる多くの視覚単位
から構成された光受容器である（図13・7B）．この型の光受容器は環形動物や
軟体動物の一部でもみられるが，節足動物で最も典型的である．各個眼はそれ
ぞれ独立した棒状の光受容器であり，互いに接して配置することで，全体とし

26

て球形の複眼を形成する．個眼の先端には角膜（cornea）があり，角膜から入った光刺激は底部の光受容部で受容される．光受容部は数個の視細胞が集まって小網膜（retinula）を構成する．各視細胞の末端から視神経が伸びる．各個眼で受容した光刺激は視神経を経て個別に脳に伝えられ，脳で全体像として再構築される．移動する物体の動きに合わせて個々の個眼が連続的に視覚情報を得ることで，結果として複眼はきわめて優れた動体視力を得ることができると考えられている．また，複眼の表面が球形であるため，広い視野をカバーすることができる．眼柄（eye stalk）と称する長い柄部を有する複眼では，柄部を動かすことで，視野は一層広がる．

　複雑眼（complex eye）はカメラ眼（camera eye）ともいい，脊椎動物で普通にみられる光受容器であるが，無脊椎動物でも軟体動物の頭足類はよく発達したカメラ眼を有する（図11・41）．頭足類の眼は脊椎動物とりわけ魚類の眼の構造とよく似ているが，脊椎動物の場合は，網膜上に存在する光受容細胞の受光部が細胞の基底部に存在するのに対し，頭足類の眼の場合は，光受容細胞の光受容部が網膜表面に直接面している点が大きく異なるところである．

　このほか，刺激の受容とそれに対する反応を兼備した感覚受容単位として独立効果器（independent receptor）の存在が知られているが，これは神経支配を受けておらず，受けた刺激に対して細胞レベルで個別に反応する．刺胞動物が有する刺細胞はその典型的なものである．

　（2）神経系

　神経系はニューロン（neuron）と呼ばれる神経細胞のネットワークにより構成されている．神経系を介しての刺激の伝達は，隣り合う各ニューロン間での刺激の授受により行われるが，この過程で種々の神経伝達物質が介在する．

　神経系の構造は動物の体制と密接に関わっている．放射相称の動物は体を取り巻いて分布する感覚器をつなぐように神経が網目状に広がる（図3・9A）．神経系に中枢と呼ばれる部分はなく，各感覚器が受容した刺激はそこを発信源としてあらゆる方向に伝わる．したがって，神経刺激の伝達には方向性がない．左右相称動物の神経系の中心となる神経索（nerve cord）には，ところどころに神経細胞が集合して結節状の神経節（ganglion）が形成されるが，主な感覚器が集中する頭部はひときわ大きい神経節となり，脳神経節（cerebral

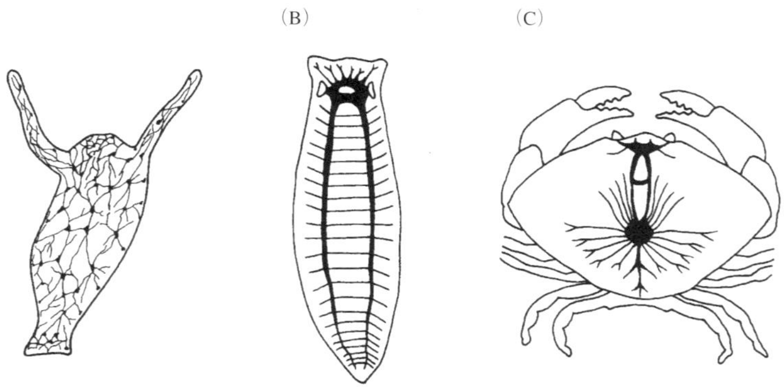

(A)   (B)   (C)

図3·9 神経系（A：Brusca and Brusca, 2003, B：Barnes *et al.*, 2001, C：Barnes *et al.*, 2001）.
（A）散在神経系,（B）はしご状神経系,（C）腹部神経塊

ganglion）として神経系の中枢部となる（図3·9B）．通常神経索は左右対になって存在し，この左右の神経索は体の各所に位置する神経節において横連合により連絡するが，このような構造がはしごに似ていることから，はしご状神経系（ladder-like nervous system）と呼ばれる．ただし，甲殻類のように神経系が発達したものでは，腹部の神経節の多くが合一し，大きな塊状となる（図3·9C）.

　左右相称動物の神経系の伝達は方向性がはっきりしており，各感覚器で受容した刺激はニューロンを介して中枢である脳神経節に向かって伝達され，それに反応するために，中枢から再びニューロンを介して，対応する目標に向かって刺激が伝えられる．感覚器から中枢に刺激を伝える経路を求心経路（afferent pathway），中枢から反応部に刺激を伝える経路を遠心経路（efferent pathway）とそれぞれ呼ぶ.

5．内分泌系およびフェロモン

　無脊椎動物もまた種々の生物活動において内分泌系やフェロモン物質が重要な役割を果たしているが，これらもまた化学受容系の一部をなしている.

（1）内分泌系

　無脊椎動物の内分泌系はとりわけ甲殻類や昆虫類を主とする節足動物で多くの知見が得られており，動物の成長，再生，成熟などの生理過程にはいずれも

3．水生無脊椎動物の形態と機能

＜コラム1　　シックスセンス＞

　動物の方位感知能力は古くから多くの研究者の興味を惹きつけてきた．とくに，鳥類の渡りや伝書鳩の帰巣本能については詳細な行動学的研究が行われ，太陽の位置を基準とした方位感知能力によるとする太陽コンパス説が長く通説となっていた．しかし，晴天に比べ確率は下がるとはいえ，曇天でも伝書鳩は巣に帰ることができることから，別の可能性として，太陽コンパス以外の方位感知能力，とくに体内磁石を利用した地磁気コンパスによる方位感知能力を有しているのではないかと推測されていた．

　このような状況下で，1970年代にある種のバクテリアが体内の磁鉄鉱（マグネタイト）を用いて磁場を感知していることが明らかとなったことから，伝書鳩における体内磁石の存在がより確実視されるようになり，実際1980年代になって伝書鳩の嘴の根元に直径約5μmの磁鉄鉱結晶が存在することが証明された．

　伝書鳩の帰巣本能と並んで古くから多くの研究者の興味を惹きつけてきた現象に，サケの母川回帰がある．母川の近くまで帰ってきてからは，嗅覚によって母川を認識しているらしいが，はるか太平洋の彼方まで母川の臭いが到達するはずもなく，また空中高いところから地上を鳥瞰できる鳥とは異なり，サケが視覚に頼って水中で得られる方位情報はきわめて限られていることから，サケの方位感知にも体内磁石が関わっていると考えられてきた．そしてついに1997年にサケの嗅覚器官にマグネタイトが存在することが示された．さらにその後，マグネタイトを含有した受容細胞も同定され，磁気感知の分子機構の解明が生物学の視野の中に入ってきた．

　海洋において長距離を移動する動物はサケ科魚類に限られてはいない．クジラなどの哺乳類やウミガメのような爬虫類，マグロ・カツオなどの回遊魚に加え，無脊椎動物にも長距離移動するものがいる．例えば，アメリカイセエビ（*Panulirus argus*）は深海を200kmにわたって移動することが知られている．最近，目と鼻をふさがれてもイセエビの方位感知能力は影響されないこと，人為的に磁場を変化させることによりイセエビの位置感知能力は影響を受けることから，イセエビの方位感知も地磁気に依存している可能性が示唆されている．

　大地震の前には様々な動物が予知行動をすることが知られているが，これも地磁気の変化を感知することによると推測されている．このようなことから考えると，磁力を感知する能力は限られた生物だけに具わったものではなく，多くの動物に広く具わった能力なのかも知れない．ヒトは視覚，聴覚，嗅覚，触覚，味覚の五感を有することはよく知られている．しかし，ヒトによって方位感知能力に違いがあることは日常よく経験することであり，このことはヒトにも6番目の感覚として磁気感知能力が存在する可能性を示唆するものかも知れない．（豊原治彦）

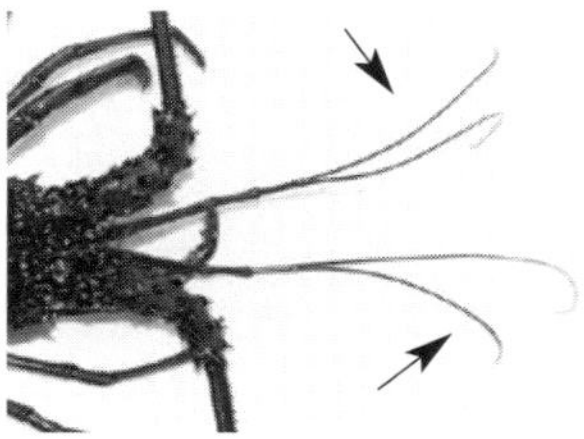

図　イセエビの第一触角．ヒトの嗅覚受容器に相当する器官は，イセエビでは触角に分布している．磁気の受容器官の存在についてはまだ確認されていない．

内分泌系が積極的に関わっていることが明らかにされている.

内分泌系は体内の特定の部位で産生された物質が体液などによって体の各部へ運ばれ，それぞれ固有の標的部位に影響を与えるシステムであり，これに関わる物質をホルモン（hormone）と総称する．特別の内分泌器官または特定の組織において産生され，体液を経て標的部に運ばれて影響を与える場合を内分泌ホルモン（endocrine hormone），神経系の一部の分泌細胞（neurosecretory cell）によって産生される場合を神経ホルモン（neurohormone）とそれぞれ呼ぶ．ホルモンには多様な化学構造体を含むが，多くは複数のアミノ酸がペプチド結合したペプチド類に類別されるものである.

動物の生理活動の諸側面でホルモンが如何に複雑に関わっているかを示す例として節足動物の脱皮過程への関わりがよく知られているが（第13章参照），それ以外にも，成熟過程への複雑なホルモン関与の実態を示した好例として，ヒトデの一種の雌を対象にした研究例を挙げることができる（図3・10）．この

ヒトデでは，成熟過程を通して3段階でホルモンの関与があるという．まず，神経系の一部で生殖腺刺激ホルモン（gonad stimulating substance：GSS）が産生され，生殖腺内で卵母細胞を取り巻く濾胞細胞に働きかけて卵母細胞の成熟を促す．このホルモンはまた濾胞細胞から第2のホルモンである減数分裂誘引ホルモン（miosis inducing substance：MIS）の分泌を促す．このホルモンは文字通り卵母細胞の減数分裂を引き起こすとともに，細胞間隙を移動して卵母細胞膜の受容部に結合し，第3のホルモンである成熟促進ホルモン（maturation promoting factor：MPF）の分泌

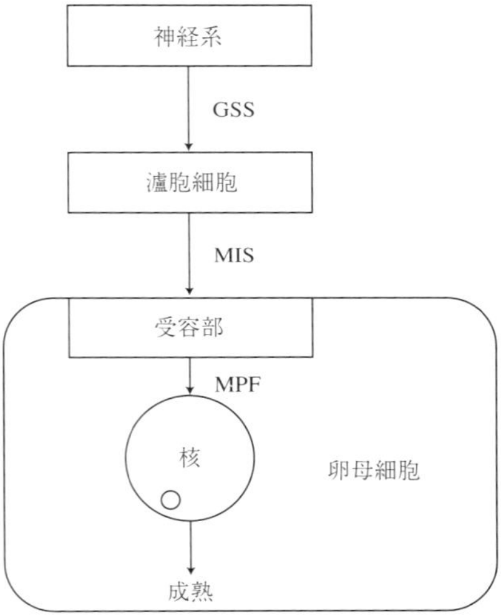

図3・10　ヒトデ類の成熟過程に関わる内分泌物質（Barnes *et al.*, 2001）.
GSS；生殖腺刺激ホルモン，MIS；減数分裂誘引ホルモン，MPF；成熟促進ホルモン

をも誘起する．このホルモンの機能は卵母細胞の成熟の完結にとどまらず，成熟卵が濾胞から卵巣腔に移動するきっかけを与え，ついには体外への放卵へと導く．さらに，このホルモンは体腔液に含まれて体内に広がり，産卵時に筋肉を刺激して収縮させ，効率的な放卵を促す．

（2）フェロモン

フェロモン（pheromone）もまた動物の生物活動に影響を与える化学物質であるが，ホルモンの場合はその作用が個体内で完結するのに対し，フェロモンは同種内の個体間で影響を及ぼし合うもので，コミュニケーションツールとして機能する化学物質であるといえる．特定の部位で産生されたフェロモンは体外に放出され，他個体の特定の化学受容器に働きかけ，固有の行動の発現を誘起する．

フェロモン物質の存在は多くの昆虫で実証されているが，昆虫と同様，ほかの動物の場合も多様なフェロモンが介在しているものと思われる．例えば，生殖行動の諸過程で示される異性の探索や異性への求愛行動などの種々の行動は，フェロモンの介在抜きには考えられない．また，捕食者に攻撃を受けた時に，他個体に危険を知らせるために分泌するとされる警戒物質（alarm substance）もまたフェロモンの一種である．

フェロモン物質の実態に関しては，なお十分には明らかにされていないが，多毛類のゴカイ科の仲間の性フェロモンとして5-methyl-3-heptanoneという物質が特定されており，この物質はゴカイ科の各種に広く存在しているとされている．この物質には2つの光学異性体が存在するが，雌雄でそれぞれ異なる異性体を分泌し，両性がお互いの発する異性体にのみ反応することにより，両性の生殖行動が促進されるという．また，複数の種で同一のフェロモン物質が介在するにもかかわらず，反応が種内に限定される理由として，種によって反応を引き起こすフェロモン物質の濃度に違いがあるためだとされる．このほか，種によっては大規模な群れを形成するものがいるが，このような行動も集合フェロモンと総称されるフェロモン物質の介在によって引き起こされる．

種を超えてフェロモン物質が介在する例もよく知られており，このような場合はアレロケミカル（allelochemical：他感作用物質）と呼んでフェロモンとは区別する．代表的な例は共生関係を構築する両種の間や寄生者とその宿主と

の間で作用する場合である．寄生者は宿主が分泌するある種の内分泌物質に敏感に反応して宿主の生理リズムに対応し，時には，宿主の循環系にホルモン物質を分泌して自らの発育の進行に合わせて宿主の発育過程を調整することもあるという．

6．排出と浸透調節

代謝過程で生じた二酸化炭素や過剰窒素などの不要物質は，一部は体表の薄膜を介して直接体外に排出されるが，二酸化炭素は主に鰓などの呼吸器官を通して，そのほかの物質は排出器官を通してそれぞれ排出される．

（1）排　　出

陸上動物と水生動物とでは排出する窒素化合物が異なる．前者が尿素や尿酸の形で排出するのに対し，水生の無脊椎動物は主にアンモニアの形で排出する．アンモニアは動物にとってきわめて有害な物質であるが，排出後速やかに周囲の水に溶けて拡散してしまうためにほとんど問題にならない．

排出に関わる排出器官は腎管（nephridium）と呼ばれるが，その発達の程度は動物によって多様である．最も原始的なものは原腎管（protonephridium）で，先端の末端細胞（terminal cell）から導管細胞を経て外腎門（nephridiopore）に通じる（図9・2）．末端細胞の後端から管内に若干の繊毛束が伸び，炎のように揺れるので，原腎管の末端部は炎球（flame bulb）とも呼ばれる．原腎管の末端は末端細胞により閉じているため，老廃物は体液とともに体腔から末端細胞の細胞壁を通して取り込まれるが，その際，導管内の繊毛の動きによって生じた管腔の内圧の低下が，管腔への体液の取り込みを助ける．取り込まれた体液は管腔を流れ，体外への開口部である外腎門から尿として排出される．その過程で，アミノ酸，糖類，各種イオン，水などが管壁を通して体内に再吸収される．原腎管はB形動物や紐形動物などの無体腔動物や，輪形動物などの偽体腔動物でみられるが，真体腔動物では環形動物の一部で知られている程度である．ただし，真体腔動物でも，幼生期の排出器官としては広くみられる．一般に，原腎管を有する動物は小型であり，窒素老廃物などは体表からの拡散でほとんど排出されるため，排出に関わる原腎管の働きはそれほど大きくなく，むしろ浸透調節での役割がより重要であると考えられている．

大型の水生無脊椎動物は排出器官として後腎管（metanephridium）を有する（図12・2B）．原腎管と異なり，体内側の末端は繊毛で縁取られた漏斗状で，大きく体腔に開口しており，腎口（nephrostome）と呼ばれる．腎口と外腎門は導管（nephridial tubule）によって結ばれている．導管を移動する過程で，やはり一部の物質が再吸収される．腎管はしばしば生殖輸管と癒合して複合排出器（nephromixium）を形成して，尿と生殖物質の共通の排出路となる．

甲殻類の排出器官は特殊であり，その存在場所により，触角腺（antennal gland）や小顎腺（maxillary gland）と呼ばれる．

一方，海綿動物，刺胞動物，棘皮動物などは分化した排出器官をもたず，体表や消化管から直接老廃物を排出する．

（2）浸透調節

浸透調節の機構は海産種と陸水種で大きく異なる．前者は体液と外界水である海水との間の浸透圧差が少なく，あまり浸透調節の必要がないため，概ね体液の浸透圧は外界水のそれに従い，必要に応じて浸透調節を行う．このように，体液の浸透圧が外界水のそれに従って変化するものを浸透順応型（osmo-conformer）という．一方，陸水種は体液と外界水との間の浸透圧差が大きいため，体液の浸透圧を一定に保つため積極的に調節を行っている．このようなものを浸透調節型（osmoregulator）という．

一般に水生無脊椎動物の場合は，浸透調節は上記の排出器官で行われるが，細胞レベルでも普通にみられる．浸透調節は，基本的には塩分と水の選択的な出し入れによって行われる．海産種の場合は，体液を海水の浸透圧に合わせるために両者の出し入れを行うが，その方向は可逆的である（図3・11A）．これに対して，陸水種では体液が常に外界水に比べて高浸透圧であるため，その濃度勾配に応じて，体液中

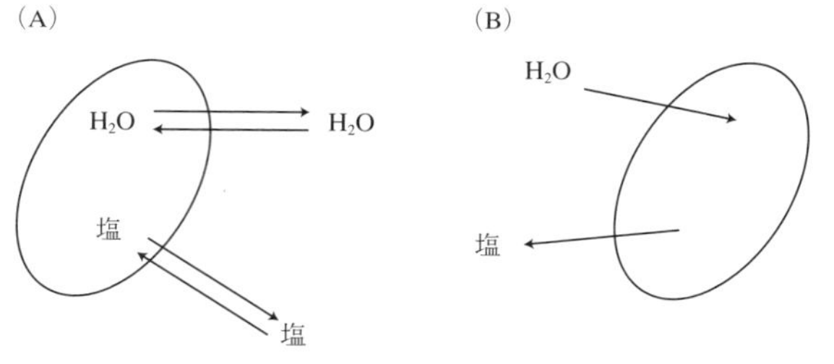

図3・11　細胞と外界水との塩と水の出入り(Brusca and Brusca, 2003).
（A）外界水が海水の場合，（B）外界水が陸水の場合.

に水が浸入する一方，塩分は体外に浸出する状態に常に曝されている（図3・11B）．浸透調節はこのような物質の流れを補償するために，過剰な水分を排出し，濃度差に逆らって積極的に塩分を取り込む一方的な対応である．なお，塩分以外にも細胞に含まれるオスモライト（osmolyte）と呼ばれるアミノ酸などの低分子有機化合物の量の増減もまた浸透調節効果を有しているとされている（コラム2参照）．

　浸透調節能力は種によって異なり，浸透圧の幅広い範囲で調節可能な種は広塩種（euryhaline species），調節可能範囲の狭い種は狭塩種（stenohaline species）とそれぞれ呼ばれる．棘皮動物や脊索動物のホヤ類が陸水域でほとんどみられないのも，進化の過程で十分な浸透調節能力を獲得できなかったためと考えられている．

7. 生殖様式および生殖器官

　水生無脊椎動物の生殖様式は大きく有性生殖（sexual reproduction）と無性生殖（asexual reproduction）に大別できるが，このほか特殊な生殖様式として単為生殖（parthenogenesis）が主に小型種で知られている．

（1）有性生殖

　有性生殖は，成熟した雌と雄それぞれが生産した卵や精子などの配偶子（gamete）の合体（受精：fertilization）により子孫を産出する生殖法である．配偶子の形成は，通常は卵巣（ovary）や精巣（testis）などの生殖器官（gonad）で行われる．発達したものでは，生殖輸管（gonoduct）や分泌腺（secretory gland），交接器官（copulatory organ）などの種々の付属器官が付随する．生殖腺は体腔内に位置するか体組織中に埋まって存在し，生殖細胞は生殖腺を包む膜細胞から生じる．一方，明瞭な生殖腺をもたない場合は，体腔を覆う腹膜層の一部で生殖細胞が分化したり，体組織内に埋まった形で少数の生殖細胞が形成される．後者は非常に小型の種でよくみられるものである．

　配偶子は形成過程で減数分裂を行うため，成熟した卵や精子は染色体が半数となる．成熟した配偶子は生殖腺内の内腔や体腔内に集積され，やがて何らかの刺激により体外に放出される．配偶子は，通常は生殖輸管や後腎管を経て体外に放出されるが，特別の管系をもたないものでは，口や排出時に一時的に体

3. 水生無脊椎動物の形態と機能

<コラム2　　タウリンの秘密>

　タウリンという物質名を耳にしたことがない人はあまりいないのではないだろうか. 栄養ドリンクに含まれ, 滋養強壮作用があるとされている物質である. タウリンは硫黄を含むアミノ酸の一種（ただし, 他のアミノ酸と結合してタンパク質を構成することはできない）で, 2-アミノエタンスルフォン酸（NH_3^+-CH_2-CH_2-SO_3^-）とも呼ばれ, 循環器系や肝臓機能を改善する働きがあるとされている. タウリンは小腸において胆汁酸と結合して脂質を乳化し, その分解を助ける働きもある. 網膜にも高濃度に含まれており, タウリンをほとんど合成できない猫では, タウリン欠乏になると視力障害が起こるので, キャットフードには大量のタウリンが添加されている.

　さて, タウリンは以前から海洋生物の体内に大量に含まれていることが知られており, 浸透調節に関与すると推測されてきた. 海洋生物の浸透圧応答は, 環境水の浸透圧が変化してもその変化に関わりなく体内の浸透圧を一定に保つことができる「浸透調節型」（鯨や魚類）と, 環境水の浸透圧変化に応じて体内の浸透圧を変化させる「浸透順応型」（多くの水生無脊椎動物）に大別される. タウリンは, 後者の浸透順応型生物において, 特に重要な働きをしている. 実際, 様々な浸透圧の海水でマガキを飼育すると, 細胞内のタウリンの量は海水の浸透圧変化に同調して変わっていく. 例えば海水の浸透圧が上昇すると（自然界では夏場のタイドプールなどでよく起こる）, それに伴って体液の浸透圧も上昇する. そのままでは細胞は脱水, 収縮してしまうので, 細胞内にタウリンを取り込むことにより, 細胞内の浸透圧を体液, つまり環境水と同じレベルに保ち収縮を防ぐ. その際, 細胞内の浸透圧を上げるのに, 海水に大量に含まれているナトリウムイオンを使えればことは簡単なのだが, ナトリウムイオンは細胞内で働くさまざまな酵素などの活性を阻害してしまう. その点, タウリンは比較的低分子量で水に非常に溶けやすく, しかも細胞内酵素の活性を阻害しないという特徴をもつので, 浸透順応動物は細胞内の浸透圧を海水と同じ高いレベル（脊椎動物の約3倍の浸透圧）に維持するのにタウリンを利用している.

　このような理由から, 環境水の浸透圧が上昇すると体液中のタウリンが細胞内へと運び込まれるが, その輸送機構は不明であった. しかしごく最近, マガキとムラサキイガイからタウリンを細胞内へ運び入れる輸送タンパク質が特定され, ヒトの腎臓と同種のタンパク質が機能していることが明らかとなった（腎臓では水分回収のため尿を濃縮するため, 濃い尿に接する細胞は脱水を免れるためにタウリンを蓄積する）. このようにヒトの体内でも, 一部の器官で海洋生物と同じ機能を今なお残している事実は我々の祖先が海に由来することを改めて教えてくれる. （豊原治彦）

図　沿岸域で固着生活をするマガキが受ける浸透圧変化. 降雨や河川の増水により低浸透圧に暴露されると細胞の容積は水の浸入により一時的に増大する. この場合, タウリンなどのオスモライトを細胞外に放出し, 細胞内の浸透圧を低下させて容積を元に戻す（右）. その後, 鉛直混合により再びもとの高浸透圧に暴露されると細胞は脱水され, その容積は一時的に収縮するが, タウリンを細胞内に取り入れることで細胞内浸透圧を上昇させ容積を元に戻す（左）.

壁に生じた小孔を経て排出したり，体壁が破裂して直接体外に出る．体外に放出された配偶子は水中で受精する．このような受精方式をとるものでは，精子と卵子の放出が同調しなければ，高い受精効率が期待できないので，種々の同調機構を発達させている．月齢，潮汐リズムなどの環境因子が成熟過程の同調に重要な役割を果たしていることが知られているが，より同調を確実なものにするために，外界水中に存在する異性の配偶子が放精・放卵を促すこともあるといわれている．受精をより確実に実現させるために，産卵前に雌雄による精子の授受を伴う交接行動を行う場合がある．このような行動を行うためには，そのための特別の器官を必要とするが，雄には，精子を一時的に蓄えるための貯精嚢（seminal vesicle）があり，付属肢やそのほかの体の一部に由来する交接器官を有する．また，交接時に精子の逸散を防ぐために，精子をカプセルに包んだ精包（spermatophore）の形で渡すことが多いが，この場合には，生殖器官系に精子を精包に包み込むための特別の器官を伴っている．一方，雌には受け取った精包を産卵時まで保持しておくための受精嚢（seminal receptacle）を具えているものも多い．なお，きわめて特殊な例として，雄が針状の陰茎を用いて雌の外皮に傷をつけ，その傷口から精子を雌の体内に送り込んで雌の体内の卵と受精させるという皮下受精（hypodermic impregnation）を行うものが，B形動物で広くみられる．

　水生無脊椎動物では，多くは産卵後の親の哺育はみられず，幼生の発育は自然にまかされるが，雌の体外または体内で受精させた卵を，産卵後雌が自らの体の一部や生息場所の周囲の基質に付着させて，孵化するまで哺育するものもいる．また，一部には，雌の体内や，貝類の場合は体本体と貝殻の間の腔所である外套腔で卵発生が進み，孵化の段階で体外に放出される，いわゆる卵胎生型の産卵様式（ovo-viviparous spawning）を示す種がいる．

　減数分裂により生じた半数体の配偶子は，受精による核融合によって染色体が倍数化し，もとの染色体数を回復する．この一連の過程により，子供の遺伝子組成は，雄親と雌親の遺伝子を半分ずつ取り混ぜて受け継ぐことになるが，さらに，減数分裂の過程でよくみられる遺伝子の組み換えなどが重なり，多様な遺伝子の組み合わせをもった子孫が出現することになる．有性生殖は後述の無性生殖に比べてエネルギー面で大きなコストを伴うが，個体群内の個体間の

遺伝子多様性を保つ上で，都合のいい生殖方法と考えられている．

なお，有性生殖の場合でも，雌雄が必ずしも分離していない，いわゆる雌雄同体現象（hermaphroditism）が広くみられる．刺胞動物のイシサンゴの仲間，甲殻類のフジツボの仲間や脊索動物のホヤの仲間ではよく知られているが，このような場合も，自家受精による繁殖は通常はみられないことから，これを防ぐ何らかの機構が存在すると考えられている．

無脊椎動物の性は，通常は性決定遺伝子により遺伝的に決定されるが，後天的に種々の要因が関わって決定されることも多い．雌による雌雄の産み分けや，水温やほかの個体の存在といった環境条件が性を決定している例などが知られている．

また，一度性決定がされた後も，途中で性を変えるものがいる．このような性転換現象（sex change）には，雄から雌に変わる雄性先熟（protandry）と雌から雄に変わる雌性先熟（protogyny）とがあるが，稀な例として，繰り返し性を変えるものもいる．性転換現象は軟体動物の貝類や甲殻類でよく知られているが，いずれも雄性先熟型がほとんどである．その理由として，雄の場合，小型でも受精に必要な精子量の生産が十分可能であるのに対し，産卵量は体サイズに大きく依存するため，雌は大型である方が有利であるからだと考えられている．

（2）無性生殖

無性生殖は，有性生殖のように配偶子を介さないで行われる生殖方法である．刺胞動物，外肛動物のコケムシ類や脊索動物のホヤ類などの群体形成はすべてこの生殖方法で行われる．新個体形成過程で減数分裂を行わず，新生個体の遺伝子セットの組み換えは行われないため，すべて親のクローン個体である．群体を構成する各個体は個虫（zooid）と呼ばれる．群体には，単に個虫が集合しただけのものもあるが，個虫間で有機的な連絡を有し，機能的な分化がみられるものもある．群体は，個体単独より遥かに効率的な生活を可能にしていると考えられている．とりわけ，各個虫が個体としての能力を保ちつつ，全体としてのサイズを大型化することでもたらされるサイズメリットが大きいとされる．

多細胞動物で最も普通にみられる無性生殖は，一部の体細胞が分裂して生じ

た細胞から新個体が形成されるものである．多くは母体の一部から芽を出す形で個体形成が行われる（図3・12A）．このほか，何らかの刺激を受けて親個体が自切して体が数片に分かれ，それぞれから欠損部分を再生させることにより，個体を増やす生殖方法を有するものが知られている（図3・12B）．

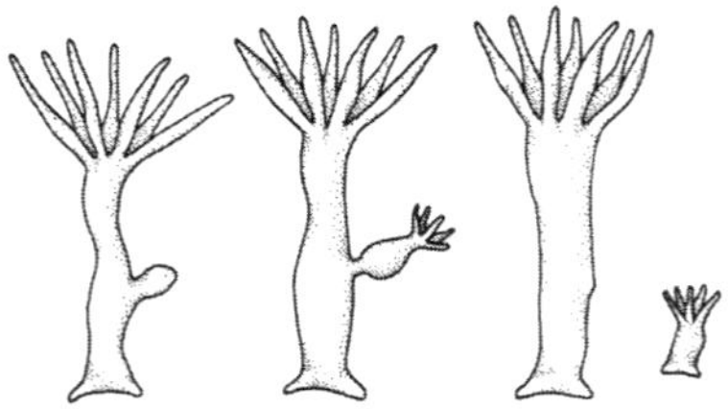

　無性生殖が普通にみられる動物でも，完全に無性生殖だけで世代を継続していく例はなく，生活環のどこかで有性生殖世代が出現し有性生殖を行う．

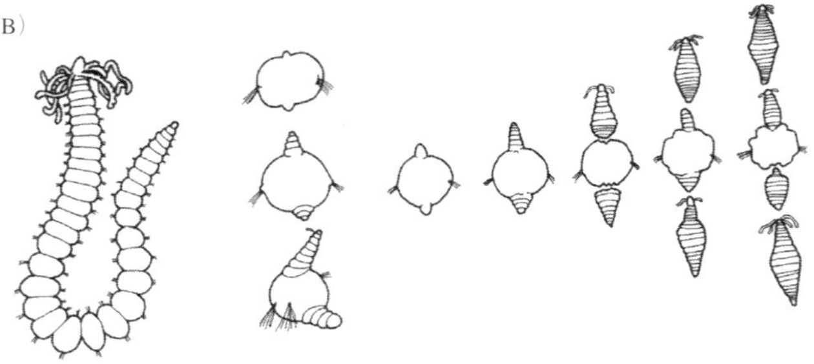

図3・12　無性生殖（A：Brusca and Brusca, 2003, B：Barnes *et al.*, 2001）．
（A）芽生型，（B）分裂再生型

（3）単為生殖

　単為生殖は雌が配偶子を形成するが，雄の関与なく生殖する生殖方法である．配偶子形成過程で減数分裂を行うかどうかで，出現する新生個体は半数体の場合と倍数体の場合がある．水生無脊椎動物では，甲殻類のミジンコや輪形動物のワムシ類で普通にみられるが，いずれも倍数体の子供を産む．これらの種では，短い周期で単為生殖を繰り返して子孫を産出し，急激に個体を増やすが，条件によって有性生殖世代が出現し，有性生殖を行う．有性生殖世代の出現は

温度低下，食物の減少や質の変化，個体密度の上昇などの環境要因が引き金と
なると考えられている．単為生殖を行う水生無脊椎動物は海域よりは陸水域で，
また高緯度域でより多くみられ，温帯域では，夏季に単為生殖を行い，冬季に
は有性生殖に移行する傾向がみられる．

参考文献

Adiyodi, K. G. *et al.* (eds.) : Reproductive Biology of Invertebrates. 1-12, Wiley, 1983-2005.

Bartolomaeus, T. and Ax, P.: Protonephridia and metanephridia-Their relation within the Bilateralia. *Z. Zool. syst. Evollut.-forsch*, 30, 21-45, 1992.

Cronin, T. W.: Photoreception in marine invertebrates. *Am. Zool.*, 26, 403-415, 1986.

Fainzilber, M., Napchi, I., Gordon, D. and Zlotkin, E.: Marine warning via peptide toxin. *Nature*, 369, 192-193, 1994.

McMahon, B. R. and Burnett, L. E.: The crustacean open circulatory system. A reexamination. *Physiol. Zool.*, 63, 35-71, 1990.

Mill, P. J.: Invertebrate Respiratory Systems. In Dantzeler, W. H. (ed.), Handbook of Physiology. Sec. 13. Comparative Physiology, Vol. II, Chapter 14, Oxford Univ. Press, 1997, 1009-1098.

日本比較内分泌学会（編）：ホルモンの分子生物学―無脊椎動物のホルモン―．学会出版センター，1998, 229pp.

日本化学会（編）：化学総説，No.25，海洋天然物化学．学会出版センター，1979, 287pp.

Zeeck, E., Hardege, J. and Bartels-Hardege, H.: Sex pheromones and reproductive isolation in 2 nereid species, *Nereis succinea* and *Platynereis dumerilli. Mar. Ecol. Prog. Ser.*, 67, 183-188, 1990.

4 動物の分類および系統

　生物の基本的な分類単位は種である．本来，種は子孫が世代を重ねても稔性を失わず，かつほかの集団とは生殖的に隔離された生物集団として定義されるが，確認が困難なこともあって，現実には同一形態形質保有集団として認識されることが多い．したがって，動物の分類学はこれまで形態形質を大きな拠り所にして体系化されてきたが，最近は，遺伝子情報を基礎にした新しい体系が提案されるなど，動物分類学は新しい展開の時期に入っているといえる．

4・1　分類単位

　各動物種は学名（scientific name）をつけて区別する．学名はC. Linnaeusが提唱し，その後国際動物命名規約（International Code of Zoological Nomenclature）として明文化された二名法（binominal nomenclature）に従って，ラテン語の属名と種小名を並べてイタリック体で表示し，正式に表記する場合には末尾にその種の命名者の名前および最初に記載された年を付す．その後の研究で属名の変更はあり得るが，それが独立した種として認められている限り，種小名はそのまま継承される．属名が変更された場合には，命名者の名前および記載年は括弧に入れられる．分類群によっては，種よりさらに下位の亜種（Subspecies）のレベルで分類されるものもあるが，その場合は種小名の後に亜種名をイタリック体で添える．

　分類学では，動物各種を比較することにより，種を合理的に分類配列する試みがなされ，種々のレベルで分類単位としてまとめられる．

　最も上位の分類階級として広く認められているのは界（Kingdom）である．生物はLinnaeusの時代以来，ながらく動物界と植物界の2界に大別されてきたが，単細胞生物の細胞の構造に関する知見が集積されるに伴い，この大別が不十分であるとの認識が広まった．そして，Whittakerの5界説の提唱をきっ

かけに，この点に関する議論が深まり，現在では6界説あるいはさらに多くの界の存在が提唱されるに至っており，さらに，界の上にドメイン（Domain）を置く見解もある（表4・1）．これらの説に従うと，以前は動物界に属していた単細胞の原生動物は原生生物界に含まれることになり，動物界には後生動物とされる多細胞動物のみが属することになる．前著同様本書もこの立場を踏襲し，動物界に含まれる多細胞動物を対象としている．

表4・1　生物界の高位分類

ドメイン	界	属する生物
真正細菌（Eubacteria） 古細菌（Archaea） 真核生物（Eukaryota）	真正細菌界（Eubacteria） 古細菌界（Archaeobacteria） 菌界（Fungi） 植物界（Plantae） 原生生物界（Protista） 動物界（Animalia）	古細菌を除くすべての細菌 メタン生成細菌，高熱古細菌など カビ，キノコ，酵母などの従属 栄養型の生物 独立栄養型の多細胞植物 真核を有する単細胞生物 多細胞動物

　動物界はさらに門（Phylum），綱（Class），目（Order），科（Family），属（Genus），種（Species）と順に下位に配列されるが，分類群によっては，それぞれの分類階級の間にさらに中間の階級が設定されるなど，その体系はLinnaeusの時代に比べて遙かに複雑なものとなっている．クルマエビを例に，その分類学的位置づけを示すと次のようになる．

　　節足動物門　Phylum Arthropoda
　　　甲殻亜門　Subphylum Crustacea
　　　　軟甲綱　Class Malacostraca
　　　　　十脚目　Order Decapoda
　　　　　　根鰓亜目　Suborder Dendrobranchiata
　　　　　　　クルマエビ科　Family Penaeidae
　　　　　　　　クルマエビ属　Genus *Marsupenaeus*
　　　　　　　　　クルマエビ　*Marsupenaeus japonicus*（Bate, 1888）

　なお，種によっては，分類単位に亜属（Subgenus）を含む場合があるが，その場合は属名と種小名の間に亜属名を括弧に入れてイタリック体で示す．

4・2　動物分類学から動物系統分類学へ

　動物分類学は，狭義には収集した標本について同定し，それが未記載種であれば新種として命名し，記載する学問といえるが，通常はそれにとどまらず，近縁の各種と相互に比較検討して，種間の類縁関係を明らかにし，分類体系を構築するとともに，場合によっては，その分類群が辿ってきた進化の過程を明らかにするところまでもその視野に入れるのが普通で，この意味では系統分類学（phylogenetic systematics）＊と同義と考えて差し支えないだろう．

　系統関係の解明には，まず形態形質の比較が手掛かりとなるが，それに加えて，発生学的知見や化石資料なども重要な情報として重視される．しかし，これまでの手法は，比較の対象とすべき形質の取捨選択およびその評価に関して研究者の裁量にまかされる部分が大きいため，時には，結果が研究者の主観に左右されるという懸念が指摘されてきた．

　この欠点を補う手法として，形質評価に際し，形質をすべて等価とみなして数量化し，得られた数値を統計処理して，相対的な類縁性を求めて種間の関係を推定しようとする，数量分類学（numerical taxonomy）の手法が一時期もてはやされたが，すべての形質を等価と見なす前提が現実的でないといった批判が強く，最近はほとんど顧みられなくなった．ただ，この過程で発達した統計学的手法は，現在でも，系統関係あるいは類縁関係を推定する上で大きな武器となっている．

　最近は，分岐論（cladistics）に基づいた系統分類学が主流である．これは，形質の評価にあたり，各形質にそれぞれ祖先形質（plesiomorphic character）および派生形質（apomorphic character：子孫形質）として方向性をもたせ，それぞれの形質の保有状態を考慮して各分類群が分岐してきた過程を推定することを目指す．派生形質を共有する種群を同一の系統群とみなし，共通の祖先に由来すると考える．極性の決定には，近縁の別の分類群（外群）と比較し，その分類群と共有している形質を共有祖先形質（synplesiomorphic character），当該の系統群のみが共有する形質を共有派生形質（synapomorphic character）とする．

＊正確には系統体系学と表記すべきとされるが，本書では従来から広く使われている表記に従った．

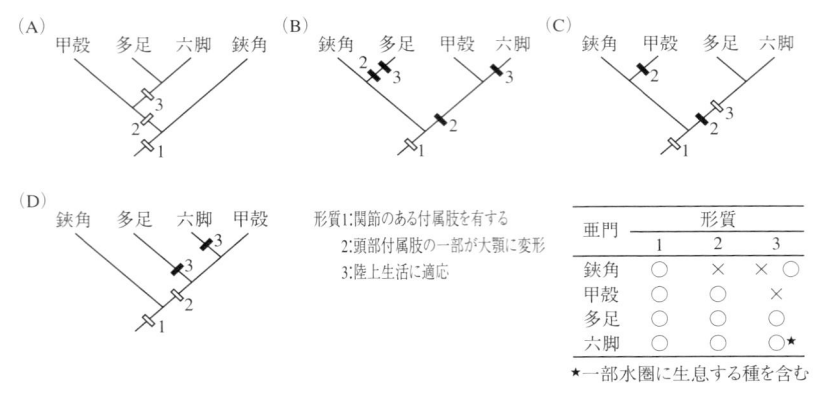

ただ，比較すべき分類群間で祖先形質および派生形質の具有状況がモザイク状であるのが普通で，それに基づいて分岐の過程を正確に辿ることは必ずしも容易でない．また，異なる系統群で形質の二次的な収斂現象（convergence）や平行現象（parallelism）が生じた場合に，その形質を共有派生形質とみなして間違った系統関係を導き出す可能性も否定できない．したがって，どのような経過で，各種がそれぞれの形質を獲得して分岐してきたかを推定するに際しては，分岐が最少になるような合理的で最節約的な筋道を示すのが通例である．結果は分岐図（cradogram）として示される．図4・1では，節足動物門に属する現生4亜門の分岐過程について想定されている多くの仮説の中から4つの系統図を挙げ，ここで3つの形質（1：付属肢が関節でつながる，2：頭部付属肢の一部が変形して大顎になる，3：陸上生活に適応）に注目して各形質の獲得過程を考えてみる．ただし，鋏角類や六脚類の一部に水生の種を含むが，前者に関しては，鋏角類として分岐した後多くが陸上に生息するようになったと考え，祖先種は陸上生活に適応していなかったとみなし，逆に六脚類の一部の水生種は陸上生活に適応した祖先から二次的に水生生活に戻ったと想定した．以上の前提をおいた上で各分類群が各形質をどのように獲得したと考えられるかを各分岐図に示しているが，分岐図によっては，それぞれの形質の獲得が独立して別々に起こったと考えざるを得ない場合もあり，図ではそのような形質を黒く塗って示している．この図から明らかなように，3つの形質に限ってい

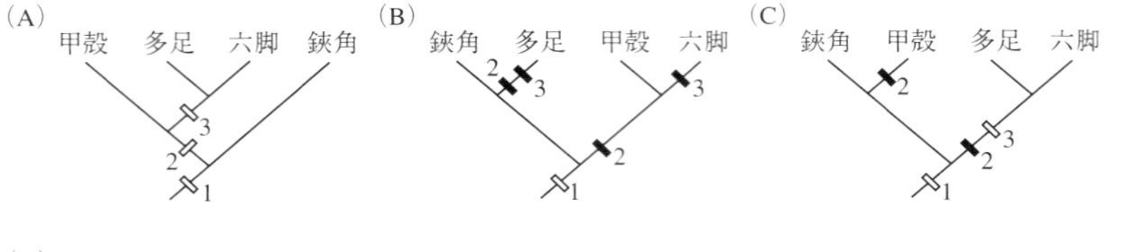

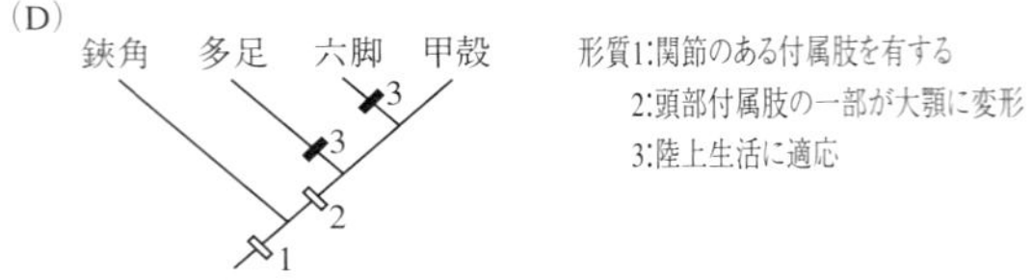

図4・1　節足動物門の各亜門の分岐図の例．黒色のバーは独立して形質を獲得したと考えられる場合を示す．

えば，分岐論の原則に従って，（A）が最節約的な分岐図として採用されることになる．また，関節のある付属肢を有するという形質を基準にした場合，その形質を有する4亜門すべてのまとまりは単系統群（monophyletic group）と定義され，その一部だけのまとまり（例えば分岐図（D）の鋏角類と多足類）は側系統群（paraphyletic group）と定義される．さらに，仮に，（C）のような分岐図が採用されたとした場合，大顎を有するという形質に注目して甲殻類と多足類をまとめた場合，それぞれが直近の祖先種を異にしているので，このようなまとまりは多系統群（polyphyletic group）と定義される．分岐論ではこれらの中で単系統群のみを意味のある分類単位として認める．

　遺伝子解析により，DNAの特定の領域の塩基配列の比較から近縁性を推定する分子系統学（molecular phylogenetics）もまた1990年代に発展し，今では広く普及している．遺伝子の特定の部位の塩基配列に注目し，配列の相違が少ないほど近縁であると考える．しかし，遺伝子によって置換が起こりやすいものと保存性の高いものがあり，保存性の高い遺伝子に注目すると，系統関係を追い難く，逆に置換しやすい遺伝子に注目すると，各分類群の分化の過程を詳細に追うことが困難である．現在最も広く用いられているのは18S rDNA遺伝子である．このほか，タンパク質の合成に関わるEF-1遺伝子やミトコンドリアDNAなどもよく用いられている．系統分類学の分野において，分子系統学がより主導的な役割を果すようになるには，対象とすべき最適の遺伝子の探索と，できるかぎり多くの種についての知見の蓄積が必要である．

4・3　現生動物門の系統関係

　多細胞の動物の起源は約10億年前の先カンブリア紀の後期にまで遡ることができ，その間多くの動物が出現と消滅を繰り返し，現在に至っているが，現生種に限れば，現在，動物界は30余りの門に整理されている（表1・1）．各門はその体制の複雑さの程度により，海綿動物門（Porifera）が含まれる側生動物（Parazoa），平板動物門（Placozoa），一胚葉動物門（Monoblastozoa），菱形動物門（Rhombozoa）および直泳動物門（Orthonectida）の4門を含む中生動物（Mesozoa）および残りの動物門を含む真正後生動物（Eumetazoa）の3

つのグループに分けられる．側生動物と中生動物は，真の器官や組織をもたない点で真正後生動物とは区別される．真正後生動物はさらに体制上の特徴により細分されるが，発生様式の相違に基づいた前口動物と後口動物の区分は古くから支持されてきた．

多細胞の後生動物は原生生物の襟鞭毛虫の祖先型から派生し，まず海綿動物が，ついで二胚葉を分化させた平板動物が出現し，その後種々の器官系を発達させた祖先系から，放射相称型の刺胞動物や有櫛動物（Ctenphora）と，左右相称型のそのほかの動物が出現したとされる．なお，放射相称型の多くの種を含む棘皮動物（Echinodermata）は，その発生様式からみても，左右相称型の祖先から二次的に放射相称型の体制を獲得したと考えられる．左右相称型はさらに発生様式を異にする2つの系統に分かれ，それぞれ前口動物群，後口動物群として独自に進化して現在に至った．両動物群とも発生の過程で中胚葉の形成がみられ，3胚葉体制を基本とするが，この体制は両動物群でそれぞれ独立して獲得したものであり，相同ではないと考えられる．

大部分の動物門は前口動物群に含まれ，棘皮動物，半索動物（Hemichordata），脊索動物（Chordata）などごく一部の動物門が後口動物群に属する．これらの両動物群は口の形成過程，卵割の様式，中胚葉の出現過程，体腔の形成過程などで対照的である（表4・1）．

表4・1　両動物群の諸形質比較

形質	動物群	
	前口動物	後口動物
口の形成	原口がそのまま口になる	原口とは別に形成される
卵割	らせん卵割型	放射卵割型
体腔の形成	特別な細胞から	胚の腸の膨出による

前口動物群では，無体腔型の扁形動物（Platyhelminthes）を祖先型と考えるのが，これまでの代表的な見方であり，その後紐形動物（Nemertea），星口動物（Sipuncula），ユムシ動物（Echiura）などの祖先となる蠕虫型の動物が出現したとされるが，各分類群の出現の経緯については異論も多い．とりわけ，最近の分子系統解析手法に基づいた知見の蓄積はこの傾向に一層拍車をかける結果となっている（図4・2）．

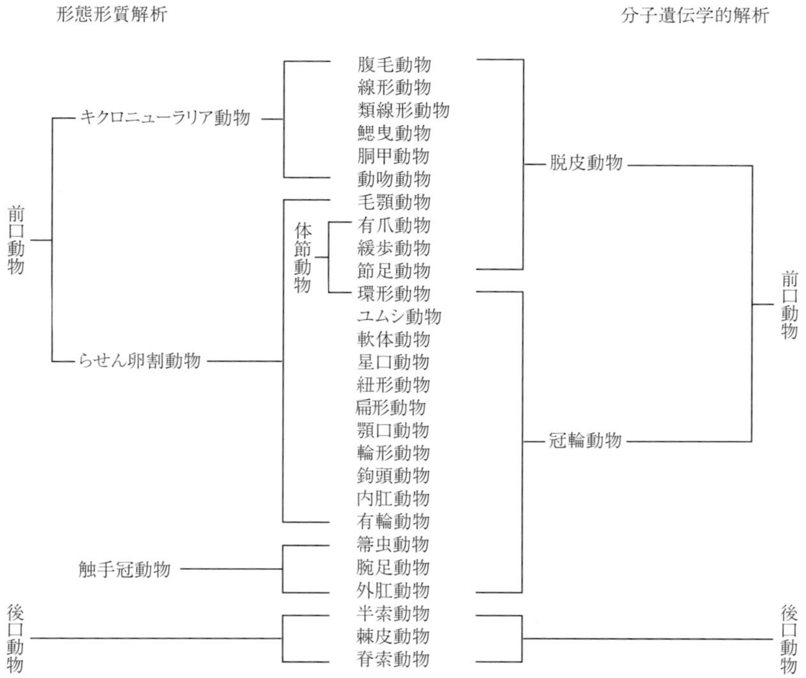

4. 動物の分類および系統

形態形質解析　　　　　　　　　　　　　　　　　　　　　　　分子遺伝学的解析

```
前口動物 ─┬─ キクロニューラリア動物 ─┬─ 腹毛動物
          │                          ├─ 線形動物
          │                          ├─ 類線形動物        ┌─ 脱皮動物 ─┐
          │                          ├─ 鰓曳動物          │            │
          │                          ├─ 胴甲動物          │            │
          │                          └─ 動吻動物          │            │
          │              体節動物 ─┬─ 毛顎動物            │            │
          │                        ├─ 有爪動物            │            前口動物
          │                        ├─ 緩歩動物            │            │
          │                        └─ 節足動物            │            │
          └─ らせん卵割動物 ─┬─ 環形動物                  │            │
                             ├─ ユムシ動物               │            │
                             ├─ 軟体動物                 │            │
                             ├─ 星口動物                 └─ 冠輪動物 ─┘
                             ├─ 紐形動物
                             ├─ 扁形動物
                             ├─ 顎口動物
                             ├─ 輪形動物
                             ├─ 鉤頭動物
                             ├─ 内肛動物
                             └─ 有輪動物
       触手冠動物 ─┬─ 箒虫動物
                   ├─ 腕足動物
                   └─ 外肛動物
後口動物 ─┬─ 半索動物                                                  後口動物
          ├─ 棘皮動物
          └─ 脊索動物
```

図4·2　形態形質解析と分子遺伝学的解析に基づく左右相称動物各門の系統類縁関係の比較
（Ruppert *et al.*, 2004 を一部改変）.

　形態形質に基づく系統解析結果では，前口動物は線形動物（Nematoda;
Nemata）などの小型の動物を主に含む6動物門をまとめたグループとそれ以
外の門をまとめたグループに2分する見解が有力である．前者はキクロニュー
ラリア（Cycloneuralia）動物群と定義されている．これに属する各門はいず
れも以前は袋形動物（Ashchelminthes）としてまとめられていたもので，ら
せん卵割型でも放射卵割型でもない特異な発生様式を示し，腹毛動物
（Gastrotricha）を除いて翻出性の吻を有し，成長過程で脱皮を行うといった形
質を共有する．一方，後者はらせん卵割動物群（Spiralia）と定義され，その
名前が示す通り典型的ならせん卵割型の発生様式を示すことで特徴づけられる
が，多様な系統群を含む．このうち，環形動物（Annelida），節足動物
（Arthropoda）など4動物門は明瞭な体節構造を示すことから，体節動物

（Articulata）として単系統群を構成するとする見解が以前は広く認められてきたが，後述のように，最近はこの見解を否定する知見が相次いで提示されている．

　後口動物の祖先型もまた左右相称型で蠕虫型の埋在性の動物であったとされ，その後彼らは祖先型からはかなり異なる生活型を獲得するが，その過程はそれぞれの分類群で独自に進行したものと考えられる．棘皮動物，半索動物，脊索動物の3門がこれに含まれるとする考え方が最近の大勢である．

　なお，これとは別に口部に触手冠（lophophore）を具えるという特徴を共有することで，箒虫動物（Phoronida），腕足動物（Brachiopoda），外肛動物（Ectoprocta）が触手冠動物（Lophophorata）としてまとめられるが，これは前口動物と後口動物の中間的な存在として位置づけられ，どちらかといえば，後口動物に近いと考えられてきた．毛顎動物（Chaetognatha）もまた以前は後口動物に含められてきたが，現時点では前口動物に含めるとする見解が有力である．

　一方，18S rDNA 遺伝子の塩基配列に基づく系統解析の結論は多くの点で従来のそれとは趣を異にしている．このうち最も注目すべきものは，前口動物を冠輪動物（Lophotrochozoa）と脱皮動物（Ecdysozoa）の2群に分けるとした Aguinaldo ら（1997）の説である（図4・2）．この説では，従来体節動物としてまとめられていたもののうち環形動物を冠輪動物群に，節足動物を含む残りの3門をキクロニューラリア動物群とともに脱皮動物群にそれぞれ含めている．脱皮動物としてまとめられた各門は，ほとんどが成長過程で脱皮するという特徴を共有することからこの名前が与えられた．同様の手法を用いた後続の研究もほぼこの説を支持しており，この説に関してはすでに一定のコンセンサスが得られているといえる．また，触手冠動物としてまとめられる3動物門については，前口動物に帰属するとされる．

　このように，現時点では，伝統的な形態形質に基づく体系と分子系統学的手法を用いて得られた体系との間には大きな乖離がみられるが，18S rDNA 遺伝子は高位分類群の系統関係の解析には必ずしも適していないといった批判もあり，別の遺伝子を対象にして同様の結論が得られるかどうかが当面注目されるところである．

4. 動物の分類および系統

参考文献

Aguinaldo, A. M. A., Turbeville, J. M., Linford, I. S., Rivera, M. C., Garey, J. R., Raff, R. A. and Lake, J. A.: Evidence for a clade of nematodes, arthropods and other moulting animals. *Nature*, 387, 489-493, 1997.

平嶋義宏：生物学名概論．東京大学出版会，2002, 249pp.

小林麻理・佐藤矩行：無脊椎動物の系統の再検討．奥谷　喬・太田　秀・上島　励（編），水棲無脊椎動物の最新学．東海大学出版会，1999, 1-13.

馬渡峻輔（編）：動物の自然史．北海道大学図書刊行会，1995, 274pp.

三中信宏：生物系統学．東京大学出版会，1997, 480pp.

佐藤矩行・藤原滋樹・西川輝昭（訳）：無脊椎動物の進化．（Willmer, P.: Invertebrate Relationships: Patterns in Animal Evolution, Cambridge University Press, 1990）．蒼樹書房，1998, 465pp.

白山義久（編）：無脊椎動物の多様性と系統．バイオディバーシティ・シリーズ5．裳華房，2000, 324pp.

Whittaker, R. H.: On the broad classification of organisms. *Quart. Rev. Biol*, 34, 210-226, 1959.

5 水生無脊椎動物の生活

　動物は長い地史学的な時間を経て環境要求を特化させ，それぞれ種固有の生活様式を獲得した．陸圏に比べて遙かに多様な動物が生息する水圏では，彼らが示す生活様式もまたきわめて多様である．

5・1　生活様式の類別

　水生生物の生活様式を類別する試みはすでに古くからなされてきた．水圏での存在様式による浮遊生物（プランクトン：plankton），遊泳生物（nekton）および底生生物（benthos）の3つの類別はその代表的なものである．

　浮遊生物は海洋中を浮遊しながら生活する生物で，植物プランクトンや動物プランクトンとして知られている．クラゲの仲間などの一部を除いては顕微鏡的な小さな生物である．遊泳能力をほとんどもたず，水の動きに身をまかせて水中を漂う．生涯浮遊生活を送る終生プランクトン（holoplankton）と生活史の一時期に浮遊生活を送る一時性プランクトン（meroplankton）に分けられる．また，水中での存在の仕方によりさらに細分される．

　遊泳生物は優れた遊泳能力を有し，水中を移動しながら生活するもので，主に魚類や水生哺乳類などの脊椎動物が含まれるが，無脊椎動物ではイカ類などの軟体動物の頭足類が代表的なものである．

　底生生物は海底表面を匍匐したり，海底堆積物の内部に埋在するもの，あるいは岩礁などの基質に固着して生活するもので，水生無脊椎動物のほとんどを含む（表1・1）．一般に移動力が乏しく，環境の影響を受けやすい傾向にある．厳密には，底生生物には海藻類などの植物も含まれるため，動物を対象とする場合には底生動物と呼ぶことが多い．

　このほか，無脊椎動物の中には寄生生活を送る種も多い．宿主と寄生者の関係は様々で，多くは特定の種間で見られる．宿主の体表に寄生する外部寄生

51

（ectoparasite）と消化管などの体内に寄生する内部寄生（endoparasite）に大別できる.

5・2　動物の食生活

　水生無脊椎動物は，藻類や植物プランクトンなどが生産し，様々な形で水中に存在する有機物を取り込んで栄養としているが，その摂食型は表5・1のように整理できる.

表5・1　水生無脊椎動物の摂食型

対象餌料を基準にした場合	摂食方法を基準にした場合
肉食者（carnivore）	捕食者（predator）
腐肉食者（scavenger）	懸濁物食者（suspension feeder）
植食者（herbivore）	堆積物食者（deposit feeder）
プランクトン食者（plankton feeder）	底表堆積物食者（surface deposit feeder）
デトリタス食者（detritus feeder）	底表下堆積物食者（subsurface deposit feeder）
泥食者（mud feeder）	

1．摂食型の分類

　摂食型の分類は，対象とする餌生物を基準とする場合と，摂食の仕方を基準とする場合とがある．概ね陸生動物の場合と同様であるが，プランクトン食ないしは懸濁物食は水生動物にしか見られない摂食型である.

（1）肉食者（＝捕食者）および腐肉食者

　肉食者（carnivore）または捕食者（predator）は生きた動物を摂食するもので，当然のことながら，イカ，タコ類をはじめとして動きの活発な動物で見られる摂食型である．具体的な摂食方法としては，忍び寄り型と待ち伏せ型があり，いずれの場合も，餌動物の存在は視覚，振動などの物理刺激あるいは匂いなどの化学刺激により知覚する．肉食者は発達した付属肢や顎など，対象生物を捕獲するための特別の構造を有していることが多い．動物プランクトンに属するような微小動物を摂食するものも時には捕食者とされることもある．腐肉食者（scavenger）も肉食者の範疇に含めることができるが，ヒトデなどの動きの緩慢な動物で見られる．腐肉食の場合はとくに匂いが重要な誘引刺激となる.

5. 水生無脊椎動物の生活

（2）植食者

植食者（herbivore）は大型の海藻類を摂食するもので，アワビ，サザエ，ウニなどが典型的な植食者である．いずれも固い海藻を囓りとるための発達した歯状構造を有し，囓りとった海藻を咀嚼するために，その周囲に発達した筋肉が付随する．

（3）プランクトン食者および懸濁物食者

プランクトン食者（plankton feeder；planktotrophy）または懸濁物食者（suspension feeder）は水中に漂うバクテリア，プランクトンや有機物の破片を水とともに取り込み，口の周囲または咽頭に発達する特別の集餌装置を用いて懸濁有機物を濾しとって食物にするものである．この摂食型を示す動物は，ほぼすべての分類群にわたって存在し，水生無脊椎動物の中では広く行きわた

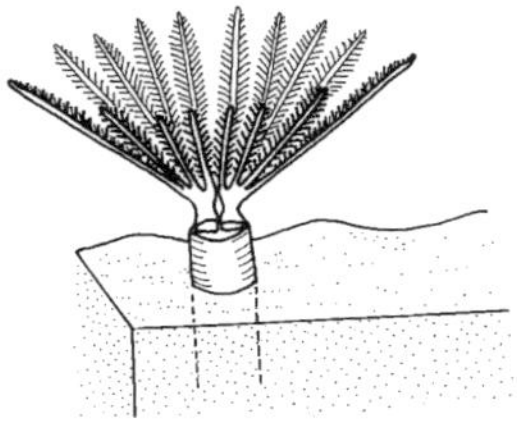

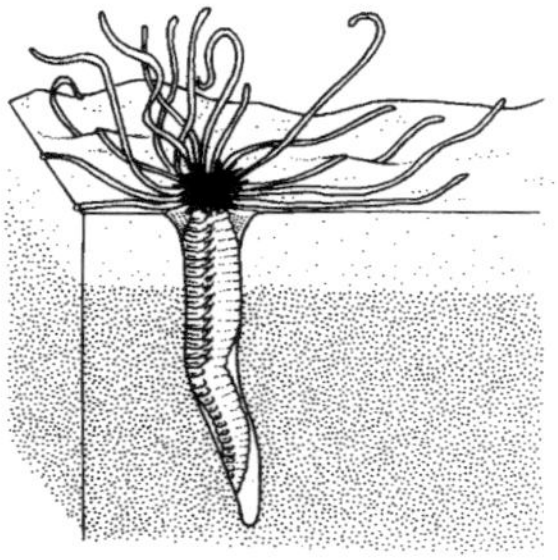

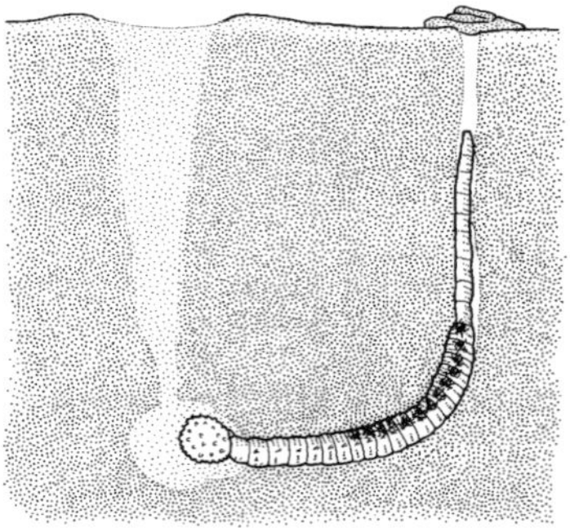

図5·1 底生無脊椎動物の摂食様式（A，B：Barnes *et al.*，2001，C：Hylleberg，1975）．
（A）懸濁物食，（B）底表堆積物食，（C）底表下堆積物食（泥食）

53

った摂食型である．集餌装置は動物によって異なり，懸濁物食性の二枚貝では，著しく発達した鰓がその働きをしている．また，多毛類のケヤリムシの仲間では頭部に漏斗状に広がる鰓冠（branchial crown）を構成する各鰓糸に懸濁物を付着させて，それを鰓糸の表面に密生する繊毛の働きにより口に運んで摂食している（図5・1A）．同様に，甲殻類のフジツボの仲間は，水の流れを感じると，蔓脚（cirrus）と呼ばれる長い付属肢を出して水流によって運ばれてくる懸濁有機物を付着させ摂取している．一方，脊索動物のホヤの仲間では，発達した咽頭に水を取り込み，咽頭の壁面に開く鰓孔と呼ばれる無数の孔から排水する過程で懸濁有機物を濾しとって摂取している．したがって，この場合は体内で懸濁有機物を濾過摂食していることになる．さらに特殊な例として，多毛類のツバサゴカイの仲間では，特定の付属肢から粘液袋を分泌し，これで水を濾しとって有機物を得るという摂食方法を採っている．

　体外に集餌装置を有するものでは，集餌装置を用いて取り込んだ粒子は口の周辺に集め，摂食に先立ち食物となるものを選別して取り込むが，この選別は粒子のサイズや比重，さらには化学組成などを基準に行われているとされている．このように，懸濁物食者の摂食方法は，懸濁する有機物を濾しとるか，摂食装置に分泌した粘液の粘着力により付着させるかのどちらかであるが，いずれの場合もある程度の水の流れのあるところでなければ効率的な摂食方法とはいえず，このような摂食方法を採る動物は多少とも水の流れのあるところで見られる．

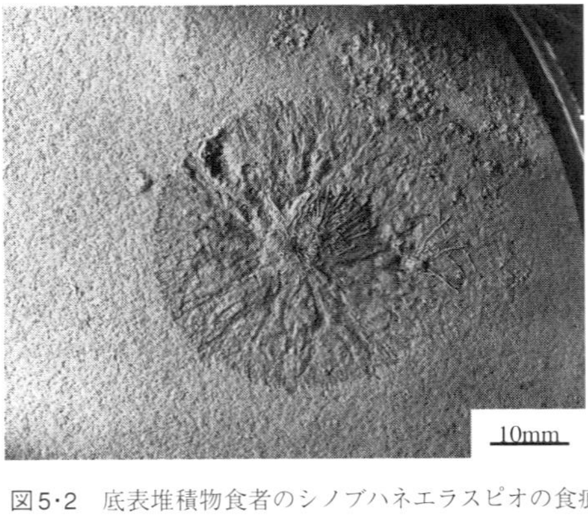

図5・2　底表堆積物食者のシノブハネエラスピオの食痕
（横山寿氏提供）

（4）堆積物食者

　堆積物食者（deposit feeder）は海底の堆積物表面に存在する有機物や堆積物内に埋在する有機物を摂食する．底表堆積物食者（surface deposit feeder）は堆積物表面に存在する有機物を摂取し（図5・1B，5・2），底表下堆積物食者（subsurface deposit feeder）は堆積物内に埋在する

5. 水生無脊椎動物の生活

<コラム3　　DNA が教えてくれるもの>

　最近の DNA 解析技術の進歩は目覚ましく，この技術を応用することにより新しい事実が次々に明らかにされてきている．この技術の基盤となっているのは PCR（Polymerase Chain　Reaction）という遺伝子増幅法である．PCR は 1980 年代の初めにアメリカの天才化学者マリスにより開発された．この方法は，「DNA 合成酵素はプライマーと呼ばれる短い DNA 断片がないと DNA 合成ができない」という性質に注目して，特定の遺伝子領域をその両端に設定したプライマーを用いて増幅するものである．PCR は DNA 研究だけでなく，遺伝子診断や法医学など様々な応用分野で今や欠かせない技術となっており，例えば，PCR を用いることで犯罪現場に残されたごく僅かな血痕からでも，犯人の DNA を増幅・検出することができる．

　この技術は海洋生物の種々の研究分野でも威力を発揮している．例えば，筆者等は形態ではほとんど区別ができない二枚貝の幼生を，この手法を用いて同定できることが可能であることを確認した．プランクトンネットで採集してきた D 型幼生（図1）を，実体顕微鏡下で1個体ずつ慎重により分け，リボソーム RNA（細胞内のタンパク質合成工場であるリボソームを構成する RNA のことで，種が異なってもこの RNA をコードする DNA 配列にはよく似た領域があるので，プライマー設計がしやすい）をコードする DNA 領域内にプライマーを設定し，PCR で両プライマー間の DNA を増幅する．一方で，その海域に生息する二枚貝の親をできるだけ多種類採集し，これらの親についても同様にその領域を増幅する．変態して姿や形がまるっきり変わっても遺伝子 DNA は不変なので，同じ種類の二枚貝なら，プランクトン幼生でも親貝でも増幅されてくる遺伝子の DNA 配列は同じはずである．しかし，PCR で増幅した DNA の塩基配列を決定するためには高価な大型装置を必要とし，コストも手間もかかる．そこで，実際には，制限酵素（特定の DNA 配列を認識して，その部分で切断する酵素）を用いて PCR で増幅された DNA を切断し，電気泳動で切断された DNA 断片のサイズを親のものと比較して種を同定する（図2）．同一種なら親子で同じ切断パターンとなるが，種が異なれば増幅された部分の DNA 配列が異なるため，切断パターンも違ってくる．この方法は，PCR 制限酵素断片長多型-Restriction Fragment Polymorphism（PCR-RFLP）分析と呼ばれ，操作が簡便で，大掛かりな装置を必要とせず，一度に多くの幼生の種同定が可能である．

　我が国の防波堤などでごく普通にみられるムラサキイガイには，このような遺伝子解析の結果から，在来種である *Mytilus trossulus* と外来種の *Mytilus galloprovincialis* の2種類を含んでいることが最近わかった．近年，ムラサキイガイのほかにも台湾シジミ類など様々な外来の二枚貝のわが国への侵入が報告されるようになってきた．今後は PCR-RFLP 分析のような遺伝子解析法を用いることにより，外来種の侵入を幼生の段階でチェックし，早い段階でわが国の固有種の保護対策を講じることが可能になるかも知れない．（豊原治彦）（参考文献：「黒装束の侵入者」恒星社厚生閣）

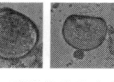

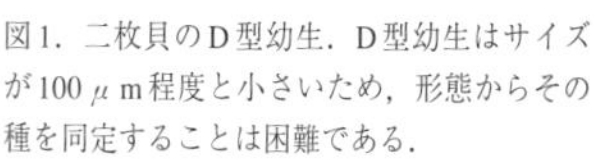

図1．二枚貝の D 型幼生．D 型幼生はサイズが 100μm 程度と小さいため，形態からその種を同定することは困難である．

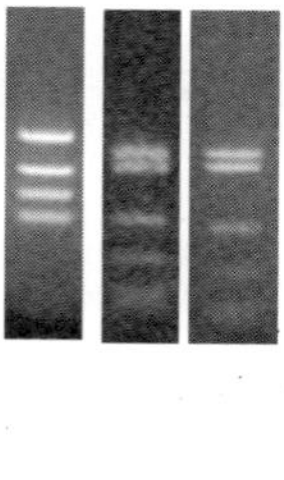

図2．PCR-RFLP 分析による幼生の種同定の一例．a と b は，任意に選んだ幼生の結果を，c は親貝（アサリ）の結果を示す．b と c の電気泳動パターンが一致することから，b はアサリの幼生であることがわかる．

有機物を利用する（図5・1C）．また，摂食に際して，有機物だけを選別して取り込む選択的堆積物食者（selective deposit feeder）と，堆積物ごと摂食して消化管内で有機物を消化吸収して不消化物を排出する非選択的堆積物食者（non-selective deposit feeder）に分けることもある．後者は泥食者（mud feeder）ともいわれる．いずれの場合も彼らが摂取している食物源は，微生物，底生微小動植物やデトリタス（detritus）と称される有機物片などである．

（5）そのほかの摂食型

上記の摂食型に加えて，棘皮動物や軟体動物など，薄い皮膜を介して体内と体外が接している部分を有するものでは，水中に溶け込んでいる遊離アミノ酸などの溶存有機物を膜を通して直接取り込んで利用している可能性もある．

また，造礁性のサンゴや二枚貝のシャコガイの仲間（*Tridacna*）などでは，体内にある種の単細胞藻類を共生させ，この藻類が光合成によって作り出す有機物を利用するという特殊な栄養摂取を行っている．また，最近深海の熱水や冷水湧出域の周辺で発見されたチューブワームと呼ばれる環形動物門に属する特殊な動物や二枚貝のシロウリガイ類（*Calyptogena*）も同様の栄養摂取をしていることで注目されている．彼らは，湧出水中に多量に含まれる硫化水素などをエネルギー源として有機物を生産する化学合成細菌を多量に体内に共生させて，細菌が作り出す有機物を栄養源としていることが知られている（コラム8参照）．

5・3　初期生活

ほぼ親と同じ形状で孵化する，いわゆる直達型の発生様式を示すごく一部の種を除いて，水生無脊椎動物の初期の幼生は，その親とは似ても似つかない形をしているのが常で（図3・2），初期の幼生の種の特定はきわめて難しい（コラム3参照）．ベントスとして底生生活を送る無脊椎動物でも，多くは浮遊型の幼生として孵化し，初期生活を始める．着底後は大規模な移動がままならない底生動物にとって，初期の浮遊幼生期が，生涯で分布域を広げることのできるほとんど唯一の機会である．

5. 水生無脊椎動物の生活

1. 幼生期

初期の浮遊幼生は，栄養源として卵内に含まれる卵黄に大きく依存する場合と，もともと卵内の卵黄含有量が少なく，ごく初期からプランクトンなどの外部栄養に依存する場合とがあり，前者を卵黄栄養型幼生（lecithotrophic larva），後者をプランクトン栄養型幼生（planktotrophic larva）とそれぞれ呼ぶ．一般に，前者は卵のサイズが相対的に大きく，1産卵期に産み出される卵数もそれほど多くないのに対し，後者は卵サイズが小型で，産み出される卵数が著しく多い傾向にある．とりわけ多いものでは，1個体の年間の産卵総数が数千万から1億にも達するという．また，卵黄栄養型幼生は利用できる栄養源に限度があるため，その後プランクトン栄養に移行する場合を除いて，限られた期間に変態をして幼生生活を終える必要があるが，プランクトン栄養型幼生は，外部にプランクトン等の利用できる栄養源が存在する限り，幼生生活を続けることは可能である．このように，プランクトン栄養型幼生は，幼生期間を状況に応じて柔軟に調整することが可能だが，一方で，幼生期は天敵による被食，飢餓さらには不適な環境への移送などにより著しく減耗する時期でもあり，幼生期間が長くなればなるほど，減耗のリスクも大きくなる．

直達型の孵化をするものでは，孵化後浮遊期を経験せずに，親の生息域の付近に着底するものがいる一方，イカ・タコ類のように，孵化後浮遊期を送るものもいる．

2. 着底・変態過程

底生動物で初期生活期を浮遊幼生として過ごすものでは，一定の幼生期間を終えると，浮遊生活から底生生活に移行するが，幼生はまずそれまで有していた浮遊器官を喪失したり，走光性を変化させるなどして海底へと沈下する．着底すると移動能力が大幅に制約されるため，彼らにとって着底場所の選定は，その後の生活を確保する上で，きわめて重要な意味をもつ．以前は，幼生の着底は成り行きにまかされ，たまたまその後の生活に適した場所に運良く着底したものが生き残ると考えられていたが，最近は，幼生には着底場所を選択する能力があり，着底に際して，積極的に着底場所を選んでいるとする見方が大勢である．そして，幼生の着底に影響を与える種々の要因が特定されている（表

5・2).

　着底と前後して幼生は劇的な変態を行って親に似た形になる．変態の開始も，ある種の化学物質が関わっていると考えられているが，着底誘引物質と変態誘引物質との区別は必ずしも容易でない．結局，着底場所の選択は，その後の変態の開始と密接不離の関係にあり，変態誘引物質との遭遇が，着底場所の決定につながる場合が多いのではないかと考えられる．したがって，化学的要因の多くは，実は変態の開始を促す要因である可能性がある．

表5・2　水生無脊椎動物の幼生の着底に影響を与える要因
(Rodriguez *et al.*, 1993)

生物学的要因	幼生の行動
物理学的要因	流速
	海底面の形状
	光条件
化学的要因	
自然条件	同種異個体が持つ物質
	微生物皮膜が含む物質
	餌生物が持つ物質
人為条件	神経伝達物質（GABA，カテコールアミンなど）
	神経伝達物質の前駆体（コリンなど）
	イオン（カリウムなど）

5・4　成　　長

　動物は摂食活動を通して取り込んだ栄養物質を同化して体組織の一部に添加することにより体サイズを増加させて成長する．成長は時間の関数で表現され，通常は連続的であるが，加齢とともに成長率は低下傾向を示し，図5・3Aのような成長曲線を示す．また，厳密には成長過程で各部の増加率に差があり，結果として成体と幼若体では，体の各部の相対比が異なることがよくある．種によっては，成熟とともに成長が止まるものもいる．また，季節による周期的な成長率の変化も普通に見られ，春から夏にかけての水温上昇期には成長が著しく，秋以降水温の下降とともに成長率の顕著な低下が見られるケースがほとんどである．

　なお，無脊椎動物の中に，通常の成長パターンとはまったく異なる成長様式

を示すものがいる．その代表的なものは，節足動物のように，外殻に包まれた体構造を示すもので，成長するために周期的に脱皮を行い，脱皮直後の新しい外殻が硬化する前の一時期に限って体サイズを増加させることができる．したがって，脱皮動物は階段状の成長パターンを示す（図5・3B）．また，環形動物などの体節動物では，個々の体節のサイズの増加とともに，体節数の増加もまた成長現象の1側面をなす．

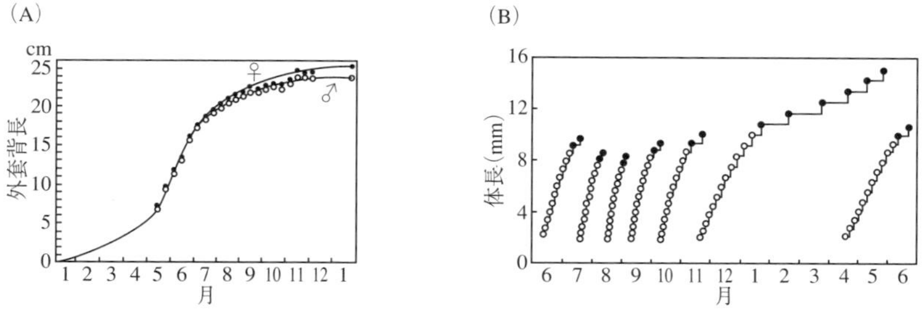

図5・3 無脊椎動物の成長曲線（A：新谷，1967，B：首藤，2005）．
（A）連続成長型（スルメイカ），（B）脱皮成長型（甲殻類のオオトゲハマエビ）

5・5 水生無脊椎動物の生活史型

生活史とは，動物の各個体が誕生から死に至る過程を表現する概念であるが，同種内の個体間でそれほど無秩序な相違はない．したがって，種のレベルである程度固有の生活史パターンを特定することは可能で，むしろ種としての生活史パターンを理解することの方が生物学的に意味のあることであり，通常は，生活史は種個体群のレベルで論じられる．それぞれの種が示す生活史は，いくつかの側面に注目して生活史型として類型化することができ，それぞれは進化の過程で，子孫個体群を安定的に維持していくように適応して獲得したものであると考えられ，多くの研究者が，このような観点から各種の生活史特性が有する生態学的意義を理解しようと試みている．

1. 生活史型が有する意味
それぞれの種が示す生活史型は，その種が有する固有の生残特性や繁殖能力

などが大きく関わっている．例えば，初期生活期の生残の確率が高く，逆に親の生残の変動が大きい場合には，できるだけ早期に，しかも可能な限り繁殖にエネルギーを回した方がより多くの子孫を残せることが期待できるので，短命で多産型の生活史を示す種の方が適応的であると考えられる．逆に，初期の生残の変動が大きい場合には，一挙に産卵するような繁殖様式は必ずしも得策ではなく，むしろ1回の繁殖に費やすエネルギーを抑制し，何回かに分けて繁殖を繰り返す方が子孫の生残の確率が高くなることになる．また，一部の種では，生活史型の個体変異が大きく，環境条件に柔軟に対応して個体間で多様な生活史型を示す種もいる．

ところで，生活史型もまた体のサイズと密接な関係がある．例えば，外部栄養型の浮遊幼生を産出する種では，幼生期の減耗がきわめて高いため，多産する必要があり，ある程度以上のサイズの親でないと採用できない生活様式である．小型種は産出卵数に限りがあるため，比較的大型卵を少数産出し，多少とも一定期間親による哺育が見られる例が多い．

また，世代のつながりの中に無性生殖世代や単為生殖世代を含むものでは，この世代は，十分な食物の供給や利用可能な生息空間が保証されるならば，群体形成も含めて急激な個体数増加が見込めるフェーズである．

2．生活史型の類別

それぞれの種の生活史特性をひときわ際だたせているのは，寿命と初期生活期を含めた生殖の諸過程であり，有性生殖型についてこの観点からその生活史型を類別すると表5・3のようになる．

生涯一繁殖型（semelparity）は，文字通り生涯に一度だけ繁殖期を過ごし，その後寿命を終えるが，なかには，産卵後しばらく生存して哺育をするものもいる．短命なものが多く，1年に1世代の場合を一化性（univoltine），1年に複数世代が出現する場合を多化性（multivoltine）とそれぞれ呼ぶ．しかし，なかには繁殖するまで2年以上を要するものもいる．

表5·3　生活史型の類別

生涯一繁殖型（semelparity）
一化性（univoltine）
多化性（multivoltine）
生涯多回繁殖型（iteroparity）
年周期多回繁殖型（annual iteroparity）
連続多回繁殖型（continuous iteroparity）

5. 水生無脊椎動物の生活

　生涯多回繁殖型（iteroparity）は生涯に複数回の繁殖期を経験するもので，このうち，年周期多回繁殖型（annual iteroparity）は少なくとも1年以上の寿命があり，その間規則的に1年周期で繁殖するものを，連続多回繁殖型（continuous iteroparity）は比較的長い1繁殖期間に複数回の繁殖を行うものをそれぞれいう．後者には，1年に満たない短命な種で，1年の間に複数世代が出現するものも含まれるが，異なる季節に出現する世代が，その時期の環境条件に応じてそれぞれ異なる生活史型を示し，全体として複雑なパターンを示す例が多いことは前述の通りである．

参考文献

Fretter, V. and Graham, A.: A Functional Anatomy of Invertebrates-Excluding Land Arhtropods. Academic Press, 1976, 589pp.

後藤晃・井口恵一朗（編）：水生動物の卵サイズ：生活史の変異・種分化の生物学．海游舎，2001，257pp.

伊藤嘉昭・山村則男・島田正和：動物生態学．蒼樹書房，1992，507pp.

菊池泰二：海産無脊椎動物の繁殖生態と生活史I～XV．海洋と生物，3-7，1981-1985.

菊池泰二：海産ベントス幼生生態学の現状．月刊海洋，**23**，617-622，1991.

日本ベントス学会（編）：海洋ベントスの生態学．東海大学出版会，2003，459pp.

McEdward, L.（ed.）: Ecology of Marine Invertebrate Larvae. CRC Press, 1995, 464pp.

Morse, A. N. C.: How do planktonic larvae know where to settle? *Am. Sci.*, **79**, 154-167, 1991.

Raffaexilli, D. and Hawkins, S.: Intertidal Ecology. 2nd ed. Kluwer Academic Publishers, 1996, 356pp.（朝倉彰訳「潮間帯の生態学」，上，311pp.，下，205pp.，文一総合出版，1999.）．

Tunnicliffe, V.: Hydrothermal-vent communities of the deep sea. *Am. Sci.*, **80**, 336-349, 1992.

Wright, S. H. and Ahearn, G. A.: Nutrient Absorption in Invertebrates. In Dantzler, W. H.（ed.），Handbook of Physiology. Sec. 13. Comparative Physiology. Vol. II, Chapter 16, Oxford Univ. Press, 1997, 1137-1206.

6 　水生無脊椎動物と我々との関わり

　前述したように，水生無脊椎動物は我々の日々の生活に様々な形で関わりをもっている．そして，その関係は，我々にとって有益なものか有害なものかに大別できる．

6・1　有用生物としての水生無脊椎動物

　我々にとって最も有用で，昔から強い関心がもたれてきた水生無脊椎動物は，食資源として我々の日々の食生活を支えてきたものであるが，それらは水生無脊椎動物の中のほんの一部に過ぎない．しかしながら，それを遙かに凌ぐものが，今まで様々な形で我々の生活に役立ってきており，今後新たな貢献が期待されるものを含めると，その対象の広がりは無限とも思える．

1．食資源としての水生無脊椎動物

　水生無脊椎動物のうち，現状では，エビ，カニ類で代表される甲殻類の一部，貝類やイカ，タコ類などの軟体動物，ウニ，ナマコなどの棘皮動物の一部が漁獲されたり養殖されて，食用に供されている．

　最近の漁獲統計によれば，2003年にはこれらを含む無脊椎動物の総漁獲量は，海面漁業，内水面漁業さらには養殖漁業を含めると160万トンを超え，我が国の総漁獲量の4分の1余りを占めていることになる．また，漁獲金額でも2000年には3,300億円を超えているが，これは当時の総漁獲金額の2割弱に相当する．総漁獲量が1990年前後まで上昇し続け，その時をピークに急減するといった激しい変動傾向を示すのとは対照的に，無脊椎動物のそれはこの間ほぼ一定し，結果として，このところ総漁獲量に占める無脊椎動物の漁獲量の割合が年々上昇している（図6・1）．

63

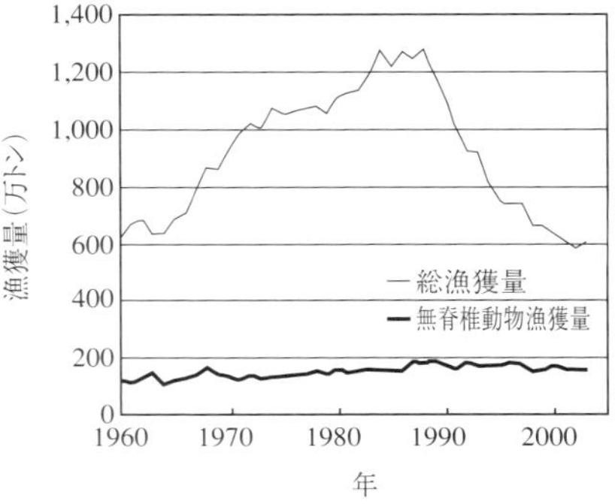

図6・1 我が国の漁獲量の推移
（農林水産省，2005 より作成）

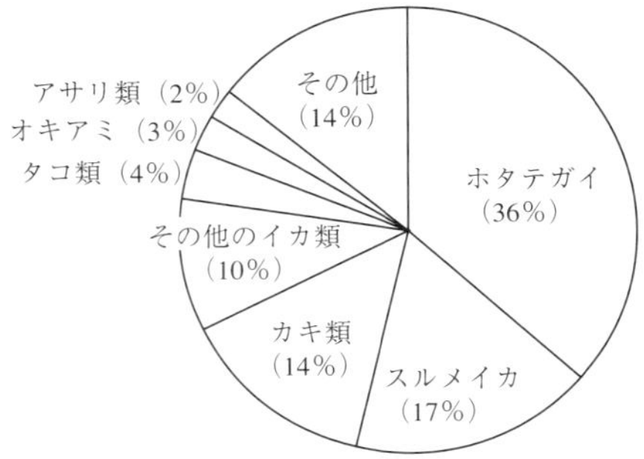

図6・2 無脊椎動物の漁獲量組成
（農林水産省，2005 より作成）

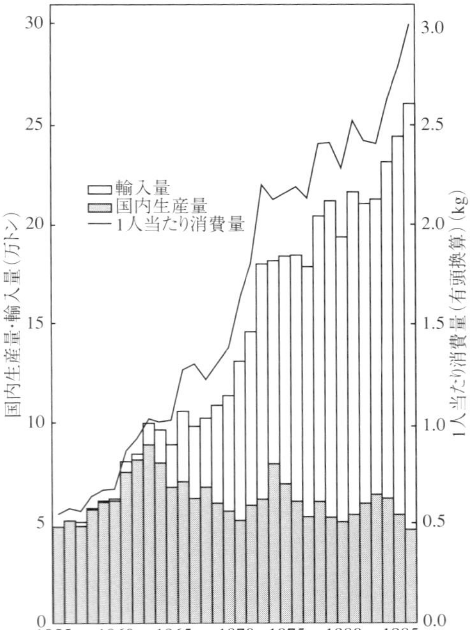

図6・3 エビ類の国内生産量，輸入量および1人
当たり消費量の推移（村井，1988を一部改変）

　その内訳をみると，ホタテ
ガイがずば抜けて多く，その
漁獲量は60万トンに達し，
無脊椎動物の総漁獲量の4割
近くを占める（図6・2）．逆
に，アサリ，ハマグリなどの
二枚貝は近年漁獲量の減少が
著しく，1980年代のピーク
時に比べて数分の1のレベル
に落ち込んでいる．（図11・
35）．同様に，クルマエビや
アワビ類は近年種苗放流事業
の普及で，全国各地で毎年大
量の種苗が放流されているに
もかかわらず，漁獲統計でみ
る限り，漁獲量の増加の兆候
は認められず，小幅とはいえ
むしろ漸減傾向にある（図
13・31）．その一方で，最近の
物流の発達に伴い，水産物の輸入量が激増しており，とくにエビ類などは，国

64

内の生産量がここ数十年ほとんど一定で推移しているのとは対照的に，東南アジアを中心に外国からの輸入量の増加が著しく，すでに国内の生産量の数倍にも達している（図6・3）．

2．有用成分の産生者としての水生無脊椎動物

水生無脊椎動物は，その生命活動を通して種々の代謝産物を産み出している．このうち，食用として我々が利用しているのは主にタンパク質であるが，代謝産物にはそれ以外にも種々の有用な物質を含んでおり，現実に多様な物質が我々の日々の生活に役立っている．

例えば，食用として供されているエビ・カニ類の殻は食用としての価値がないため，これまでほとんどが廃棄されてきたが，それには大量のキチンが含まれており，その量は年間10万トンとも見積もられている．このキチンおよびその脱アセチル化物であるキトサンは，すでに種々の素材として活用されており，今後さらに幅広く活用される可能性を秘めている（コラム10参照）．

また，貝類が作り出す貝殻は，カキ類をはじめとした養殖用の貝や海藻類の種苗の付着基盤として広く利用されているが，これに含まれる各種ミネラルを栄養成分として積極的に利用する立場から，健康補助食品の添加物，養殖魚や家畜の配合飼料の添加物としても活用されている．また，真珠養殖はアコヤガイなどの貝類が有する貝殻分泌能力を利用したものである．同様に，軟サンゴ類の群体が作り出す内骨格は，昔から装飾品として珍重されている（図8・17）．

このほか，多くの水生無脊椎動物が作り出す各種の抗菌物質やその他の化学物質もまた医療や工業の分野ですでに活用され，また，その活用に向けた模索が続けられている（コラム4参照）．

3．海洋資源生物の餌料生物としての無脊椎動物

直接我々の生活に資する無脊椎動物以外にも，天然の餌料資源として資源生物の生産を支えることにより，間接的に我々の生活に資する無脊椎動物は数多い．例えば，魚類の餌料効率は多くて5〜10％とされているが，このことは，有用魚類の漁獲量の何倍もの量の莫大な餌料生物がその生産に貢献していることを意味している．そして，そのかなりの部分が無脊椎動物によって占められ

ている．とりわけ小型甲殻類の多くや多毛類などが代表的な餌料生物であるが，その中には甲殻類のコペポーダやアミ類などがヒラメなどの有用魚類資源の必須の初期餌料となっていることはよく知られている．さらに，多くの養殖魚介類の種苗生産の現場では，その初期餌料として輪形動物のワムシ類や甲殻類のミジンコの大量培養が欠かせないものとなっており，その技術改良に向けて，彼らの生態に関する多くの知見が蓄積されている．

4．海洋生態系における水生無脊椎動物の役割

　水生無脊椎動物は水中に多様な形で存在する有機物を摂食により取り込んで，自らの体に同化させ，さらに餌料生物としてより高次の栄養段階にある動物に捕食され，水圏の物質循環において大きな役割を果たしているが，加えて，富栄養化の進んだ海域において，懸濁物食者の二枚貝や堆積物食者の多毛類を主とする多くの動物が，摂食活動を通して過剰な有機物を取り込むことで，水質浄化に大きな役割を果たしていることが最近注目されている．

5．環境指標生物としての水生無脊椎動物

　水生無脊椎動物は，遊泳生物に類別されるものを除いて移動性に乏しいものがほとんどである．このうち，浮遊生物は水中を漂い，水塊の移動とともにするので，浮遊生物によっては，その分布に注目することで水塊の挙動を知ることができる場合があり，水塊指標生物として広く知られている．動物では，毛顎動物のヤムシ類の一部が含まれる．

　一方，底生動物は，環境の変化に対して完全に受動的な存在であり，変化に対して生理的な適応能力を有していないものは淘汰されて，結果としてその環境に適応できる種のみが生残することになる．したがって，特定の環境には，その環境に適応した特定の種が出現するため，経験的に環境の指標として評価できる種がいろいろ知られている．とくに，我が国の内湾の富栄養海域によく出現する二枚貝のシズクガイ，多毛類のイトゴカイやシノブハネエラスピオなどが代表的な種である．これらの種は，他種が生存できないような環境で卓越するための特殊な生理学的特性を有していると考えられるが，これを明らかにすることが，彼らの環境指標性に科学的な根拠を与えることにつながる．

6．水生無脊椎動物と我々との関わり

＜コラム４　　カブトガニの血液から作られた診断薬＞

　カブトガニはカニという名前がついているが，同じ節足動物でも実はサソリやク
モ類と同じ鋏角亜門に属し，現生する種は３属４種が知られている．２億年以上も姿
を変えず生き残っているいわゆる「生きた化石」の代表的な生物である．北アメリ
カ大陸東岸と東南アジアの海岸の泥砂底にはまだかなりの個体数が生息しているが，
我が国では岡山県や山口県の瀬戸内海沿岸と九州北岸にごくわずかの個体が生き残
っているに過ぎない．体長は60cmに達し，英語ではhelmet crabと呼ばれるよう
に，ヘルメットのような殻で全身が覆われている．

　ところで，1950年代からアメリカで行われた無脊椎動物の生体防御機構に関する
研究で，カブトガニの血液はある種の細菌（グラム陰性菌，大腸菌や赤痢菌など）
の細胞壁成分であるリポ多糖と反応して凝固することが明らかにされている．これ
らの細菌が死ぬと細胞壁からリポ多糖が遊離するが，この成分は人体にとってきわ
めて有害で，ごく少量でも体内に入ると強い発熱作用を示し，エンドトキシン（内
毒素）と呼ばれる．カブトガニの血液は，ごく微量のエンドトキシンと反応して凝
固する．このようにしてカブトガニは体内に侵入した細菌を包み込んで無毒化して
いる．すでに1970年ごろから注射用蒸留水中の発熱原因物質（パイロジェンと呼ば
れ，ごく微量混入したエンドトキシンが原因）の検出にカブトガニの血液が使われ
ており，この方法はアメリカに生息するカブトガニの属名（*Limulus*）に因んでリム
ルステストと呼ばれている．

　その後，我が国の研究者たちにより，カブトガニの血液凝固系についてその分子
機構が明らかにされた．その結果，カブトガニの血液中にはエンドトキシンと反応
するＣ因子系に加え，β-D-グルカンと呼ばれる真菌類（カビ類）の体成分に敏感に
反応するＧ因子系の二つの経路が存在することが判明した．そこで現在ではこれら
の系の成分をそれぞれ取り出し，敗血症や真菌症などの病気の診断に使用されてい
る．

　我が国では絶滅の危機に瀕して，今や天然記念物的存在のカブトガニだが，中国
の福建省では食用にされるほど数多く生息しており，その活用の余地はまだまだあ
りそうである．（豊原治彦）

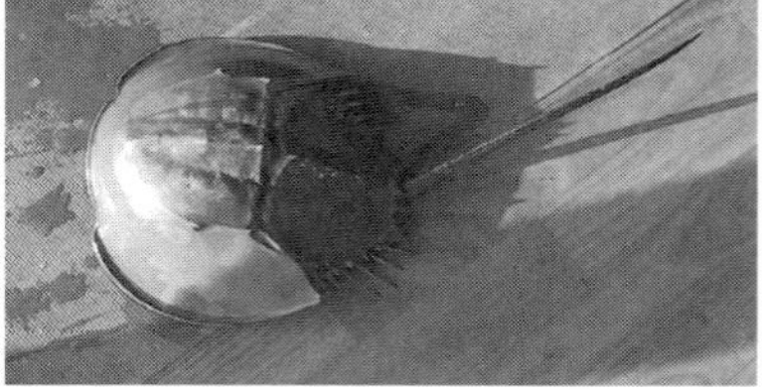

図　上海近郊の中華料理店の店頭でみかけたカブトガニ．客の求めに応じて調理される．

また，海底に堆積した貝殻やサンゴ礁の化石は，最新の元素分析技術を駆使してその成分を分析することにより，地史的なタイムスケールでの地球環境の変化を指標する存在として注目されている．

6・2　有害生物としての水生無脊椎動物

水生無脊椎動物の中には，我々の生活に負の影響を与えるものも少なくない．その影響の仕方は様々であるが，漁業の立場からは，資源生物の生産を損なう結果をもたらす場合がとくに問題となる．

1．有用生物の食害

捕食性の水生無脊椎動物による資源生物の食害は，きわめて直接的で致命的な影響を与えるもので，タコ類やヒトデ類による有用貝類，とりわけアワビ，アサリやハマグリなどの食害が代表的なものである．しかし，一般に無脊椎動物は移動性に乏しく，捕食行動もそれほど活発ではないため，その被害が深刻になるのは，彼らが時々大発生する時である．むしろ，現象的には目立たないが，資源生物の減耗という点からいえば，十分に遊泳能力をもたない発育の初期に，カニ類などの捕食性の無脊椎動物に食害されたり，卵期や初期浮遊生活期に懸濁物とともに懸濁物食者に捕捉されている部分がかなり大きいのではないかと思われる．

なお，資源生物ではないが，イシサンゴ類がオニヒトデに食害されて，サンゴ礁生態系が破壊される例が最近頻発しているが，これも海洋生態系に及ぼす影響の重大さから，食害の深刻な例として受けとめられている．また，最近各地の沿岸で，藻場が衰退するいわゆる磯焼け現象が問題となっているが，大発生した植食性のウニ類による食害がその一因であると考えられている．

2．寄生および付着

水生無脊椎動物の中には，扁形動物や線形動物のように，その生活史の一時期に寄生生活を送るものを多く含んでいる．彼らは，宿主にとって，致命的な存在ではないが，宿主が摂取した栄養の一部を取り込むことで，成長阻害等の

悪影響をもたらすことがある．また，宿主が食用になる場合には，摂食により人間の体内に寄生虫を取り込むことになるが，この場合には，これらの無脊椎動物は食用としての関わりとともに，中間宿主としての関わりをも有することになる．

　付着性の底生動物の中には，貝殻などの外骨格の表面を基質として付着するものがいるが，宿主，付着者がともに懸濁物食者の場合には，食物源を巡って競合が生じ，宿主の栄養摂取量の低下を招き，生産阻害に結びつく場合がある．また，コケムシ類や付着性の多毛類などが宿主の貝類の貝殻に群生した場合，宿主の栄養摂取を完全に阻害し，時には致死的な影響を与える．また，囲い網を用いて養殖しているところで，付着生物が網に大量に付着して網目が塞がると，囲い網内外の水の交換が著しく妨げられ，結果として養殖魚の大量斃死を招くこともしばしば報告されている．また，宿主に直接的な被害を与えない場合でも，付着することで見栄えを悪くし，魚価の低下を招くこともある．

　一方，船舶や水中構造物，発電所取水管などへの大量の付着が経済的に大きな損失を与えていることも見逃せない．

3. 大量発生による操業被害

　刺胞動物のクラゲ類や棘皮動物のヒトデ類やクモヒトデ類のように，しばしば局地的な大量発生がみられ，そこでの漁業の操業を困難にし，無脊椎動物が操業被害の元凶になることがある．大量発生の仕組みそのものがいまだに解明されていないため，予測すること自体が難しく，成り行きに任せざるを得ないのが現状である．2000年代に入って主に日本海沿岸で毎年のように見られるエチゼンクラゲの大量発生が当該海域の定置網漁業に深刻な影響を与えているのはこの典型的な例である．

参考文献

伏谷伸宏（監）：海洋生物成分の利用―マリンバイオのフロンティア―．シーエムシー出版，2005，304pp.

林　勇夫・中尾　繁（編）：ベントスと漁業．日本水産学会監修，水産学シリーズ144，恒星社厚生閣，2005，159pp.

石田祐三郎・日野明徳（編）：生物機能による環境修復．恒星社厚生閣，1980，145pp.

環境庁：生物の多様性分野の環境影響評価技術（I）．環境庁，1999，138pp.

村井吉敬：エビと日本人．岩波書店，1988，222pp.

日本水産学会（編）：沿岸海域の富栄養化と底生動物の指標性．恒星社厚生閣，1982，155pp.

農林水産省：漁業・養殖業生産統計年報．農林水産統計情報総合データベース電子版（http://www.maff.go.jp/tokei.html），2005.

大島泰雄・花岡　資・猪野　峻・須藤俊造：浅海養殖60種．大成出版社，1965，418pp.

斉藤英俊・丹羽信彰・河合幸一郎・今林博道：西日本における釣り餌として流通される水生動物の現状．広島大学総合博物館研究報告，3，45-57，2011.

竹内俊郎ら（編）：水産海洋ハンドブック．生物研究社，2005，654pp.

和田克彦：水産無脊椎動物の育種研究の現状と展望．動物遺伝育種研究，33，27-38，2005.

豊 臣

7 海綿動物（Porifera）

　石灰海綿綱Calcarea：ケツボカイメン，アミカイメン
　尋常海綿綱（普通海綿綱）Demospongiae：モクヨクカイメン
　六放海綿綱Hexactinellida：カイロウドウケツ類

　海綿動物は器官や発達した組織を欠き，また特殊な例を除いて移動力を有しないなど，およそ動物らしからぬ外見を示す動物である．

　多細胞動物ではあるが，細胞間での協調性に乏しく，機能分化の程度も低い．代わりに個々の細胞が有する能力はきわめて優れており，色々な細胞に分化できる高度の全能性（totipotency）を保持している．見かけは後生動物と群体性の原生生物との中間的な形状を示し，早い段階で進化の主経路からはずれたものと考えられる．

7・1　体の構造と機能

1．一般形態

　最も単純な体構造を示す海綿動物は袋状で，側面に多数の小孔（ostium）と頂部に1個の大孔（osculum）を具える．この袋内の腔所を胃腔（spongocoel；atrium）と呼ぶ（図7・1）．胃腔を取り巻く体壁は3層よりなる．体壁を覆う外皮細胞層は主に扁平細胞（pinacocyte）によって占められ，胃腔に面する内皮細胞層には襟細

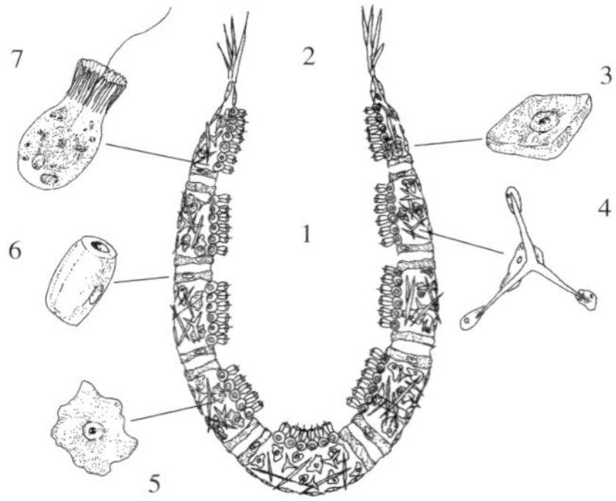

図7・1　海綿動物の体構造（Pechenik,1985を一部改変）
1：胃腔　2：大孔　3：扁平細胞　4：骨片　5：遊走細胞　6：小孔細胞　7：襟細胞

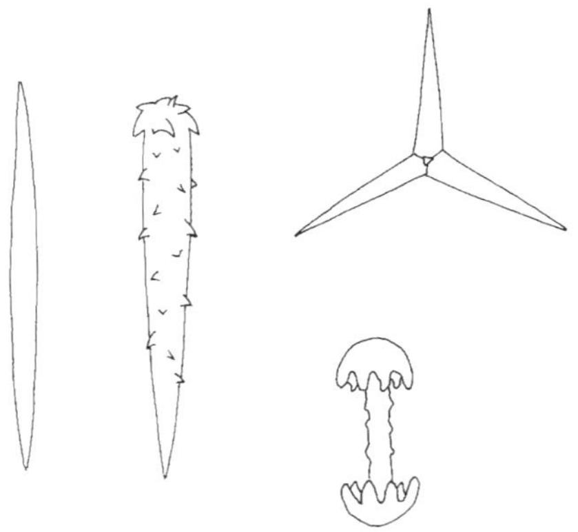

胞（choanocyte）が並ぶ．外皮細胞層と内皮細胞層の間はゲル状物質を含んだ無構造な層で，中膠（mesohyl）と呼ばれ，骨片（spicule）や遊走細胞（変形細胞：amebocyte）を含む．

体形は生息場所の環境条件に影響を受け，同種でも異なる環境では体形を異にし，逆に異種でも，同一環境では似た体形を示すことがある．

ほとんどの海綿動物は体を支持および保護するために，多数の骨片と海綿組織または両者の組み合わせからなる骨格系を具えるが，種ごとに特定の物質を含み，特有の形態を示すため重要な分類形質となる（図7·2）．大きく石灰質骨片（calcareous spicule），ガラス質（珪酸質）骨片（siliceous spicule）および海綿繊維（spongin fiber）に大別され，それぞれ炭酸カルシウム，珪酸質および海綿繊維を主な構成成分としている．

図7·2　海綿動物の各種の骨片（Barth and Broshears, 1982）

2. 襟細胞

襟細胞は多細胞生物の中では海綿動物にのみみられる特殊な細胞で，上端に1本の発達した鞭毛を有し，細胞の頂部外縁は指状に伸びる無数の原形質突起が互いに連なって襟を形成し，鞭毛を取り巻く（図7·1）．襟細胞はその形状が酷似していることから，原生生物の襟鞭毛虫に由来すると考えられている．

襟細胞は頂部の鞭毛を動かして水流を引き起こし，襟の部分が水流とともに入ってきた微生物などの懸濁有機物を捕捉したり，酸素の取り込みを行う．このほか，襟細胞は老廃物を排出したり，生殖にも関わるなど，海綿動物の生理活動の主要な部分を担っている．

7. 海綿動物

3．水溝系

　上述の襟細胞の鞭毛の動きにより，海綿動物の体内には絶えず体壁の小孔から体内に入り，胃腔を経て大孔から体外に出る一定方向の水流がみられる．小孔から胃腔を経て大孔に至る水の流路を水溝系（aquiferous system）と呼び，摂食やガス交換など海綿動物の生理活動に不可欠の構造である．水溝系は種により様々な発達の程度を示すが，大きく次の3つの型にまとめられる．

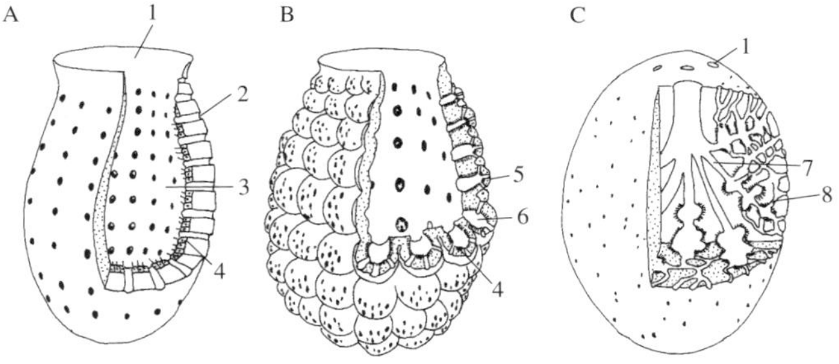

図7・3　海綿動物の水溝系の3型（Barth and Broshears, 1982）
（A）アスコン型，（B）サイコン型，（C）ロイコン型
1：大孔　2：小孔　3：胃腔　4：襟細胞　5：前門　6：鞭毛室　7：流出溝　8：流入溝

（1）アスコン型（asconoid type）

　最も単純な水溝系で，外界の水は小孔から直接胃腔に入る．襟細胞は胃腔に面して存在するが，水溝系が単純なため，生理的な効率が悪い．体形は一般に小さく，多くは群体を形成する（図7・3A）．

（2）サイコン型（syconoid type）

　体壁は多数の襞を伴い，その内面に生じた小腔に襟細胞が集中し，鞭毛室（choanocyte chamber）を形成する（図7・3B）．小孔に代わって前門（prosopyle）と呼ばれる細胞間隙を通して鞭毛室に水が流入する．摂食やガス交換はここで行われる．アスコン型とは対照的に単独生活者が普通である．なお，大部分のサイコン型の種では，外皮細胞層および中膠が部分的に肥厚し，体表面が平滑となり，その肥厚部分の細胞間隙に複雑な水溝系が発達するが，このような水溝系を変形サイコン型（modified syconoid type）と呼んで区別することがある．

75

（3）ロイコン型（leuconoid type）

　水溝系は最も複雑で，胃腔自体も複雑に分岐した小室，すなわち流出溝（exhalant canal）となり，鞭毛室と連絡する（図7・3C）．外皮細胞層内には皮下溝（subdermal space）が発達して流入溝（incurrent canal）に連なる．襟細胞を含む鞭毛室は小さく，外界から流入してくる水との接触は最も密である．この型の海綿は各個体の間の境界が不明瞭で大きな群体を作る傾向にあり，また，単体の種でも大型で，きわめて複雑な水溝系を発達させている．

4．摂食および消化

　海綿動物はほとんどが懸濁物食者で，細菌やプランクトンを含む有機懸濁物を水とともに小孔などの体壁の開口部から取り込んで餌とする．取り込まれた有機物は襟細胞の襟を構成する原形質網で捕捉され，細胞本体に送られる．それはさらに遊走細胞に移される．このほか，遊走細胞自身も直接有機物破片を食細胞活動により取り込む（図7・4）．遊走細胞に取り込まれた有機物は細胞内消化され，栄養物質として細胞内に蓄えられる．栄養物質を含んだ遊走細胞は中膠内を移動して体の各部分に運ぶ一方，各部分から老廃物を集める．このようにして集められた老廃物は，不消化物とともに再び襟細胞を経て水溝系に戻され，最終的には水とともに大孔から体外に排出される．

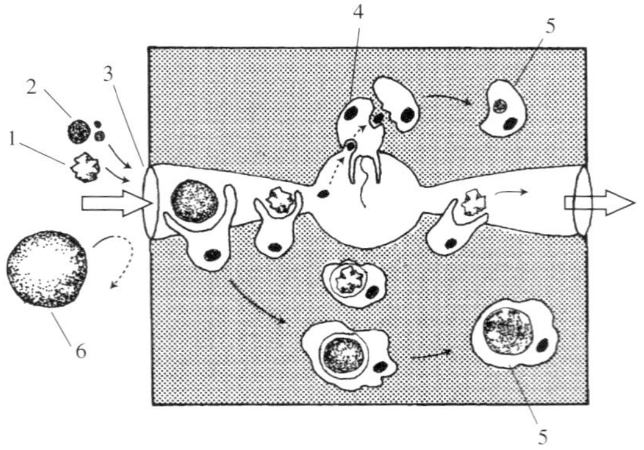

図7・4　海綿動物の摂食過程の模式図（Ruppert et al., 2004）．影部分は中膠内を，白抜き矢印は水の動きをそれぞれ示す．
1：無機粒子　2：有機粒子　3：小孔
4：襟細胞　5：遊走細胞　6：大型粒子

5．呼吸および循環系

　特別の呼吸器官をもたず，ガス交換は個々の細胞で行われる．本来好気性であるが，貧酸素条件下でも効率的に酸素を取り込むことができるものもいる．

浸透調節もまた個々の細胞で行われる．海産種の場合は体液の浸透圧は海水のそれにほぼ一致するためほとんど問題はないが，陸水種の場合には，細胞内に浸入する水を収縮胞（contractile vacuole）に集め，絶えず排出を繰り返すことによって調節している．

7・2　生殖および発生

1. 有性生殖

海綿動物には雌雄同体の種が多く知られているが，この場合でも精子と卵の成熟時期にずれがみられる．

精子は襟細胞から，卵は襟細胞か原始細胞（archeocyte）と呼ばれる未分化の遊走細胞からそれぞれ形成される．成熟した精子は水溝系を経て胃腔内に集められ，大孔から体外に放出される．一方，卵の場合は種により異なり，大孔から体外に放出される場合と，中膠内にとどまる場合とがある．前者は体外受精により浮遊型の幼生となるが，一部に直達型の発生様式を示すものもいる．後者の場合は，環境中に放出された精子は水溝系を経て襟細胞に取り込まれ，襟細胞が離脱して中膠に入るか，一旦胃腔内に入り込んだ後，内皮細胞層を貫いて中膠に入り込んで卵と受精する．発生は中膠内で進み，孵化後幼生は大孔から放出される．

2. 無性生殖

無性生殖は体の一部の細胞塊が母体から離れた時や，環境条件が悪化した時など，特殊な条件下でみられる．生殖は外部出芽（external budding）または内部出芽（internal budding）による．環境条件悪化の際は主に後者によるが，この場合，厚い被膜で包まれた原始細胞の集塊である還元体（reduction body）か，または芽球（gemmule）を形成して悪条件の時期を過ごし，条件が好転すると皮膜内の原始細胞が外部へ出て再び成体に発育する．芽球形成は主に陸水性の海綿で見られる．

7・3 分類および主な種

最近まで海綿動物は4綱に分けられていたが，このうち硬骨海綿綱（Class Sclerospongiae）を認めず，次の3綱とする体系が広く受け入れられるようになっている．

昔は海綿繊維などの軟質の骨格を有する種を乾燥させて，入浴時の垢擦りに重用され，その需要を満たすために養殖もされていたが，代替品の普及により，近年はほとんど顧みられなくなった．一方で，彼らが我々にとって有用な各種の物質を作り出す能力を有していることが明らかになるにつれ，最近は彼らが有する生理機能に注目が集まっている（コラム5参照）．

1．石灰海綿綱（Calcarea）

炭酸カルシウムを素材とする骨片を含む．アスコン型，サイコン型およびロイコン型いずれの水溝系を有する種も認められるが，現存するアスコン型種はこの綱に限られる．すべて海産で，ケツボカイメン類（*Sycon*），アミカイメン類（*Leucosolenia*）などを含め，約500種が知られる．

2．尋常海綿綱（Demospongiae）

4,000種以上を含む最大の綱である．ガラス質の骨片または海綿繊維の骨格を有する．水溝系はロイコン型のみ．本綱には陸水性の種も含まれる．モクヨクカイメン（*Spongia officinalis*）などが知られる．

3．六放海綿綱（Hexactinellida）

六放型の骨片を有するためにこの名がある．骨片はすべてガラス質であるため，ガラス海綿と別称されることもある．サイコン型またはロイコン型の水溝系を有する．すべて海産で，カイロウドウケツ類を含む500種前後が知られている．

7. 海綿動物

<コラム5　　海綿とシリコンテクノロジー>

　海綿動物は多細胞生物のなかでも進化の過程のごく初期に分化した動物とされ，系統樹ではかなり根元の方に位置づけられる．海綿動物の仲間は針状あるいは星状の骨片（針骨）を体内に持つ．その素材は分類群によってまったく異なっているが，このうちガラス海綿と呼ばれる六放海綿類の針骨は珪酸（SiO_2）を材料にしている．珪素（Si）は岩石などの主要成分であり，地球上で酸素に次いで多い元素であるが，珪素を利用できる生物はそれほど多くない．身近なものではイネ科植物にプラントオパールとして含有されている．海洋生物ではその名前の通り珪藻に大量に含まれるが，そのほか軟体動物のカサガイや腕足動物のシャミセンガイなどもシリコンを利用して生鉱物（バイオミネラル）を合成する能力を有する．

　珪素は身近なところではガラス，陶器，乾燥剤シリカゲルなどとして使われている．さらに，半導体や触媒材料としても重要であり，この分野に関わる技術はシリコンテクノロジーと呼ばれ，半導体などには様々な珪酸化合物が利用されている．これらの珪酸化合物を有機化学的手法により合成するには，反応性の激しい試薬を高温・高圧条件で反応させる必要があるが，同じものを生物は常温，常圧で効率よく作り出しているのである．したがって，最近では，環境への負荷も考慮して，生物が作り出す仕組みを工業製品の合成技術（これを「生物模倣技術—バイオミメティクス」と呼ぶ）に応用できないかに注目が集まっている．生物における珪酸化合物は，タンパク質を介した一連の酵素反応によって合成されていると考えられ，その同定に生物学者ばかりでなく，最近ではさまざまな企業の工学系研究者も参画し，デッドヒートが演じられている．その中で，海綿のシリコン合成について，カリフォルニア大学の研究グループが，最近その合成に関わる蛋白質の同定に成功した．

　彼らは，カリフォルニア沿岸に生息する *Tethya aurantia* という乾燥重量で75％以上がガラス質でできている海綿から，ガラス質の構成成分である骨片の中軸を形成するタンパク質（シリカテイン）を取り出した．その結果，驚いたことに，このタンパク質はある種のタンパク質分解酵素と相同性を示すことがわかった．実際にシリコン合成において工業原料として使われるテトラエトキシシランをこのタンパク質と混合すると，工業的には酸性あるいはアルカリ性条件でないと進まない合成反応が中性域で進行し，このタンパク質が生物学的シリコン合成において核になるタンパク質であることが証明された．このような生物反応を利用した合成方法は，シリコンテクノロジー分野において新規な材料物質としてのシリコン結晶の提供を可能にするばかりでなく，温和な条件でその合成反応が進行することから，環境にやさしい製法として，今後重要になっていくものと思われる．

（豊原治彦）

図　海綿から得られたシリカテインの機能を模倣した合成ペプチドを用いて常温・常圧の条件下で作製した珪酸化合物結晶．左は窒素の存在下で，右は通常の空気の存在下で作製．気体条件の違いが結晶構造に大きな影響を及ぼすことがわかる．（Cha *et al.*, 2000, *Nature* 403, 289-292）より）

カイロウドウケツ類（*Euplectella*）：六放星目（Hexasterophora）に属する．細長い円筒形で，薄い体壁は格子状骨格によって支えられる（図7・5）．上端の大孔は板状の蓋によって閉ざされ，胃腔内の水は蓋にある無数の小さな間隙から体外に排出される．100m以深の比較的深海に産する．

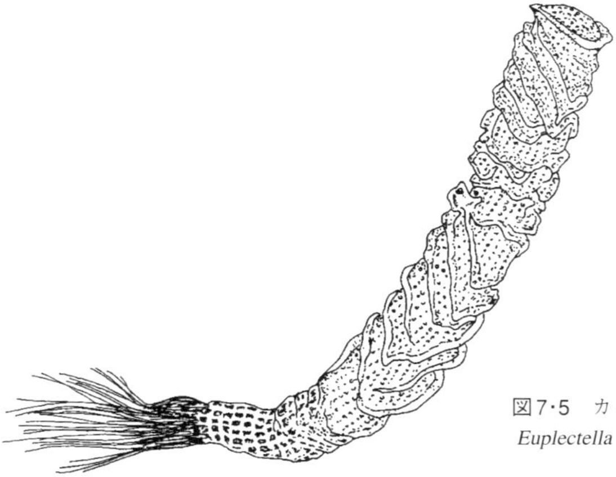

図7・5　カイロウドウケツの一種
Euplectella sp.（Pechenik，1985）

　体表の幾何学的模様が美しいことから装飾用として珍重される．また，胃腔内にしばしば雌雄1対のドウケツエビ類が共生していることから，昔から結婚式の縁起物の1つとして重用されている．さらに，彼らが作るガラス質骨片は，光ファイバーの材料素材として優れていることが最近確認されるなど，その生理機能が工業分野からも注目されている．

参考文献

Bergquist, P. R.: Sponges. Hatchinson, 1978, 268pp.

Mueller, W. E. G.（ed.）: Sponges（Porifera）. Progress in Molecular and Subcellular Biology, Springer, 2003, 258pp.

谷田専治：海綿動物．内田　亨（監），動物系統分類学2，中山書店，1961，15-54．

Watanabe, Y. and Fusetani, N.（eds.）: Sponge Science - Multidisciplinary Perspectives. Springer, 1998, 458pp.

渡辺洋子：海綿動物．山田真弓（監），動物系統分類学追補版，中山書店，2000，41-51．

8 刺胞動物（Cnidaria）

ヒドロ虫綱Hydrozoa：ヒドラ類，ベニクラゲ，カツオノエボシ
箱虫綱Cubozoa：アンドンクラゲ，ヒクラゲ，ハブクラゲ
鉢虫綱Scyphozoa：ミズクラゲ，アカクラゲ，エチゼンクラゲ
花虫綱Anthozoa：イソギンチャク類，ヤギ類，イシサンゴ類

　刺胞動物は刺胞（cnida）を有するという形態的特徴を共有する分類群で，体制は放射相称が基本である．形態的には発生段階の嚢胚の状態を示し，体の構造はきわめて単純である．

　刺胞動物の各種は有性世代と無性世代の2相を有し，環境条件などが関わって両世代が組み合わさった複雑な生活環を示す．両世代を周期的に繰り返すこのような生活環は世代交代（metagenesis）の代表的な例とされる．有性世代と無性世代は形態的にも生態的にも著しく異なる．前者はクラゲと総称され，口部を下方に向けて水中を浮遊するのに対し，ポリプと称される無性世代は口部を上方に向けて基質に固着して過ごす（図8・1）．

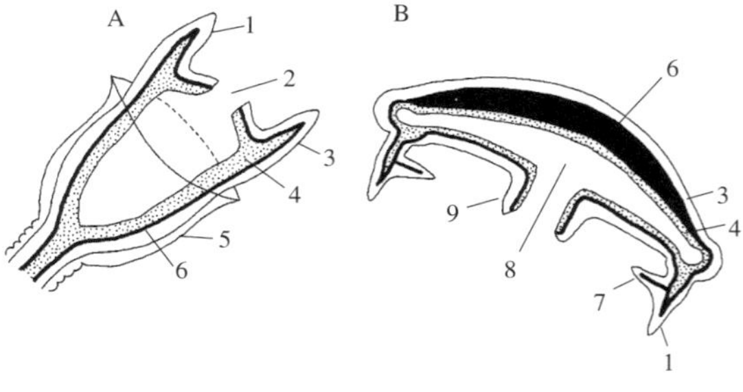

図8・1　刺胞動物の基本型（Russell-Hunter，1979）．
（A）ポリプ型，（B）クラゲ型　1：触手　2：口　3：外皮細胞層　4：内皮細胞層　5：ヒドロ莢　6：中膠（間充ゲル）　7：縁膜　8：腔腸　9：口柄

8・1 体の構造と機能

1. 一般形態

　外見的には海綿動物同様，体内に大きな内腔を含む袋状の構造を示す．内腔は腔腸（coelenteron）と呼ばれ，消化，吸収の場となる消化腔である．腔腸の外部への開口は，海綿動物の大孔とは異なり，食物を取り込む口であり，同時に不要物を体外に出す排出口でもある．イソギンチャク類で典型的にみられるように，口部には多くの触手が取り巻くが，これは体壁が上方に突出して生じたものである．

　腔腸を包む体壁は3層構造になっており（図8・2），体壁表面を取り巻く外層を外皮細胞層（epidermis），内側の腔腸に面する内層を内皮細胞層（gastrodermis）および両細胞層の間に介在する層を中膠（mesenchyme）とそれぞれ呼ばれる．

　外皮細胞層は外胚葉に，また，内皮細胞層は内胚葉にそれぞれ由来し，いずれも異なる機能を有する数種の細胞を含む（図8・2A）．外皮細胞層の大部分を占める上皮筋細胞（epitheliomascular cell）は糸筋（myoneme）と呼ばれる筋繊維を含み，細胞の伸縮に関わる（図8・2B）．このほか粘液や外骨格要素の分泌に関わる腺細胞（gland cell），刺胞を内包する刺細胞（cnidocyte），感覚の受容と伝達に関わる感覚細胞（sensory cell）および神経細胞（nerve cell），さらに機能が未分化の間細胞（interstitial cell）などが存在する．内皮細胞層もほぼ同様の細胞

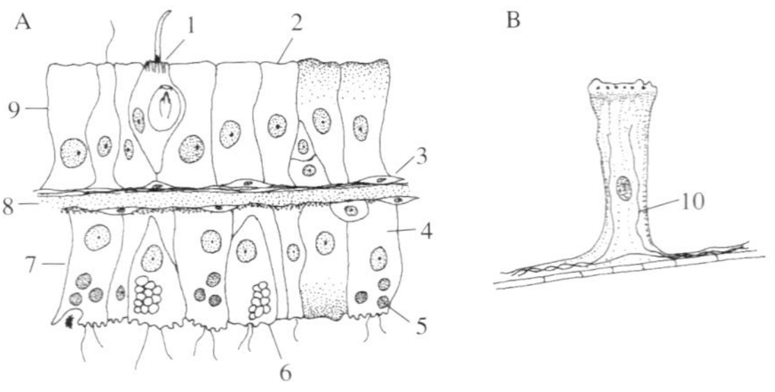

図8・2　刺胞動物の体壁を構成する各種の細胞
（A：Barnes, 1987を改変　B：Hyman, 1940）.
（A）体壁，（B）上皮筋細胞　1：刺細胞　2：上皮筋細胞　3：神経感覚細胞　4：栄養細胞　5：食胞　6：腺細胞　7：内皮細胞層
8：中膠　9：外皮細胞層　10：筋繊維

を含むが，上皮筋細胞が消化物を取り込む栄養細胞（nutritive cell）としての機能を有し，腺細胞は消化酵素の分泌に関わる．

中膠は主に外胚葉に由来し，種により，また，同一種でも生活史の諸段階で多様な構造を示す．単純なものは無構造で，外皮および内皮両細胞層を分ける単なる隔壁に過ぎないが，発達したものでは，肥厚して体を支持したり，移動性の間細胞の通路となるなど，種々の特化した機能を有している．ヒドロ虫類のクラゲのように，中膠に細胞を含まずゲル状物質のみからなる場合を特に間充ゲル（mesoglea）と呼ぶ．

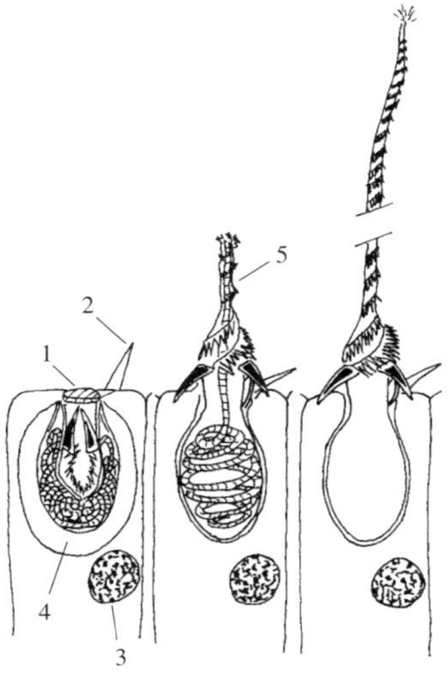

図8·3　刺胞の放出過程
（Barth and Broshears, 1982）.
1：蓋　2：刺細胞突起　3：刺細胞の核
4：刺胞　5：刺糸

2. 刺　　胞

刺胞は餌生物への攻撃や捕食者からの防御などに関わる構造で，時には移動の際にも機能する．刺胞の形状と機能は変異に富むが，多くは貫通型の刺胞（nematocyst）である．

刺胞は卵形の刺細胞の内部に存在し，胞内には長い細管状の刺糸（hollow thread）が畳み込まれている（図8·3）．刺胞の上端の開口部は普段は蓋（operculum）により閉じられているが，花虫類では蓋を欠く．開口部の縁辺に1個の刺細胞突起（cnidocil）があり，ここへの刺激が刺糸放出の1つのきっかけとなると考えられている．しかし，刺糸の放出には，単なる刺細胞突起への接触刺激だけでなく，水流，水圧の変化といった物理刺激やある種の有機物による化学刺激が伴う必要があるとされる．刺糸の放出は胞内反転によって起こるが，放出機構として刺胞壁の膜透過性の変化や筋肉の収縮による内圧の上昇が考えられている．貫通型の刺胞では，刺糸の先端は尖り，これで目標物を刺し，刺糸の内腔を経て先端の開口部から毒を注入する．刺胞毒はアミン類

やペプチド類に属する毒物である．さらに，刺糸の表面には鋭い小棘が螺旋状に巻いており，抜けない仕組みになっている（図8·3）．刺細胞はほぼ体全体に分布するが，とりわけ触手や口の周辺部などに集中する．刺胞を放出した刺細胞はやがて脱落し，間細胞からあらたに分化した刺細胞が入れ替わる．ヒドラの例では，一度の摂食に際し，体全体の刺細胞の1/4から刺糸が放出されるという．

3. 腔　　腸

腔腸は単純なものでは単なる袋状に過ぎないが，複雑なものでは，腔腸壁に皮褶を伴ったり，隔壁の発達によって複数の小室に区画される（図8·4）．この隔壁の配置は重要な分類形質となっている．クラゲ型の傘の縁辺に向かって放射状に伸びる水管もまた腔腸の一部である（図8·5）．また，大型のポリプでは，口部を取り巻く触手それぞれの内部にも腔腸が入り込み，触手は盲管状になっている．群体を形成するものでは，各個体の腔腸は互いに連絡する．

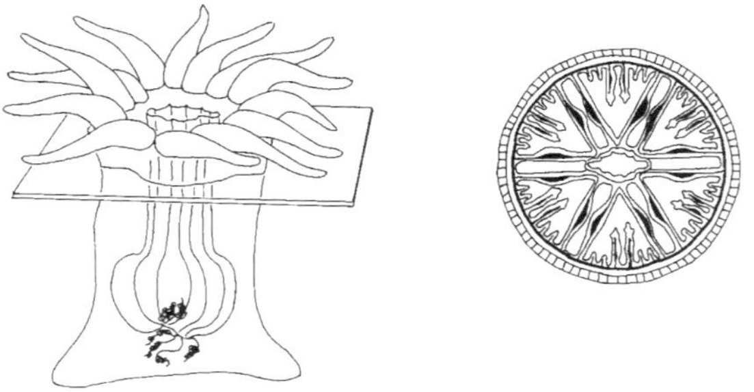

腔腸は消化·吸収の場であるばかりでなく，循環，排出および生殖の場でもあり，水骨格としても機能する．

図8·4　イソギンチャク類の断面（Pechenik, 1985）.

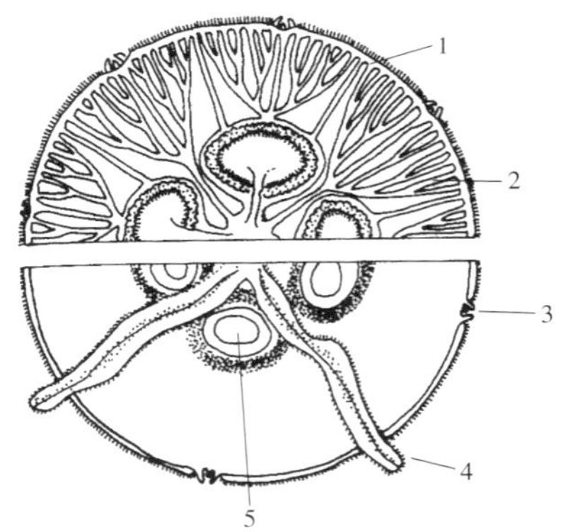

図8·5　鉢虫類の水管（椎野, 1969）.
1：環状水管　2：放射水管　3：触手胞
4：口腕　5：胃囊

4. 摂食および消化

刺胞動物の多くは肉食者であるが，

8. 刺胞動物

懸濁物食者も一部含まれる．触手の刺胞を用いて捕捉した餌生物は口から腔腸に入り，内皮細胞層の腺細胞から分泌された消化酵素による細胞外消化によってある程度消化される．その後腔腸の隅々にまで運ばれて，栄養細胞などの飲細胞活動や食細胞活動によって細胞内に取り込まれて細胞内消化される．不消化物などの残渣は粘液で固められて糞として口から排出される．腔腸内の物質の移送は内皮細胞層の各細胞の先端から伸びる繊毛の動きや筋肉の働きによって行われる．

このほか，後述のように体内に単細胞の共生藻類を伴うものでは，必要とする栄養物のほとんどを藻類の光合成産物に依存していると考えられている．

5. ガス交換および排出

刺胞動物は特殊な例を除いてガス交換や排出のための特別の構造をもたず，体壁や触手の表面および腔腸に面する内面すべてがガス交換および排出の場となる．すべての過程は細胞レベルで行われる．ただし，一部の大型のヒドロ虫類のクラゲには排出孔（excretory pore）が存在することが知られている．

6. 感覚および神経系

外皮および内皮細胞層に散在する神経感覚細胞（neurosensory cell）は，互いに突起を連絡させて内外2系統の神経網（散在神経系）を形成するが，この系には中枢は存在せず，刺激を受けた神経細胞を起点として刺激は体全体に伝わる．

神経系の発達の程度は体の各部で異なり，口の周辺で特に発達する．また，クラゲ型では傘縁に発達する環走筋に沿って神経環が存在する．

感覚器官は概して発達が悪い．特にポリプ期には特別の感覚器官は見られず，体表の繊毛が物理刺激や化学刺激の受容に関わっていると考えられる．クラゲ期にはその活動性に応じて感覚器に特

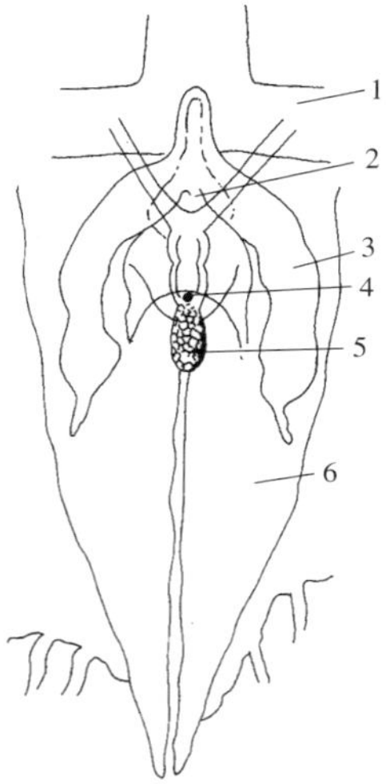

図8・6　鉢虫類の触手胞
（Hyman, 1940）.
1：環状水管　2：感覚窩　3：感覚葉
4：眼点　5：平衡胞　6：小弁

85

殊化傾向がみられる．鉢虫類を例にとれば，傘縁の8個所に触手胞（rhopalium）と呼ばれる感覚器官を有する（図8・6）．各触手胞には化学受容器に相当すると思われる感覚窩（sensory pit），光受容器としての眼点，触覚に関与するといわれる2つの感覚葉（sensory lappet）および体の平衡感覚に関与する平衡胞（statocyst）が含まれる．

8・2　生殖および発生

1．生殖様式

刺胞動物の生活史は有性世代と無性世代の両世代を含むが，それぞれの世代の基本的な生活様式を述べると次のようになる（図8・7）．

有性世代のクラゲ期は雌雄異体である．体外または体内で受精した受精卵は囊胚形成の後プラヌラ（planula）幼生となり，短期間の浮遊生活を送る．その後，アクティヌラ（actinula）幼生を経て適当な基質に着生し，無性世代のポリプとなるが，アクティヌラ幼生期を欠くものもいる．

ポリプは出芽や分裂などによって無性生殖を繰り返して増殖する．群体を形成する種では，この時期に群体の成長がみられる．一方，ポリプはまた一定の条件が整うと周期的にクラゲを分離し，このクラゲが成熟して生活環を完結する．

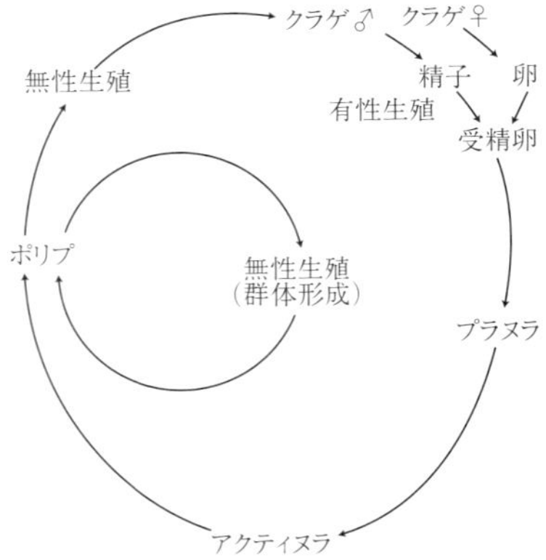

しかし，このような生活史にも多くの変異がみられる．例えば，イソギンチャクなどを含む花虫類ではクラゲ期を欠き，成体はポリプ型で，体内に生殖腺が発達する．逆に鉢虫類や立方水母類の中で特にクラゲ期の卓越するものでは，ポリプ期は非常に小さく，ほとんど目立たない．極端な場合には，無性世代は完全に欠落し，プラヌラ幼生が直接有性のクラゲになる例も知られている．

図8・7　刺胞動物の基本的な生活環（Barth and Broshears, 1982）.

8. 刺胞動物

　なお，ヒドロ虫類のベニクラゲ（*Turritopsis nutricula*）では，通常は有性
生殖を終えて死に至る過程にある親クラゲの一部の細胞から再びポリプが形成
され，無性生殖世代に戻る若返り現象が見られることで，最近注目されている．

2. 群体形成

　刺胞動物の多くの種は群体（colony）を形成する．群体は固着性と浮遊性の
2つの型に大別できる．

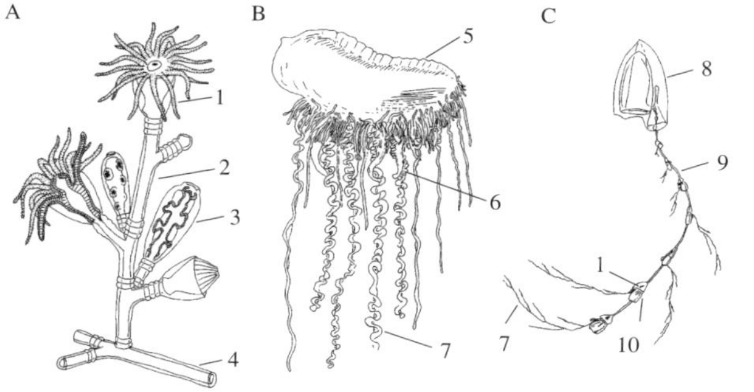

　図8・8　ヒドロ虫綱の群体（A, C：Barnes, 1987を改変　B：Hyman, 1940）.
（A）ヒドロ虫綱オベリア属の1種，（B）カツオノエボシ，（C）ヒトツクラゲの1種
1：栄養個虫　2：ヒドロ茎　3：生殖個虫　4：ヒドロ根　5：気胞体　6：指状個
虫　7：触手　8：泳鐘　9：幹部　10：生殖体

　ヒドロ虫類のオベリア属（*Obelia*）の1種は典型的な固着性群体を形成する
ことで知られている（図8・8A）．本種は海藻や岩盤を基質として，枝分かれし
た根状のヒドロ根（hydrorhiza）で固着する．根部からヒドロ茎（hydro-
caulus）が伸び，さらにいくつもの側枝を出す．それぞれの側枝の先端に各個
虫が芽生する．

　群体は単なる個虫の集まりではなく，しばしば個虫間で機能の分化がみられ
る．オベリア属の場合には，栄養個虫（gastrozooid）と生殖個虫（gonozooid）
の2種類の個虫が区別される．栄養個虫は個虫の大部分を占めるが，先端に触
手を発達させた体が花の形をしていることからヒドロ花（hydranth）と呼ばれ
る．体部は透明なガラスコップ状のヒドロ莢（hydrotheca）で包まれる．口部
を取り巻く触手を用いて食物を摂取し，消化，吸収を行う．一方，生殖個虫は

87

生殖体包（gonotheca）で包まれ，多数のクラゲ芽を形成する．クラゲ芽はやがて分離して自由遊泳性のクラゲとなる．各個虫をつなぐヒドロ茎およびヒドロ根は管構造を示し，共肉（coenosarc）と呼ばれる．その管壁は各個虫の体壁と同様3層からなり，内部の腔所は各個虫共通の腔腸である．造礁サンゴ類もほとんどが固着性群体を形成するが，ヒドロ虫類の場合と異なり，各個虫の機能分化は認められない．

浮遊性群体はヒドロ虫類の一部に見られるもので，ポリプ型の個虫に由来するとされている気胞体（pneumatophore）を上端に有し，群体の浮遊器官として機能する．気胞体に付着する幹から各個虫が芽生する型と，各個虫が気胞体の下面から直接芽生する型の2型に分けられる（図8・8B，C）．ポリプ型の各個虫は3型に機能分化している．栄養個虫は口と1本の長い分枝した触手を有する．生殖個虫は多数に分枝し，多くの生殖体を有する．指状個虫（dactylozooid）は口を欠き，その長い不分枝の触手には刺胞列が並ぶ．気胞体とは別に泳鐘（nectophore）を有するものがあるが，これはクラゲ型個虫に由来し，筋肉の発達がよく，もっぱら群体の移動に関わる．気胞体および泳鐘ともに内部に分泌細胞より分泌されたガスを含み，浮力を得ている．ガスの分泌を制御することにより一定の水深にとどまる仕組みを有している．

8・3　分類および主な種

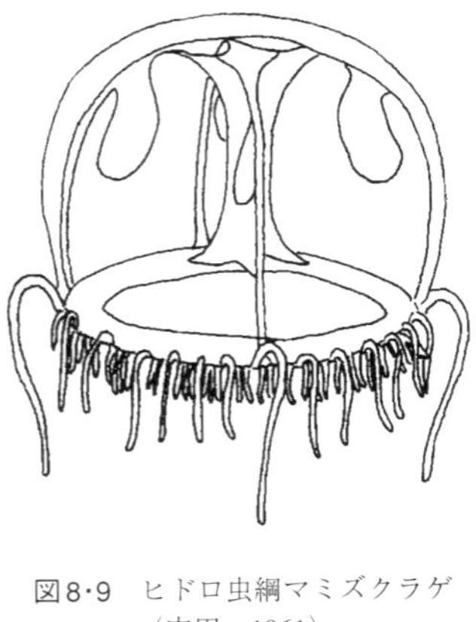

図8・9　ヒドロ虫綱マミズクラゲ
（内田，1961）．

刺胞動物は次の4綱に分けられ，現生種は10,000種ほどが知られている．

1．ヒドロ虫綱（Hydrozoa）

ほとんどの種はその生活環にポリプ期とクラゲ期の両期を有し，世代交代を行う．

中膠の発達が不十分で，腔腸に隔壁がなく，生殖腺が外皮細胞層から生じ，クラゲは下傘面の一部が傘縁から内側に広がる縁膜（velum）によって覆われる点などが他

8. 刺胞動物

の綱と異なる特徴である（図8・9）.

　群体形成種の中には群体を構成する個虫間で
形態的および生理的分化がみられるものが多い.

　マミズクラゲ（*Craspedacusta sowerbii*）を
はじめ3,200種ほどが知られ，一部汽水種や陸
水種を含む.

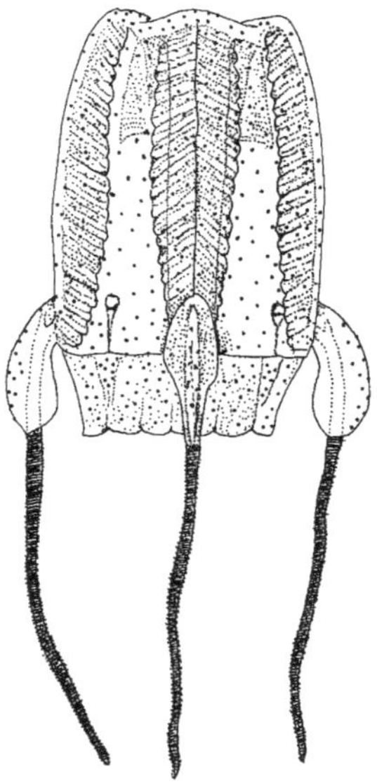

2. 箱虫綱（Cubozoa）

　傘部が立方形を示し，傘縁の四隅から触手な
いし触手群が伸びる（図8・10）. 下傘面には縁
膜に似た構造を有するが，ヒドロ虫綱の縁膜と
は異なり，内部に腔腸の一部を含むため，擬縁
膜（veralium）と呼ばれる. 擬縁膜を有する点
で，鉢虫綱と区別される. 生活環にはクラゲ期
とポリプ期の両期を含むが，クラゲの形成時に
横分体（後述）は形成されず，1個の単体ポリ
プが直接クラゲに変態する. 数
十種が知られるのみの小さな綱
であるが，アンドンクラゲ
（*Carybdea rastonii*）やハブクラ
ゲ（*Chironex yamaguchii*）など
きわめて強い刺胞毒を有する種
を含む.

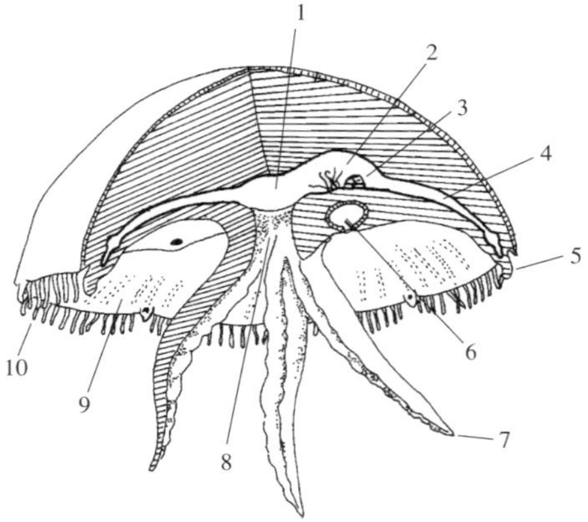

図8・10　立方クラゲ綱の1種ヒ
　　クラゲ（内田, 1961）.

3. 鉢虫綱（Scyphozoa）

　一般に鉢クラゲと称される.
生活環でクラゲ期が卓越し，ポ
リプ期は縮小するか欠落する.

　傘部は中膠の発達により肥厚

図8・11　鉢虫綱の体の構造（Barnes, 1987）.
1：腔腸　2：胃糸　3：生殖腺　4：放射水管
5：触手胞　6：性巣下腔　7：口腕　8：口
9：下傘面　10：触手

し，多くは鉢形になっている（図8・11）. 下傘面中央にある口を取り巻く口柄

（manubrium）は口腕（oral arm）となって垂下し，主に餌生物の捕獲の役割をもつ．

腔腸の拡張部を胃嚢（gastric pouch）と呼び，そこから細管状の放射水管が複雑に分岐しながら縁辺に向かって伸びる．胃嚢には多数の刺細胞を含む糸状の胃糸（gastric filament）があり，胃嚢内に取り込んだ餌生物を制圧するのを助ける．生殖腺もまた胃嚢内に存在する．生殖腺が存在する位置の下傘面側には性巣下腔（subgenital pit）と呼ばれる陥入部が認められる．生殖腺のガス交換への関与，生殖物質の外部への通路となるなどの可能性が想定されている．

鉢虫類の生活環では，ポリプ世代からエフィラ（ephyra）幼生を放出する際に，しばしば横分体形成（strobilation）を行い，各横分体がエフィラ幼生として分離するため，1つのポリプから多数のエフィラが生じることが多い．

200種程度を含む小さな綱で，すべて海産であるが，極地から熱帯まで，また，表層から3,000mの深海まで広く分布する．

ミズクラゲ（*Aurelia aurita*）：旗口クラゲ目（Semaeostomae）に属し，世界中の沿岸海域に分布する代表的な種である（図8・12）．

雌雄異体で，多くの場合夏季に成熟する．成熟サイズは傘径

図8・12　ミズクラゲ（稗田一俊氏提供）.

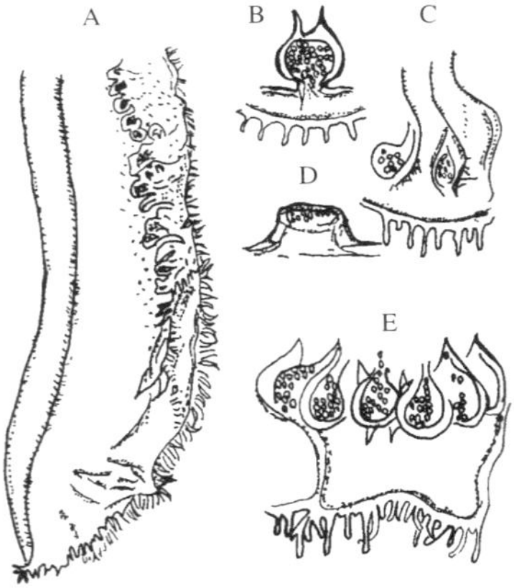

図8・13　成熟雌クラゲの口腕上に見られる哺育嚢
（安田，2003）.
A：口腕上の哺育嚢の配列状態，
B〜E：哺育嚢の形状各種

8. 刺胞動物

30cm 前後である．成熟雌より産出された卵は雌の口腕基部ないし口腕上に付着し，そこで雄が放出した精子と受精して発生を始める．プラヌラ幼生の段階になると，雌の口腕上に存在する哺育嚢に移動し，1週間程度とどまる（図8・13）．その後母体を離れて数時間から数日間浮

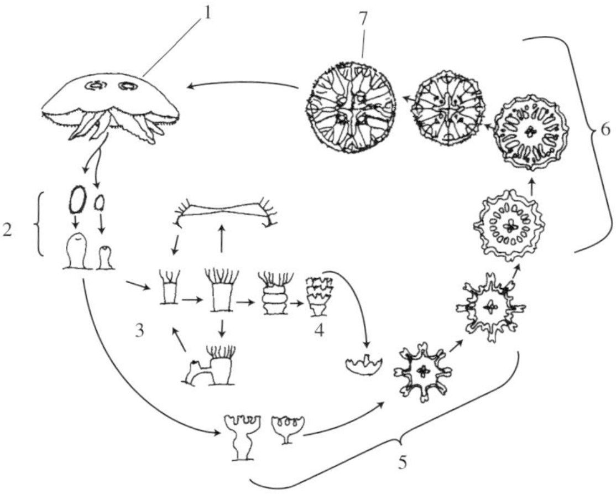

図8・14　ミズクラゲの生活史（安田，1988）．
1：親クラゲ　2：プラヌラ幼生　3：ポリプ期　4：横分体形成
5：エフィラ期　6：メテフィラ期　7：若クラゲ

遊生活をした後，沈降して海底の岩，砂礫などに着生して鉢ポリプ（scypho-polyp）となる（図8・14）．鉢ポリプは出芽や分裂によって無性的に増殖を繰り返し，冬季に横分体形成を行い，春先にエフィラ幼生を分離する（図8・14）．エフィラ幼生はその後メテフィラ（metephyra）幼生，稚クラゲを経て数ヵ月で成体となり，有性生殖を行って生涯を終える．このように，ミズクラゲの生活環はほぼ1年で完結すると考えられているが，環境による変異が大きく，例えば，鉢ポリプの段階を経ずにプラヌラ幼生から直接エフィラ幼生に変態する経路を辿る場合があることも知られている．この場合はプラヌラ幼生から3〜18日でエフィラ幼生になり，生活環は大幅に短縮されることになる．

　ミズクラゲの餌生物は各種無脊椎動物の幼生を含む動物プランクトンで，稚仔魚をも食害する．餌生物は傘縁の触手や口腕などで捕獲し，口腕から腔腸内に取り込む．

　集群して定置網や底曳き網などに多量に入る漁業被害や，冷却水取り込み用のパイプに詰まる工業被害などが問題となることがある．刺胞毒は弱い．エチゼンクラゲ（*Nemopilema nomurai*）やビゼンクラゲ（*Rhopilema esculenta*）のようには漁業価値はない．

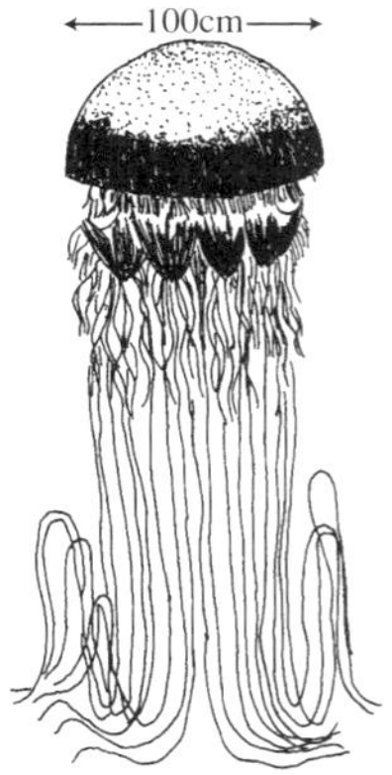

8·3 分類および主な種

図8·15 エチゼンクラゲ
（安田，2003）．

エチゼンクラゲ：根口クラゲ目（Rhizostomae）に属し，傘径180cm，重量200kgにも達する巨大な鉢クラゲで，傘は半球状で寒天質の中膠は厚い（図8·15）．8本の短い口腕を有し，それぞれ多数の触手や糸状付属物を具える．

本種の生態はいまだによくわかっていない．餌生物は無脊椎動物の幼生を主とする動物プランクトンである．傘径60cm以上で成熟すると考えられ，産卵期は秋から冬にかけてとされる．寿命は約1年と考えられている．

本種は中華料理の食材として利用されているが，このところ春から夏にかけて日本海沿岸を中心に大群が来遊し，深刻な漁業被害を引き起こしており，有害動物として問題視されている．2002年には8〜9月にかけて大群が山陰沿岸に出現し，その後日本海沿岸を北上しながら，10月下旬には青森沿岸にまで達した．その間，日本海沿岸各地の定置網や巻き網で1操業で200〜500個体以上の大量の入網がみられ，揚網ができなかったり，網の破損，漁獲量の減少，漁獲物の損傷による魚価の低下など，莫大な被害が出ている．大量の来遊はその後も続き，最近では，太平洋側の各地からも被害が報告されている．

4．花虫綱（Anthozoa）

刺胞動物門の中で最大の綱で，種数は6,200種に及び，すべて海産．単生種および群体形成種の両型を含むが，いずれも生活環を通してクラゲ期を欠く．外観はポリプ型であるが，ヒドロポリプよりは遙かに大きく，肥厚して繊維質の中膠を有して頑強である（図8·16A）．さらに，口の周辺では体壁が口内に入り込んで口道（stomodeum）を形成する．口道は横裂状であるが，その両端または一端の壁面に繊毛を具える口道溝（siphonoglyph）がある（図8·16B）．口道溝は口を閉じている時でも外部に開いており，これを通して水の出し入れを行っている．腔腸は多数の隔壁や種々の突起により複雑な壁面を示す．隔壁（mesentery）には完全隔壁（complete mesentery）と不完全隔壁

8. 刺胞動物

（incomplete mesentery）の2種類がある．前者は中央部の口道壁に連絡しており，後者は直接連絡しない．前者の場合も，口道を欠く下部では隔壁の末端部が不完全隔壁と同様に遊離端となっている．隔壁の遊離端は糸状に変形して隔膜糸（septal filament）と呼ばれ，消化酵素を分泌する腺細胞や刺細胞を多数含む．

　花虫綱はこのような口道溝，隔壁，骨格要素などの配列によって次の2亜綱に分類される．

（1）八放サンゴ亜綱
（Octocorallia）

　触手は羽状で8本．8個の隔壁はすべて完全隔壁で，口道溝は1個ある（図8・16B）．ほとんどが群体を形成する．群体は共肉部によって包まれ，共肉部内部には内骨格を含む．ウミトサカ目（Alcyonacea），ヤギ目（Gorgonacea），ウミエラ目（Pennatulacea）など8目が知られる．

　ヤギ類：ヤギ目に属し，樹枝状の群体を形成するが，そ

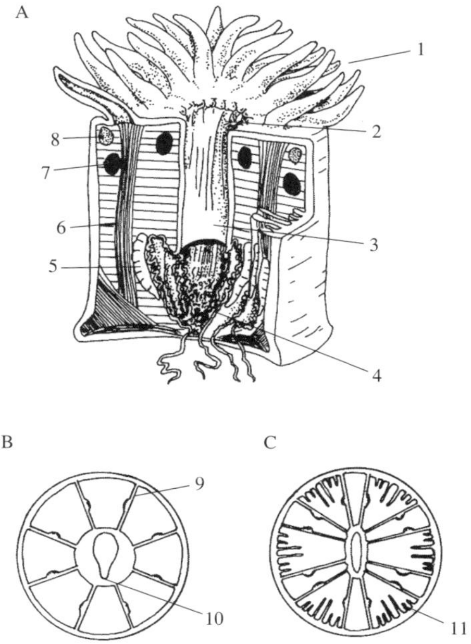

図8・16　花虫綱の体の構造
（A：椎野 1969，B，C：Barth and Broshears，1982）．
（A）イソギンチャク類の縦断面，（B）八放サンゴ亜綱の腔腸内の隔壁配置，（C）六放サンゴ亜綱の腔腸内の隔壁配置　1：触手　2：口　3：口道　4：隔膜糸　5：生殖腺　6：縦走筋　7：孔　8：括約筋　9：完全隔壁　10：口道溝　11：不完全隔壁

図8・17　モモイロサンゴの樹状骨格（今島，1994）

93

の形状は多様である（図8・17）．各個虫は不対の8個の完全隔壁を有し，触手は常に8本．共肉部は内外2層からなり，内層に強固な軸骨が分泌される．この軸骨は加工されて装飾用として珍重される．

いずれの種も暖海性で，我が国では，四国南部，九州南部から小笠原諸島付近にかけての深海底岩礁上に固着する．

工芸品として利用されるのはシロサンゴ（*Corallium konojoi*），アカサンゴ（*Paracorallium japonicum*），モモイロサンゴ（*C. elatius*）の3種であるが，品質ではモモイロサンゴが最も優れている．

（2）六放サンゴ亜綱（Hexacorallia）

代表的なものでは，6対の完全隔壁および触手を有する（図8・16C）．石灰質の骨格を有するものと欠くものがある．イソギンチャク目（Actiniaria）やイシサンゴ目（Scleractinia）など6目を含むが，このうち，ハナギンチャク目（Ceriantharia）とツノサンゴ目（Antipatharia）を別亜綱（Ceriantipatharia）として位置づける見解もある．

サンゴ礁（coral reef）：主にイシサンゴ目（Madreporaria）に属する各種の群体によって形成されたもので，熱帯域の30m以浅の浅海に発達する（図8・18）．各個虫が体壁下部の側部の突出によって隣り合う個虫と連絡し，共肉部も含めて外皮細胞層から分泌された炭酸カルシウムが沈着して群体全体に広がり，礁として発達したものである．種により成長様式が異なるため，種特有の形と構造を示すが，環境によっても群体の形は影響を受けるとされている．

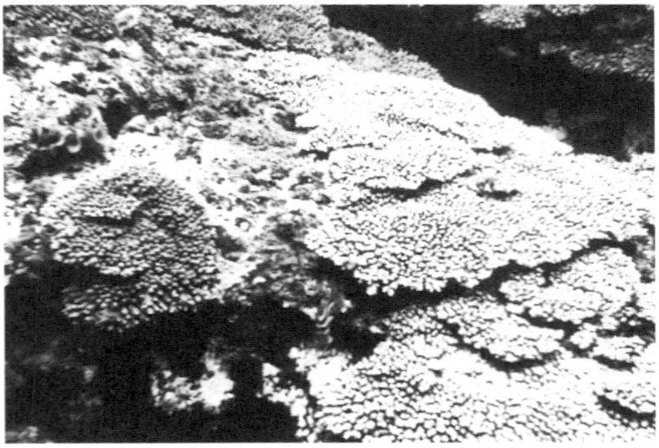

サンゴ礁はその形状により，裾礁（fringing reef），堡礁（barrier reef），環礁（atoll）の3つの型に分けられる（図8・19）．裾礁は浅海に生じ，岸に連なるか，僅かに離れて発達する．堡礁は岸から離れて平行に発達し，岸との間に船舶の航行が可能となるほどの海域が

図8・18　サンゴ礁（中井克樹氏提供）．

8. 刺胞動物

広がる．オーストラリア北東部のGreat Barrier Reefが特に有名である．また，環礁は環状のサンゴ島で，内側は礁湖（lagoon）となっている．これらの3型はサンゴ礁の一連の形成過程を示していると考えられており，まず火山活動や造山活動などで島が出現すると，

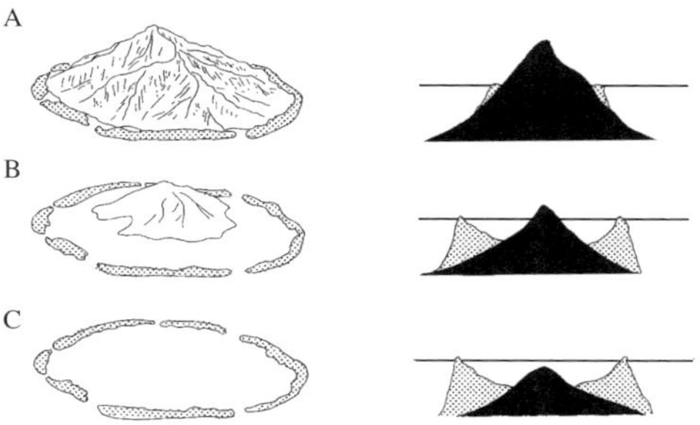

図8・19　サンゴ礁の種類
（Barnes and Hughes，1982を改変）．
（A）裾礁，（B）堡礁，（C）環礁

その海岸線付近に形成されるのが裾礁であり，その後海面の上昇に伴い，上方に向かう造礁活動によって堡礁が形成され，やがて島が水面下に隠れた状態が環礁であるとされる．

　造礁性のサンゴはzooxanthellaと称される単細胞の褐虫藻を内皮細胞層中に共生させており，この藻類が光合成を行うことによりサンゴに酸素や栄養分を供給したり，サンゴの炭酸カルシウムの沈着を促進するとされている．逆に藻類はサンゴの体内に生息空間を得るとともに，サンゴの代謝産物から栄養を摂取するなどの利益を得ている．最近，海水温の上昇などの影響でサンゴの白化現象（coral bleaching）が問題となっているが，これはサンゴが何らかの生理的な理由により共生している褐虫藻を体外に放出し，体がサンゴ本来の色に戻って白くなる現象で，水温上昇以外にも，塩分低下，光量の増加および透明度の低下などもその原因となると考えられている．白化したサンゴは再び褐虫藻の取り込みができなければやがて死滅する．

参考文献

Arai, M. N.: A Functional Biology of Scyphozoa. Chapman and Hall, 1997, 316pp.
築地新光子・久保田信：鹿児島湾に出現した多数のベニクラゲ（刺胞動物門，ヒドロ虫綱，花クラゲ目）とその若返りについて．日本生物地理学会会報，58，35-38，2003．
石井晴人：ミズクラゲの生活史と生態．月刊海洋，号外，27，173-181，2001．
森　啓：サンゴ―ふしぎな海の動物．築地書館，1986，197pp.
並河　洋・楚山　勇：クラゲガイドブック．TBSブリタニカ，2000，118pp.

Shick, J. M.: A Functional Biology of Sea Anemones. Chapman and Hall, 1991, 395pp.

内田　亨：腔腸動物．内田　亨（監），動物系統分類学2，中山書店，1961, 55-204.

内田紘臣・楚山　勇：イソギンチャクガイドブック．TBS ブリタニカ，2001, 157pp.

山里　清：サンゴの生物学．東京大学出版会，1991, 150pp.

山田真弓・久保田信・柿沼好子・内田紘臣・山里清：腔腸動物．山田真弓（監），動物系等分類学追補版．
　中山書店，2000, 53-78.

安田　徹：ミズクラゲの研究．日本水産資源保護協会，1988, 136pp.

安田　徹（編）：海のUFOクラゲ―発生・生態・対策―．恒星社厚生閣，2003, 206pp.

渡辺俊樹・遠藤博寿：サンゴと甲殻類の外骨格における石灰化の分子機構．竹井祥郎（編），海洋生物
　の機能―生命は海にどう適応しているか―，東海大学出版会，2005, 328-344.

9 扁形動物（Platyhelminthes）

渦虫綱 Turbellaria：ウズムシ類（プラナリア），ヒラムシ類
単生綱 Monogenea：フタゴムシ類
吸虫綱 Trematoda：ニホンジュウケツキュウチュウ，カンキュウチュウ，
　　カンテツ
条虫綱 Cestoda：サナダムシ類

　扁形動物は三胚葉性で左右相称動物の中では最も原始的と考えられる1群である．寄生性のものが多く，それぞれ寄生生活に適応して種によって体形は多様であるが，いずれも背腹に扁平な形状を示す．筋肉および神経系はよく発達するが，消化系は完全に退化しているか，存在する場合でも単純な嚢状で，肛門を欠く．体腔には間柔織（mesenchyme）が広がり，紐形動物などとともに無体腔動物にまとめられる．1mmに満たない微小なものから全長数メートルにも及ぶ巨大なものまでサイズの幅はきわめて大きい．

9・1　体の構造と機能

1．一般形態

　体の最外層は外胚葉由来の外皮細胞層によって取り巻かれるが，隣り合う細胞同士の癒合によって細胞壁を失い，多核体（syncytium）を形成していることが多い．非寄生性の渦虫類では腹面を中心に繊毛が密生し（図9・1A），この繊毛の動きと，外皮細胞層に散在する腺細胞から分泌される粘液の助けを借りて滑るように基質面を移動する．このほか，外皮細胞層のところどころに存在する桿状の棒状小体（rhabdoid）は，刺激を受けると大量の粘液を分泌し，体表が乾燥するのを防ぐとともに，捕食者から身を守るなど，刺胞動物の刺胞に相当する働きをもしていると考えられている（図9・2）．一方，渦虫類以外の

9・1 体の構造と機能

ものでは，体表が外皮（tegument）と呼ばれる特殊な構造を示し，繊毛がない．外皮は体を保護すると同時に，間柔織内に位置する細胞から外皮内に伸びる多数の細胞突起を介して栄養摂取，老廃物の排出およびガス交換の場ともなっている．また，条虫類は外皮の表面に多くの突起を有し，体表の表面積を増すことによって体表からの効率的な栄養吸収を可能にしている．また，高等動物の消化管内に寄生するものは，宿主の消化酵素の働きを阻害するために体表から何らかの物質を分泌していると考えられている．

　体形は体軸に沿って延長した蠕虫状を示す型と，卵形または葉状を示す型の大きく2つに分けられる．前者では，一般に頭部が明瞭に区別される．単生類や吸虫類は，頭部および腹部ないしは尾部に吸盤を具え，これにより宿主に吸着する．また，条虫類の頭部は頭節（scolex）として特化して宿主に付着する

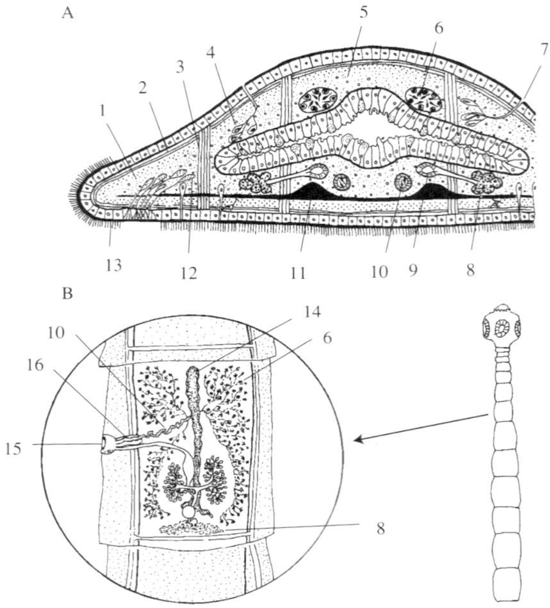

図9・1　扁形動物の体の構造（A：Buchsbaum *et al.*，1987，B：Pechenik，1985，および Barnes *et al.*，1988を改変）．
　　（A）渦虫類の横断面，（B）条虫類の片節　1：縦走筋　2：環走筋　3：背腹筋　4：原腎管
5：間柔織　6：精果　7：排出孔　8：卵黄腺　9：輸卵管　10：輸精管　11：神経索　12：腺細胞
13：繊毛　14：卵巣　15：生殖孔　16：交接器官

9. 扁形動物

ための鈎や吸盤を具え，その後端は頸部（neck）に連なり，体節状の片節（proglottid）がこれに続く（図9・1B）．

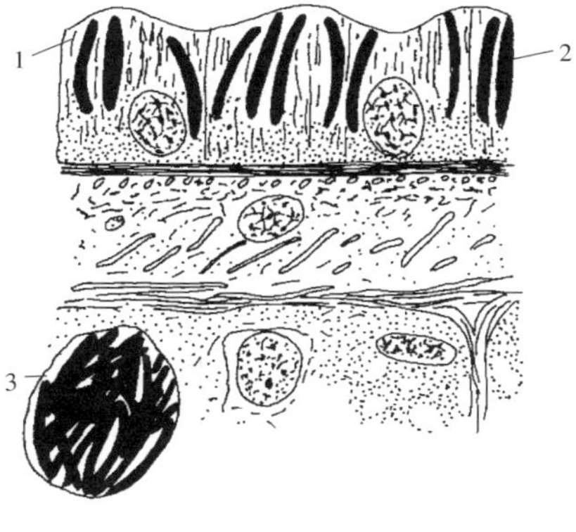

2. 摂食および排出

渦虫類の多くは肉食性で，微小な単細胞生物や動物を主に摂食する．腹面に開く口から咽頭部を体外に出し，餌生物を取り込む．咽頭部で消化酵素を分泌して細胞外消化を行って細片に分解した後，腸に送り，腸壁に並ぶ栄養細胞の食細胞活動によって細胞内消化を行う．不消化物は口から排出される．渦虫類でも，最も原始的な無腸目の仲間は腸を欠き，咽頭の開口部付近に栄養細胞が集まって消化域を形成する．取り込んだ食物片の周辺に一時的に消化腔を形成し，食細胞活動によって，消化，吸収する．淡水性のプラナリアのように再生力の強いものは，体組織の一部を消費することによって飢餓に耐えることもできる．

吸虫類や条虫類では，宿主の組織，体液や消化管内容物が主な栄養源となる．吸虫類は主に咽頭部の吸引作用によって栄養分を体内に取り込むが，条虫類では，口がなく，栄養分の取り込みはすべて体表の細胞の食細胞活動による．

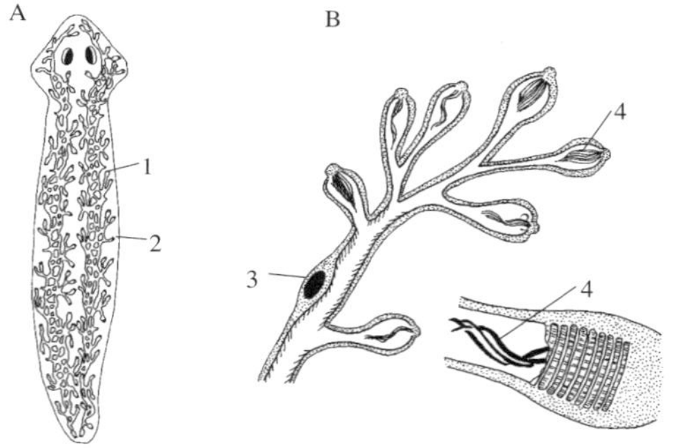

循環系はほとんど発達せず，呼吸に必要なガス交換を含めてほとんどの物質の

図9・2 渦虫類の背部体壁の縦断面拡大図（Hyman, 1951）．
1：外皮細胞層　2：棒状小体　3：棒状小体形成部

図9・3 扁形動物の排出器管
（A：Pechenik, 1985, B：Russell-Hunter, 1979）．
（A）排出系，（B）原腎管
1：原腎管　2：排出孔　3：導管細胞の核　4：繊毛束

やりとりは体表を通して行われる．ほとんど無酸素条件下に生息する内部寄生者は無気呼吸を行っている．原腎管がよく発達し，排出および浸透調節に関わる（図9・3）．とりわけ陸水産の渦虫類のように浸透調節を必要とするものではよく発達する．

　神経系ははしご状に走り，頭部の脳神経節が中枢となる．感覚器官も頭部に集中し，とりわけ接触刺激や化学刺激の受容器が発達する．

9・2　生　殖

　扁形動物はほとんど例外なく雌雄同体であるが，自家受精だけに頼る例は稀で，普通は他個体との交接行動により精子の授受を行う．明確な生殖腺を欠く無腸類を除いてその生殖系は複雑である．雄の生殖系は精巣，交接器官およびこれらを結ぶ輸精管からなる．条虫類は多数の片節で，片節ごとに両性の生殖腺を有する（図9・1B）．精巣で形成された精子は輸精管を経て交接器に運ばれる．雌の生殖器官は卵巣で，卵巣から連なる輸卵管は腹面の生殖腔（genital cavity）に開口する．輸卵管の生殖腔付近の末端部は拡張して受精嚢となる．他個体との交接によって受け取った精子は，卵が成熟するまでここに蓄えられる．卵の受精は輸卵管内で行われる．皮下受精を行う渦虫類の一部の種では，交接器を交接相手の体壁に突き刺し，精子が体内の間柔織に送られ，受精が行われる．

　渦虫類の若干の種では，無性生殖をしたり，体の欠落部分を再生することができる．渦虫類には，横分裂によって体を複数の小片に分け，それぞれの小片が欠落部位を再生することによって増殖する種が知られている．無性生殖は吸虫類でも普通に見られる．

9・3　生活環

　ほとんどの種が自由生活をする渦虫類とは対照的に，寄生生活を送る吸虫類や条虫類は宿主および中間宿主を介して複雑な生活環を形成する．

　もっぱら外部寄生型である単生綱の各種は比較的単純な生活環を示し，魚類

または両生類が宿主として介在する．これに対して内部寄生型の吸虫綱や条虫綱の各種はその生活環において複数の宿主を経過し，その過程で変態と無性生殖による増殖を繰り返す．

9・4　分類および主な種

　扁形動物は次の4綱からなり，現生種は20,000種ほどが知られている．吸虫綱と条虫綱の一部が寄生虫として我々と関わりを有している．

1．渦虫綱（Turbellaria）
　一部を除いて非寄生性である．扁平な体は多少とも延長する．消化系，神経系および感覚諸器官は他の3綱に比べてよく発達する．咽頭の形態や腸管の形態は種により異なり，重要な分類形質となる．プラナリアとして知られるナミウズムシ（*Dugesialatum japonica*）などのウズムシ類やヒラムシ類を含む．

2．単生綱（Monogenea）
　体は長円形ないしは葉状で，体表は外皮で包まれる．体の後端に後固着盤（opisthaptor）と呼ばれる特殊な付着装置を具えている点で，次の吸虫綱と区別される．ほとんどが外部寄生性で，その生活環には通常魚類が単一の宿主として関わり，宿主の体表や鰓に寄生する．消化管は盲嚢となり，宿主の粘液や血液が栄養源となる．

3．吸虫綱（Trematoda）
　体は長円形ないし葉状で，体表は外皮で包まれる．体前端や腹部に吸盤を具え，それにより宿主に寄生する．ほとんどは内部寄生者で，生活環に複数の宿主が介在する．消化管は盲嚢となる．
　カンキュウチュウ（*Clonorchis sinensis*）：体は葉状で全長2cm程度．主に人間や家畜の胆管に寄生する．生活環はおよそ次のような経過を辿る．
　宿主の体内で成体が産出した受精卵は宿主の糞とともに外部に排出される．その後水中に達した卵は孵化してミラシディウム（miracidium）幼生となり，

中間宿主である巻貝のマメタニシ類の消化管を経て中腸腺に移動して寄生する．その後，無性生殖を繰り返してスポロシスト（sporocyst）幼生，レディア（redia）幼生の各発育段階を経過した後，やがてセルカリア（cercaria）幼生となって再び水中に出る．その後，コイなどの魚類の体壁の筋肉内に入り込みメタセルカリア（metacercaria）幼生となる．ヒトがこのメタセルカリアに感染した魚類を十分に火を通さない状態で食することにより，カンキュウチュウはヒトの体内に入り込んで胆管内に移動して成長して生活環が完結する．

4．条虫綱（Cestoda）

体は扁平で延長する．一部を除いて体は頭部および頸部とそれに続く多数の片節からなる．脊椎動物の消化管に寄生する．口や消化系を欠き，宿主の消化管内の栄養分を体表を通して吸収する．各片節には雌雄両性の生殖器官を有する．サナダムシ類がよく知られる．

参考文献

内田　亨・山下次郎・沢田　勇：扁形動物．内田　亨（監），動物系統分類学 3，中山書店，1965，pp. 9-165.

田近謙一・町田昌昭・澤田　勇：扁形動物．山田真弓（監），動物系統分類学追補版，中山書店，2000，85-99.

10 　輪形動物（Rotifera）

ウミヒルガタワムシ綱 Seisonidea：ウミヒルガタワムシ

ヒルガタワムシ綱 Bdelloidea：ヒルガタワムシ

単生殖巣綱 Monogononta：フクロワムシ，シオミズツボワムシ

輪形動物はワムシと呼ばれ，有用魚介類の種苗生産に際し，初期餌料として重用される種を含むため，漁業的には重要な分類群である．体腔が中胚葉由来の真体腔ではなく，偽体腔であることで，線形動物などとともに偽体腔動物としてまとめられることもある．

輪形動物は主に陸水域に生息し，海産種は僅かである．

10・1 　体の構造と機能

輪形動物はほとんどが顕微鏡的な大きさで，1mm を超えることは稀である．一部固着性種や寄生種を含むが，ほとんどは自由生活性である．

特殊なものを除いて，体は頭部，胴部および足部の 3 部に区分され，頭部には繊毛冠（corona）を具える（図 10・1A）．この繊毛冠の繊毛の動きにより移動や摂食を行う．

多くの場合，体の全部または一部の体表は薄い被甲（lorica）によって包まれる（図 10・1A）．

消化系は繊毛冠腹側の口に始まり，食道，胃，腸と続き，胴部後端背側の総排出腔に開く肛門で終わる．咽頭部は咀嚼嚢（mastax）となり，内部に咀嚼器（trophi）を有する．咀嚼器は種によって特有の形状を示し，重要な分類形質となる．

排出系に関わる器官は原腎管で，老廃物は原腎管を経て総排出腔に排出される．

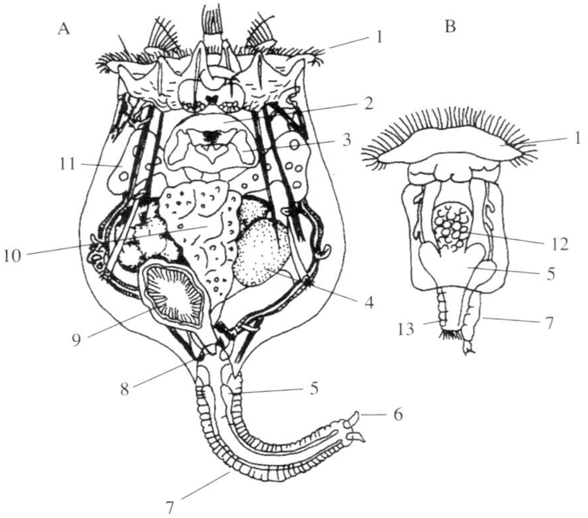

10·2 分類および主な種

図10·1 シオミズツボワムシの体の構造（椎野，1969）.
（A）雌，（B）雄　1：繊毛冠　2：咀嚼嚢　3：咀嚼器　4：卵
5：セメント腺　6：爪　7：足部　8：肛門　9：腸　10：胃
11：消化腺　12：精巣　13：陰茎

神経系は単純で，脳神経節とそれから派出して諸器官に至る神経とからなる．触覚器，視覚器，化学受容器などの感覚器を具える．

生殖系も単純で，やはり総排出腔に開く．大部分は雌雄異体であるが，単為生殖が広くみられる．

足部は可動で，遊泳時の舵となったり，時には跳躍器官ともなる．足部内にはセメント腺（cement gland）があり，足部末端にある開口部を経て粘液を分泌して一時的に他物に付着することができる．

10·2　分類および主な種

輪形動物は次の3綱に分類する体系が広く受け入れられてきたが，最近鉤頭動物門（Acanthocephala）などの他の動物門をも含める新しい高位分類体系が提起されており，本動物門の分類学的な位置づけは大幅に変更される可能性がある．現生種は約1,800種が知られる．

1. ウミヒルガタワムシ綱（Seisonidea）
体は大型で延長し，繊毛冠は退化的である．単為生殖はみられず，すべて両性生殖を行う．これまで僅か2種しか知られていない小さな分類群である．いずれも海産で，コノハエビなどの一部の甲殻類に外部寄生する．上記の形態学

104

的および生態学的特徴が他の輪形動物とはかなり異なることから，本綱の輪形
動物門への帰属に関しては異論もある．

2．ヒルガタワムシ綱（Bdelloidea）

体は円筒形．繊毛冠はよく発達し，通常2葉に分かれる．遊泳性の種のみな
らず匍匐性の種も含む．主に懸濁物食者である．雄の存在は不明で，単為生殖
による増殖のみが知られている．雌は1対の卵巣を有する．

3．単生殖巣綱（Monogononta）

遊泳性および固着性の種を含む．捕食性または懸濁物食性で，咀嚼器がよく
発達する．雌は単一の卵巣を有する．小型で退化的な雄が存在し，両性生殖お
よび単為生殖の両型の生殖様式を示す．

シオミズツボワムシ類（*Brachionus*）：シオミズツボワムシはこれまでほぼ
全世界に分布するとされてきたが，最近複数の種を含んでいるとする見解が大
勢になりつつある．我が国でも，最も大型のL型，中間型のS型および最も小
型のSS型の3型が確認されており，いずれも種または亜種のレベルで分類さ
れるべきものであるとされる（図10・2）．

雌雄異体で，雌は大型で器官系がよく発達するのに対し，雄は小型で，生殖
系を除く他の内部諸器官は退化的で，体の大部分は精巣によって占められる

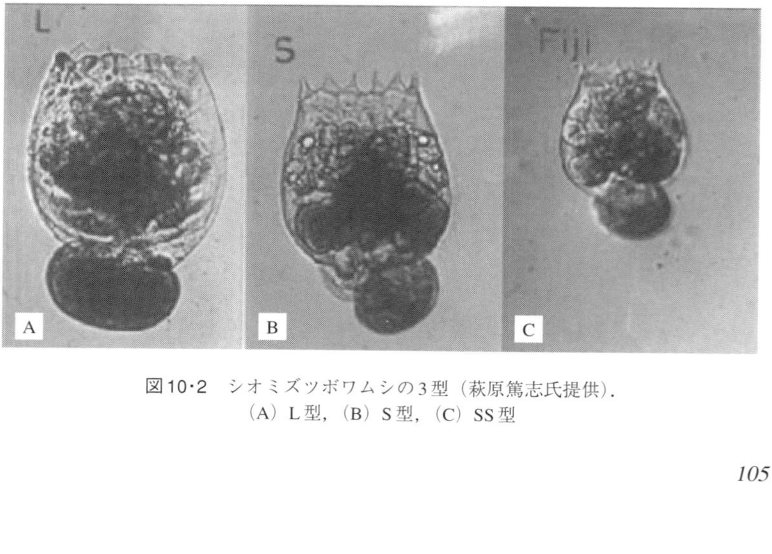

図10・2 シオミズツボワムシの3型（萩原篤志氏提供）．
（A）L型，（B）S型，（C）SS型

（図10・1B）.

　本種は陸水域から汽水域にかけて生息するが，塩分耐性範囲はきわめて広く，海水中でも生活できる．生息水温範囲も広いが，水温に対する適応性は上記3型でやや異なる．L型は比較的低水温でも増殖することができる広水温適応型であるのに対し，S型およびSS型は20〜30℃でよく増殖する高水温適応型である．ワムシ類の場合，種によっては水温をはじめ餌生物の質や生息密度などの環境条件によって容易に形態変異を生じることが知られており，体の大きさは水温と逆の相関を示し，水温が最も高くなる7〜8月にかけて最小となり，冬季に最大となる傾向を示す．

　生活環はきわめて短く，卵はほぼ1日前後で孵化し，その後数日で成熟して産卵を始めるが，短い飼育例ではほぼ半日で孵化し，その後1日で成熟するという．成熟後はきわめて短い周期で単為生殖を繰り返して急激に個体数を増やすが，特定の条件下で両性生殖雌虫（mictic female）と呼ばれる特殊な雌が出現し，それが配偶子形成過程で減数分裂を行って核相nの卵を生産する（図10・3）．この両性生殖雌虫が雄と交接することなく産出した卵は孵化して核相nの雄となる．一方，雄と交接して体内に精子を受け入れた両性生殖雌虫は核相2nの受精卵を産出し，これが耐久卵（dormant egg）となってしばらく休眠する．その後，光刺激が引き金となって休眠を終え，孵化して幹母虫（stem mother）と呼ばれる第1世代の単為生殖雌虫となり，再び単為生殖世代を繰り返す（図10・3）．

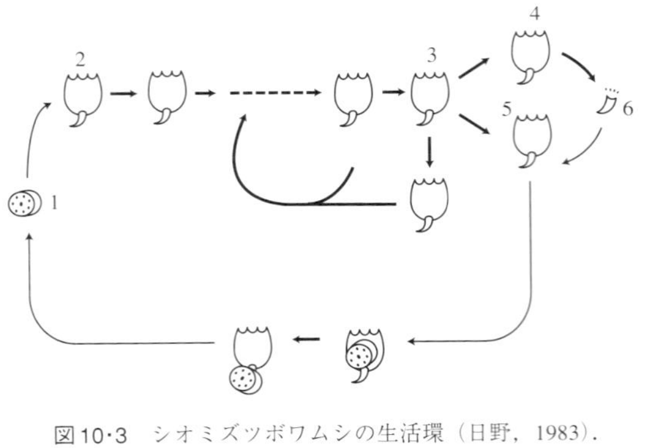

　両性生殖雌虫の出現には，それぞれの幹母虫に由来する各株が有する固有の生理的特性と外部環境条件の両方が関わっていると考えられている．そして，環境条件としては，生息密度，水温，塩分，餌料条件など

図10・3　シオミズツボワムシの生活環（日野，1983）.
1：耐久卵（受精卵）　2：幹母虫（第1世代）　3：両性生殖雌虫を生じる雌虫　4：雄を産出する両性生殖雌虫　5：耐久卵を産出する両性生殖雌虫　6：雄

10. 輪形動物

が重要な要因であるとされている.

シオミズツボワムシの海水馴致と真（正）眼点藻の植物プランクトンの*Nannocloropsis oculata*を餌料とした海水中での大量培養技術の開発は,

表10・1　10mmマダイの飼育尾数とワムシの日間必要量の計算値（藤田，1983）

	伯方島事業所		広島水試	
	尾数	ワムシ必要量*	尾数	ワムシ必要量*
1965	1,500	0.05	-	
1966	55,000	1.93	-	
1967	155,000	5.43	7,218	0.25
1968	167,000	5.85	20,159	0.71
1969	228,000	7.98	26,516	0.93

*単位：億個体

海産有用魚介類の初期餌料の不足を解消し，種苗生産の飛躍的な発展をもたらした．今日では，ほとんどすべての海産魚介類種苗の養成に際して，餌料として不可欠なものとなっている．汎用性に優れ，必要に応じて大量に入手が可能なことなどが，本種が初期餌料として普及した大きな理由である．また，用いる株や同じ株でも飼育条件などによって，広範囲のサイズのワムシの培養が可能なことも初期餌料としての汎用性を高めている．しかし，魚介類種苗のワムシ摂取量はきわめて多く（表10・1），初期餌料としてのワムシの需要量は莫大で，この需要に応えるために，日々培養技術の改善が加えられてきた．このような大量のワムシの培養を支えるためには，それを上回る大量の餌料の培養が必要であり，ドコサヘキサエン酸（DHA）やエイコサペンタエン酸（EPA）などの不飽和脂肪酸を添加して栄養強化したパン酵母やクロレラなども餌料として投与されてきたが，種苗生産現場でのワムシ培養の負担を軽減するために，最近の物流システムの発達とともに，公的機関を中心にワムシ培養は一部拠点化され，必要に応じて拠点から種苗生産の現場にワムシを供給するシステムが確立されつつあり，より効率的な種苗生産が可能となっている．

参考文献

福所邦彦・平山和次（編）：初期餌料生物―シオミズツボワムシ．恒星社厚生閣，1989，240pp.

萩原篤志：海産魚の初期餌料―餌料生物ワムシの生物機能と種苗生産への応用．水産増殖，**50**，473-478，2002.

日野明徳：シオミズツボワムシの分類，変異および生活史について．栽培技研，**10**，109-123，1981.

金子　元．吉永龍起：ワムシの爆発と崩壊の遺伝子．竹井祥郎（編），海洋生物の機能―生命は海にどう適応しているか―．東海大学出版会，2005，277-296.

日本水産学会（編）：シオミズツボワムシ―生物学と大量培養．水産学シリーズ44，恒星社厚生閣，
　　1983，161pp.

日本栽培漁業協会（編）：海産ワムシ類の培養ガイドブック．栽培漁業技術シリーズ6，日本栽培漁業
　　協会，2000，137pp.

Nogrady, T.（ed.）: Rotifera. Vol. 1. Biology, Ecology and Sistematics. Guides to the Identification
　　of the Microinvertebrates of the Continental Waters of the World. Ser. 4. SPB Academic
　　Publishing, 1993, 142pp.

鈴木重則・大野　淳：シオミズツボワムシ培養個体群の動態．水産増殖，**44**，45-52，1996.

鈴木　實：輪虫類．内田　亨（監），動物系統分類学4．中山書店，1962，9 -74.

鈴木　實：輪虫類（車輪虫類）．山田真弓（編），動物系統分類学追補版．中山書店，2000，130-136.

11	## 軟体動物（Mollusca）

尾腔綱 Caudofoveata：ケハダウミヒモ

溝腹綱 Solenogastres：カセミミズ

単板綱 Monoplacophora：ネオピリナ類

多板綱 Polyplacophora：ヒザラガイ類

腹足綱 Gastropoda：アワビ類，サザエ，バイ類，ウミウシ類

二枚貝綱 Bivalvia：ホタテガイ，マガキ，ハマグリ，アサリ

掘足綱 Scaphopoda：ツノガイ類

頭足綱 Cephalopoda：コウイカ，スルメイカ，マダコ

　軟体動物は種分化の著しい動物門の1つである．現生種だけでも 100,000 種前後が知られ，水圏のみならず陸圏へも生活域を広げている．体は左右相称で柔軟．体節はなく，背面から膜状の外套（外套膜；mantle）によって包まれ，また頭足類などの一部を除いて外套から分泌された石灰質の貝殻（shell）を有する．大きく 8 綱に分類されるが，ここでは，水産学的にとくに重要な腹足綱，二枚貝綱および頭足綱の 3 綱に限って取り上げる．

<h2 align="center">11・1　腹足綱</h2>

　腹足綱（Gastropoda）は巻貝を主体に現生種約 70,000 種余りを含み，軟体動物の中では最大の綱で，海域や陸水域はもとより陸域にも生息域を広げている．

1．構造と機能
（1）一般形態
　外套に包まれた内臓塊（visceral mass）は石灰質のらせん状の貝殻によって保護される．しかし，後鰓類では貝殻は退化的で，外套中に埋在するか時には

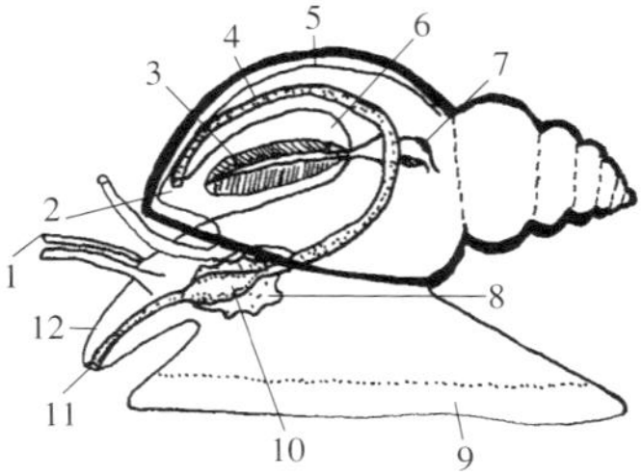

11・1　腹足綱

図11・1　腹足類の体制図（Brusca and Brusca，2003）．
1：触手　2：肛門　3：鰓　4：腸　5：外套　6：外套腔　7：心臓　8：中腸腺　9：足　10：胃　11：口　12：頭部

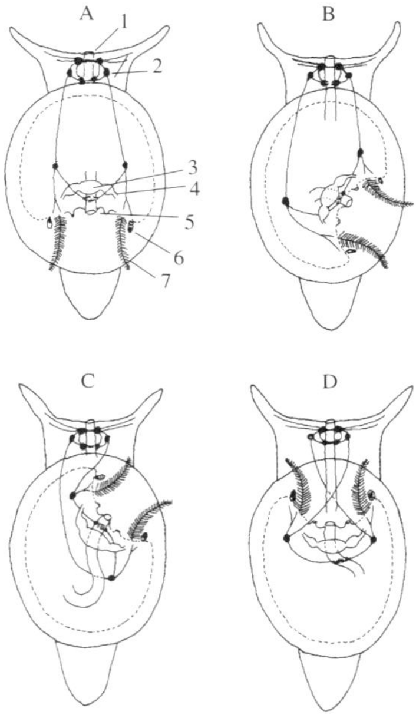

図11・2　腹足類のねじれ過程の推定図（Hyman，1967）．
（A）ねじれ構造を生じる前，（B，C）ねじれ過程の各段階，（D）ねじれ過程の完了後
1：口　2：周腸管神経環　3：心室　4：心耳　5：肛門　6：嗅検器　7：鰓

まったく消失している．

　外套は内臓塊を背方から覆うが，一部，頭部の後方に外套が内臓塊から分離して腔所を形成している（図11・1）．この腔所は外套腔（pallial cavity；mantle cavity）と呼ばれ，集餌，摂食，呼吸，排出および生殖などの諸活動にきわめて重要な部位となっている．

　祖先種では，外套腔は後部にあって，前方には頭部があり，肛門，鰓をはじめとする他の外套器官（pallial organ）は後方に開く外套腔に位置していたと想定されているが，進化の過程で後方に位置していた諸器官は前部に移動し，少なくとも現生の巻貝類のほとんどの種では，主要な構造はすべて前部に集中する．外套器官の前方への移動は，体の前後軸に対して外套腔が180°ねじれることにより実現したもので，鰓や肛門の移動とともに，神経系の交叉構造（chiastoneury）をももたらした（図11・2）．現生種でもその発生過程に多かれ少なかれねじれ現象（torsion）の名残をとどめている．

　貝殻の形状は多様であるが，いずれも多少ともらせん状に巻くのが普通である．この貝殻のらせん巻きは，軸柱（columella）と呼ばれる殻軸の周囲に形成されるが，貝殻内部の容積を確保しつつ，できるだけコンパクト化するための適応現象と考えられる（図11・3）．また，

軸柱は体軸の鉛直方向に対して左右のどちらかに傾いているのが普通で，その場合，体を逆の方に寄せて左右の均衡を保っているため，もともと左右対称に広がっていた外套腔の片側（右巻きの貝では右側）が退縮し，鰓や腎臓などの対をなしていた内臓諸器官のうち殻軸側が退化または消失してしまっている場合が多い．このように，左右不相称となるのはらせん型の殻に納まっている内臓部のみで，頭部と足部は左右相称形をとどめている．

　貝殻は結晶構造を異にする2つの石灰質の層とその表面を覆う膜状の殻皮層（periostracum）からなる．石灰質の内層は原始的な種では真珠光沢を有して真珠層（nacreous layer）と呼ばれる．貝殻形成機構は二枚貝類において詳しいので，次節で詳述する．

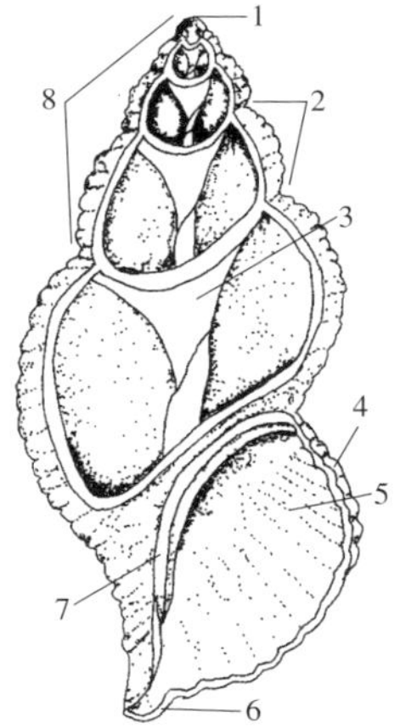

　巻貝類の各種では，頭部を殻内に納めた時に石灰質ないしは角質の蓋（operculum）によって殻口（aperture）を閉じることができるが，この蓋は内臓塊を背負うように発達する筋肉質の足部の後方上面の腺からの分泌物によって形成されたものである．

（2）摂食器官および消化系

　腹足類は懸濁物食，堆積物食，植食および肉食など多様な摂食型を示すほか，少数の寄生種もいるが，摂食器官および消化系の基本構造にはそれほど大きな差はない．

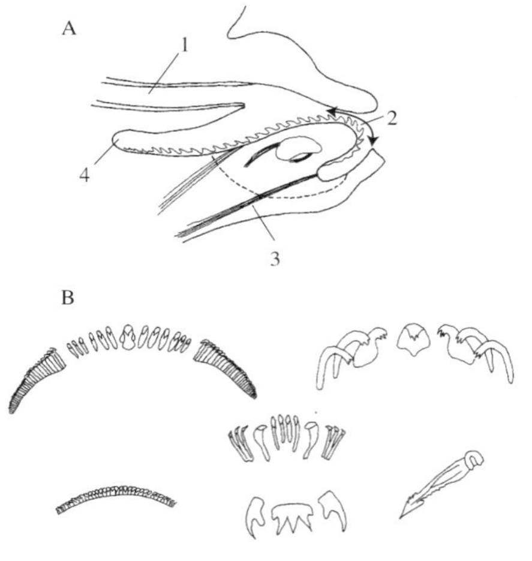

図11・3　腹足類の貝殻内部の断面（Pechenik, 1985）．
1：殻頂　2：螺層　3：殻軸
4：外唇　5：殻口　6：水管溝
7：内唇　8：螺塔

図11・4　歯舌の構造（Russell-Hunter, 1979）．
（A）腹足類口部の縦断面，（B）歯舌上の歯のいろいろ
1：食道　2：歯舌　3：筋肉　4：歯舌嚢

11・1　腹足綱

口腔には軟体動物に特有の採食器官である歯舌（radula）が存在する．歯舌は多数のキチン質の小歯が列をなして並んだリボンで（図11・4），採食時にはこれを前後に動かし，食物を削り取ったり，囓りとって口内に取り込む．小歯は採食を続ける過程で摩耗または損傷するため，咽頭の奥にある歯舌嚢（radula sac）で絶えず新しい歯が形成され，補充される．形成された新しい小歯は次第に前方に移動し，先端の採食部で機能した後，やがて遺棄される．小歯の形状は種によって多様で，有効な分類形質となる（図11・4B）．肉食性の種の歯舌は小歯の数が少なく，歯の先端が鋭く尖っていたり，銛のような構造をしている．このような小歯にはしばしば毒液を伴う．また，貝殻穿孔性の種では，足部下面前方または吻端にある特殊な腺から分泌される液によって貝殻の構造を脆くし，歯舌による穿孔を容易にする．

　口腔にはまた唾液腺（salivary gland）が開口し，粘液を口腔内に分泌する（図11・5）．口内に取り込んだ食物片はこの粘液とともに食道から胃へと運ばれるが，これが糸状に長く連なることから，食物糸（food string）と呼ばれる．植食性の多くの種では，食道に嗉嚢（crop）ないし砂嚢（gizzard）が発達し，消化酵素の分泌に関わる食道腺（eso-phageal gland）が付随する．

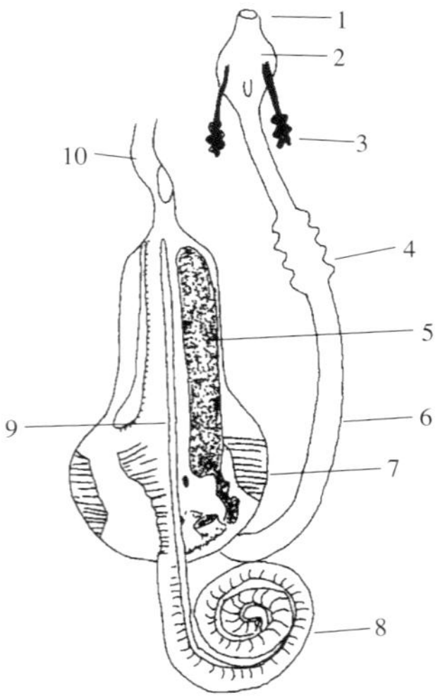

　胃は大きく，後方へ延長する（図11・5）．この延長部の内壁にある繊毛の動きによって食物糸を胃内に引き込み，回転させながらほぐす．同時に胃壁から酸を分泌して粘液を溶かし，食物片を分離する．分離した食物片を胃壁面に存在する繊毛の働きによってふるい分け，胃の側部に開口する中腸腺（midgut gland）または消化腺（digestive gland）と呼ばれる器官に送り込む．食物片の一部は胃や中腸腺の内腔で細胞外消化されるが，大部分

図11・5　腹足類の消化系
（Barth and Broshears, 1982）．
1：口　2：口球　3：唾液腺　4：食道腺
5：食物糸　6：食道　7：胃楯　8：中腸
腺　9：腸内縦隆起　10：腸

は腺壁の上皮細胞に取り込まれて細胞内消化され，栄養分が吸収される．中腸腺に取り込めない大きな食物片は胃の前部に戻され，その前壁の胃楯（gastric shield）と呼ばれる硬くなった部分で物理的に砕かれ，再び後方の延長部に送られる．不消化物は腸内縦隆起（typhlosole）と呼ばれる有繊毛の溝に入り，繊毛の動きによって腸に送られ，糞として排出される．高等な腹足類では，しばしば胃は単純な嚢状となり，中腸腺から分泌される消化酵素により完全な細胞外消化を行う．

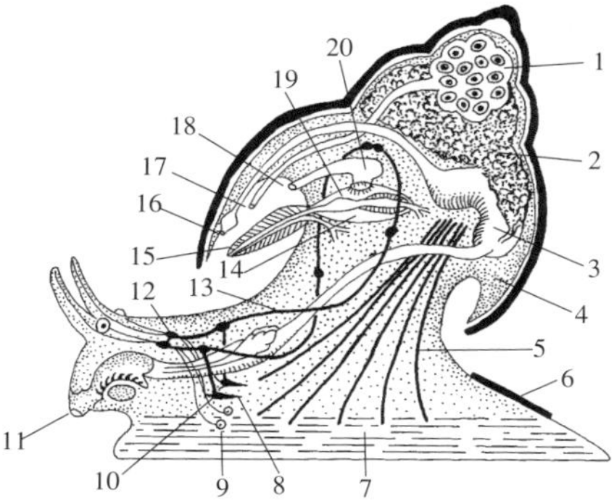

図11·6 腹足類の内臓（Pearse *et al.*, 1987）．
1：生殖腺　2：中腸腺　3：胃　4：外套　5：牽引筋　6：蓋　7：足　8：足部神経索　9：平衡胞　10：足部神経節　11：口　12：脳神経節　13：側部内臓神経索　14：囲心腔　15：鰓　16：肛門　17：生殖孔　18：排出孔　19：心臓　20：排出器官

（3）呼吸および循環系

呼吸は基本的には鰓によって行われる．鰓は櫛のような形をしているので櫛鰓（ctenidium）と呼ばれ，扁平な鰓軸とそれから派出した無数の糸状の鰓糸によって形成された鰓板（鰓葉）とからなる（図11·6）．呼吸水は鰓板表面の繊毛の動きにより鰓板上を流れ，その過程でガス交換が行われる．

鰓や肛門が体前部に位置する各種では，排出物やガス交換済みの水を再び外套腔内に取り込まないような巧妙な仕組みがみられる．つまり，貝殻開口部に切れ込みを形成し，汚れた水をできるだけ頭部および口部から遠ざけて排出したり，鰓板上の繊毛の動きによって水を一定方向に循環させる（図11·7）．アワビ類にみられる貝殻背面の呼水孔もその一例である．また，ニシ類のように貝殻の前端から長く伸びる水管溝を有するものでは，それに納まる形で外套の一部が管状の水管（siphon）として前方に伸び，体のかなり前方から取水することができる．

循環系は開放循環系で，心臓を出た血液は動脈を経て血体腔（血洞）を流れた後，静脈から鰓に達し，ガス交換を行って再び心臓に戻る．心臓は背方の囲心腔内にあり，心耳（auricle）および心室（ventricle）に分かれる．

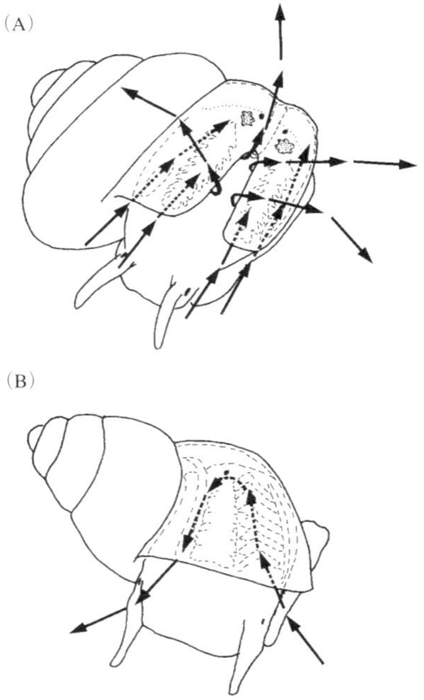

図 11・7 腹足類の外套腔内の水の流れ（矢印）
（Barth and Broshears, 1982）.
(A) 殻縁に切れ込みがある場合, (B) 切れ込みがない場合

呼吸色素はヘモシアニンである.

（4）排出系

体各部で生じた老廃物は囲心腔に集められる. 老廃物を含んだ囲心腔液は囲心腔に開く腎口から排出系に取り込まれ, 長いコイル状の細尿管（renal tubule）を経て肛門近くに位置する排出孔（腎門）から外套腔へ排出される（図11・6）.

（5）神経系および感覚器官

腹足類ではある程度神経節の集中化が進み, 神経節を有する囲腸管神経環（circumentic nerve ring）と側部内臓系および足部系の2つの神経索系とからなる（図11・6）. 側部内臓神経索はねじれ現象により8の字状に交差している. このほか, 顕著な皮下神経網（nerve plexus）も存在する.

主な感覚器官としては, 触角, 眼, 平衡胞, 嗅検器（osphradium）などがある. 頭部触角は触感覚器官で, 化学受容器をも含む. これとは別に外套縁辺に多数の触手を有するものもいる. 眼は触角の基部に位置するが, その機能は光の強度を感じる程度とされる. 平衡胞は足部の左右の足神経節（pedal ganglion）付近にそれぞれ位置する. 嗅検器は巻貝の各種にみられる化学受容器で, 鰓の基底部に位置し, 水質の識別や索餌に関わる.

外套腔には腹足類特有の鰓下腺（hypobranchial gland）として知られる粘液分泌腺があるが, 後鰓類では紫汁腺（purple gland）などとなり, 外敵に対して忌避物質を分泌する.

（6）筋肉および運動

一般に足部の筋肉が著しく発達する. 移動は足部下面の波動運動による匍匐

11．軟体動物

＜コラム6　　バイオミネラリゼーション＞

　鉱物は地質学的な極めて長い時間をかけて作られる．しかし，生物は限られた一世代の寿命の中で鉱物を作り出すことができる．骨や歯はもちろん，人の体内にできる結石などもその一例である．生物が作り出すこのような鉱物をバイオミネラル（生体鉱物）と呼び，その合成反応をバイオミネラリゼーション（生体鉱物形成反応）という．実は地球上に存在する石灰岩はほとんどすべてがバイオミネラリゼーションにより形成されたものであり，この過程で固定された二酸化炭素がもし気化したと想定すると，地球の大気は97％が二酸化炭素になるという．光合成とともにバイオミネラリゼーションは地球の生命にとって必須のものであり，地球規模で大気組成に影響を及ぼし得る現象であるが，そのメカニズムについては不明な点が多い．

海洋無脊椎動物のバイオミネラルとしては貝類と甲殻類の殻が代表的なものであるが，そのほかにも造礁サンゴ，多毛類（棲管），棘皮動物（ウニの棘，ヒトデやナマコの骨片）などにも見られる．これらは主に炭酸カルシウム（因みにヒトの骨や歯はリン酸カルシウム）からなる．一部の海綿の骨片などは珪酸化合物からなっており（別項参照），ヒザラガイの歯舌のように主に磁鉄鉱のような金属からなるものもある．

　このように，海洋生物には様々なバイオミネラルが存在するが，これらのうち合成機構について最もよく調べられているのは炭酸カルシウムからなるバイオミネラルである．炭酸カルシウムは鉱物としては，無定形（アモルファス），バテライト（六方晶形，自然界にはほとんど存在しない），アラゴナイト（斜方晶形，自然界ではあられ石として存在），カルサイト（三方晶形，自然界では方解石として存在）の4種の形態をとり得る．このうちカルサイトは鉱物として最も安定した構造であり，例えば強度が要求される二枚貝の貝殻の外側はカルサイト結晶からできている．一方，貝殻の内側はアラゴナイトからできており，真珠の光沢ある表面を覆うのはアコヤガイのアラゴナイト結晶体である．また，脱皮により頻繁に殻の合成・分解を繰り返す節足動物では，殻は構造的に最も不安定なアモルファスを多く含む．

　炭酸カルシウムがこのように決まった結晶構造をとるためには，過飽和のカルシウムイオンと炭酸イオンが反応して結晶化する時に，それぞれの結晶へと導くための特有な核となる物質が必要である．最近，軟体動物，節足動物，刺胞動物などからいくつかの核になると予想されるタンパク質が同定されている．興味深いことに，これらのタンパク質には動物間で相同性が見られない．つまり，バイオミネラリゼーション機構は5億年以上前のカンブリア紀において，個々の祖先動物が独立に獲得したようである．カンブリア期は様々な大型肉食の無脊椎動物が出現した弱肉強食の時代であった考えられており，海水から取り込んだカルシウムイオンを排泄せず，外骨格として貯蔵するメカニズムを獲得した軟体動物，節足動物，刺胞動物などはこの時代を生き延びることに成功したものと思われる．（豊原治彦）

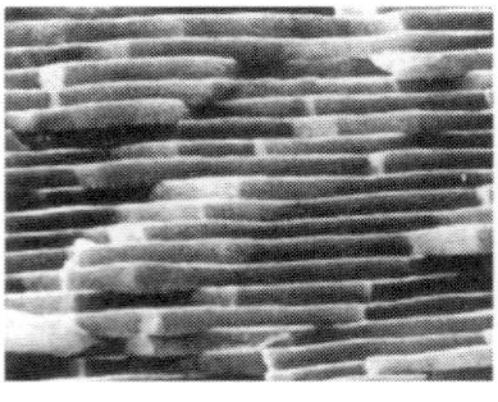

図．二枚貝中に見られる炭酸カルシウムの結晶．左がアラゴナイト結晶，右がカルサイト結晶．（渡部哲光：バイオミネラリゼーション－生物が鉱物を作ることの不思議．東海大学出版会，1997．）

が基本であるが，一部の種では足の両側が変じた遊泳器官を用いて遊泳することができる．

2．生殖および発生

　多くの種は雌雄異体であるが，後鰓類や陸生の有肺類のほとんどは雌雄同体である．

　原始的なものでは生殖腺は単純で，体外受精を行うが，より高等になると，生殖腺に精子の貯蔵器官などの付属器官を具え，交接による体内受精を行う種も多い．雄の交接器（penis）は頭部右後方の体壁から派出したものである．

　生殖腺は短い生殖輸管を経て腎管と連なる．

　受精卵はゼラチンリボンやゼラチン塊に包まれるか，時には強固な卵殻に入れて産出され，基質に付着する．孵化直後の幼生はトロコフォア幼生と呼ばれ，コマ型をしている（図11・8A）．その後，ベリジャー（veliger）幼生になるが，この時期になって孵化する種も多い．ベリジャー幼生は背面に面盤（velum）と呼ばれる2葉の扁平で葉状の浮遊器官を有するが，これは，貝殻を有するため浮力の小さな貝類幼生の一種の浮遊適応と考えられる（図11・8B，C）．面盤の表面には繊毛が密生し，この動きによって幼生は移動するが，このような繊毛の動きは，餌となる微小プランクトンを集めるのにも役立つ．貝殻はトロコフォア期の後期に出現するが，成体の形らしくなるのはベリジャー期になってからである．ねじれ現象はベリジャー期にみられる．着

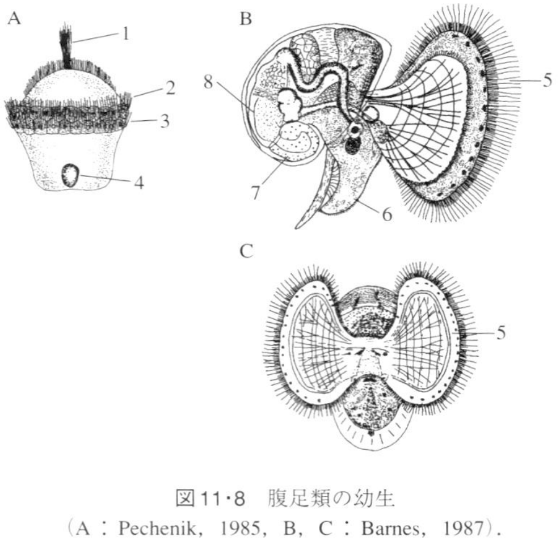

図11・8　腹足類の幼生
（A：Pechenik，1985，B，C：Barnes，1987）．
（A）始腹足亜綱の一種のトロコフォア幼生，（B）直腹足亜綱の一種のベリジャー幼生の側面，（C）同じく前面
1：頂繊毛　2：口前繊毛環　3：口後繊毛環　4：原口
5：面盤　6：足　7：中腸腺　8：胃

11. 軟体動物

底に先立って面盤は消失する．

3. 分類および主な種

腹足綱は大きく前鰓亜綱（Prosobranchia），後鰓亜綱（Opisthobranchia）および有肺亜綱（Pulmonata）の3亜綱に分ける体系が広く受け入れられてきたが，最近，分岐学的手法に基づいて，前鰓亜綱のカサガイ類などのごく一部の分類群のみを含む始腹足亜綱とこれ以外のすべての腹足類を含む直腹足亜綱の2亜綱に分ける体系が提唱されており（表11・1），本書でもこの体系に従って述べる．

表11・1 腹足綱の新しい下位分類体系（上島，2000）．

始腹足亜綱 （Eogastropoda）	
笠型腹足上目（Patellogastropoda）	カサガイ類
直腹足亜綱（Orthogastropoda）	
ワタゾコシロガサ上目（Cocculiniformia）	ワタゾコシロガサ類
古腹足上目（Vetigastropoda）	オキナエビス類，アワビ類
アマオブネ上目（Neritaemorphi）	アマオブネ類
新生腹足上目（Caenogastropoda）	
原始紐舌目（Architaenioglossa）	タニシ類
吸腔目（Sorbeoconcha）	旧体系の中腹足類の多く，新腹足目など
異鰓上目（Heterobranchia）	
後鰓目（Opisthobranchia）	狭義の後鰓類
有肺目（Pulmonata）	旧体系の有肺亜綱
異旋類（Heterostropha）	旧前鰓亜綱のミズシタダミ，クルマガイ類，後鰓亜綱のトウガタガイ類など

（1）始腹足亜綱（Eogastropoda）

旧体系の原始腹足目に含まれていたもののうち，カサガイ類のみが属する小さな分類群である．

（2）直腹足亜綱（Orthogastropoda）

上記カサガイ類を除くすべての腹足類を含む．形態および生態はすこぶる多様で，生息域は水圏の深海から陸上にまで広がる．大きく5上目に分けられる．水産資源として重要な巻貝はすべて本亜綱に含まれる．

（a）古腹足上目（Vetigastropoda）

アワビ類，サザエ類やオキナエビスなどの比較的原始的な巻貝が含まれる．

アワビ類（*Haliotis*）：ミミガイ科（Haliotidea）に属する岩礁性の巻貝で，

117

11・1　腹足綱

貝殻は平たく，卵円形の皿型である（図11・9）．貝殻表面に数個の呼水孔が一列に並ぶ．軟体部は足が広く，楕円形の殻軸筋で貝殻に付着する．

アワビ類は世界中で70種程度が生息しているとされているが，我が国では次の4種2亜種が漁業的に重要である．

　マダカ（*Haliotis*（*Nordotis*）*madaka*）：最も大型で，殻長約25cmに達する．呼水孔は4〜5個で，著しく突出する．アワビ類の中では最も深いところまで生息し，時には水深50mに及ぶ．

　メガイ（*H.*（*N.*）*gigantea*）：殻は円形に近く，扁平で薄い．殻長17cmぐらいまでで，肉質は柔らかく，他種に比べて市場価値は劣る．

　クロアワビ（*H.*（*N.*）*discus discus*）：殻は長楕円形で幅狭く，殻高が他種より高い．肉質はやや硬く，市場価値は高い．山口県や長崎県で多産するほか，千葉県，三重県，徳島県，福岡県などで多く漁獲される．

　エゾアワビ（*H.*（*N.*）*discus hannai*）：小型で殻長14〜18cm程度．茨城県以北の太平洋沿岸から津軽海峡を経て北海道の日本海沿岸に分布する．市場

図11・9　アワビ各種（小島博氏提供）．
A：マダカ　B：メガイ　C：クロアワビ　D：トコブシ

価値はクロアワビに次いで高い.

　トコブシ（H.（Sulculus）diversicolor aquatilis）およびフクトコブシ（H.（S.）diversicolor diversicolor）：トコブシ類は呼水孔が7個前後とアワビ亜属（Nordotis）に比べて多く，またアワビ類のように管状に盛り上がらない．小型で殻長11cmぐらいである．分布範囲は暖流域に限られ，2種の中ではフクトコブシの方が高水温域に多い.

　以上の各種（亜種）のうち，寒流域に分布するエゾアワビ以外はすべては暖海性である.

　アワビ類は雌雄異体で，2～5年で成熟し，寿命は10～20年といわれる．産卵期は夏から秋で，卵は体外受精で発生を始め，半日余りで孵化して数日間浮遊幼生の期間を送った後，潮間帯から水深10mぐらいまでの潮通しのよい岩礁域に着底する.

　浮遊期は摂食せず，着底した後，バクテリアや付着珪藻の粘液を摂食すると考えられ，以後，殻長70mm前後までの未成熟個体は褐藻類や紅藻類などの流れ藻やその表面に付着する珪藻および紅藻や，コペポーダ，コケムシ類，ヒドロ虫類などの微小動物を非選択的に摂食する．成熟した大型個体は大型藻類の流れ藻を主に摂食するようになる．種により餌料海藻は異なり，北方系のエゾアワビはコンブ類，ワカメ，チガイソ，ホンダワラなどを主に食し，そのほかの南方種はワカメ，アラメ，カジメ，ホンダワラなどを食する.

　成長は地域差が大きい．また，同じ南方種でも，日本海側に比べて太平洋側の個体群の成長が良いが，その理由の1つとして，日本海側には南方系アワビ類が好むアラメ，カジメなどの餌料藻類が分布しないことが挙げられる．漁獲サイズの殻長10cm前後に達するのに生後4～5年を要すると考えられる.

　生息域は成長とともに次第に沖合に広がる．成貝の主分布域は種により異なり，また，同じ岩場で同所的に分布する場合でも，これら3種で生息場所が異なり，マダカ，メガイが岩の表面に分布する傾向を示すのに対し，クロアワビは岩の下面，亀裂，洞穴の奥のような表面から遮蔽された場所を好む．アワビがとくに集中する場所を「あなば」とか「なしろ」などと呼ぶ.

　行動は夜行性で，夜間に活発に移動するが，移動距離は大きくなく，放流後数年を経ても，放流位置から80～100m以内に棲みついているという調査例

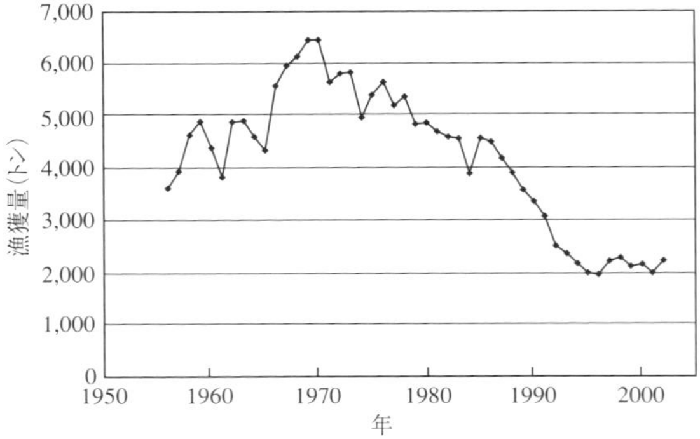

11・1　腹足綱

図11・10　我が国のアワビ類漁獲量の推移
（農林水産省，2005より作成）

もある．

　このように，移動性に乏しいアワビ類は放流効果が見込めることから，種苗生産技術の向上とともに，日本全国で大量の種苗が放流され続けており，最近では放流量は年間3,000万個体にも及ぶという．しかし，このような大量の放流にもかかわらず，全体としては漁獲量はこのところ減少傾向が続いており（図11・10），一時ウイルス性疾患の蔓延などが理由と考えられたが，その根拠については明らかでなく，現在は乱獲などの影響が大きいとされている．

　サザエ（*Turbo*（*Batillus*）*cornutus*）：リュウテンサザエ科（Turbinidae）に属する暖海性の種で，沿岸の岩礁域に生息する．九州南部を南限とし，日本海側では北海道南西部沿岸域を，太平洋側では茨城県付近をそれぞれ北限とする．

　形態的には，貝殻の表面に多数の顕著な棘を有する有棘型と，棘を欠く無棘型の2型があり（図11・11），前者が日本海側や太平洋側の外海性の海域でみられるのに対し，後者は瀬戸内海のような内湾域で卓越する．このような2型が出現する理由について，波浪や潮流の有無などの物理的要因や環境ストレス

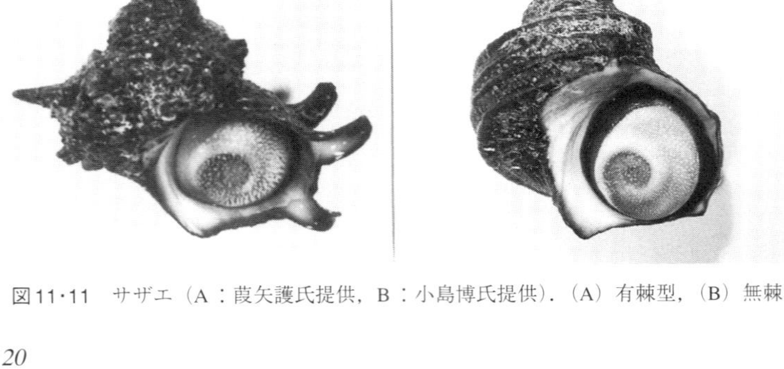

図11・11　サザエ（A：莨矢護氏提供，B：小島博氏提供）．（A）有棘型，（B）無棘型

の有無といった生理的要因が大きく影響していると考えられている.

本種は岩礁域の潮間帯から水深15mぐらいまでの所に主に生息し，2〜5m付近で最も分布密度が高い．アワビ類と同様，若齢期には浅所に分布し，成長とともに深所に移動する傾向がみられる.

食性は典型的な藻類食性で，大型の褐藻や紅藻を主に摂食するが，とりわけテングサに対して強い選択性を示す．藻類のほかにヒドロ虫や小型甲殻類などの小型動物を摂食していることも多い.

サザエは約3年で殻高5cm以上になって成熟する．5月下旬〜8月にかけて生殖腺が発達し，産卵期は夏季の水温23〜24℃を超える頃とされている．体外受精を行い，卵は分離沈性卵である．受精後9〜10時間でトロコフォア幼生として孵化し，1日余り浮遊した後，幼殻を完成させて沈下する.

水深，水温，餌料環境などにより成長にかなり差がみられる．深いところよりは浅所で，低水温よりは高水温で，また，石灰藻群落よりは緑藻，褐藻群落でそれぞれ成長が良い．さらに，日本海側よりは太平洋側の方で一般に成長が良いとされる.

本種の漁獲量はかつては年間1万トンを超えていたが，最近は1万トンを切り，9,000トン前後で推移している．主な生産地は島根，愛媛，石川，千葉，長崎，山口，新潟，三重などで，とくに前記三県ではいずれも年間500トン以上が漁獲されている．アワビ類に比べてまだ天然産に依存する部分も大きいが，最近，種苗生産も盛んになり，日本全国で毎年400万個を超える種苗が放流されている.

（b）新生腹足上目（Caenogastropoda）

旧体系の前鰓亜綱の中腹足目，新腹足目に含まれていたほとんどの種を含む．原始紐舌目（Architaenioglossa）および吸腔目（Sorbeoconcha）の2目に分けられる.

タニシ類：原始紐舌目，タニシ科（Viviparidae）に属するマルタニシ（*Cipangopaludina chinensis laeta*），オオタニシ（*C. japonica*），ナガタニシ（*Heterogen longispira*）およびヒメタニシ（*Sinotaia quadrata histrica*）を総称してタニシ類と呼ばれている.

水田，河川や湖沼などに生息し，陸水貝の中では大型である．貝殻は滑らか

121

で丸味を帯び，多少ともずんぐりした形を示す．雑食性で，とくに微小藻類や
デトリタスが主な餌料となっている．雌雄異体で，雄の触角を介して交接を行
い，胎生である．かつては食用として重用された．

　なお，最近，生育初期の稲を食害する有害巻貝として問題となっているジャ
ンボタニシはスクミリンゴガイ（*Pomacea canaliculata*）の俗称で，タニシ類
とは近縁であるが，別の科（リンゴガイ科：Ampullariidae）に属する．

　カワニナ（*Semisulcospira libertina*）：吸腔目，カワニナ科（Pleuroceridae）
に属する．北海道南部から沖縄にかけて広く分布する陸水性の巻貝で，河川や
水路などの流れのある清浄な水域の砂礫底に生息する．貝殻は細長い角形をし
ており，色調は黒味を帯びた褐色を主とするが，変異に富む．腐植過程にある
落葉や，付着珪藻，デトリタスなどを餌料としている．卵胎生で幼生は直達発
生を行う．

　食用になることもあるが，むしろ陸水の環境指標生物として注目されている．
肺ジストマや横川吸虫などの第一中間宿主としても知られる．前者はサワガニ
を経て，後者はウグイなどの淡水魚を経てそれぞれ人間に寄生する．

　近縁種としてチリメンカワニナ（*S. reiniana*），クロダカワニナ（*S. kurodai*）
などが知られるほか，ヤマトカワニナ（*Biwamelania nipponica*）やイボカワ
ニナ（*B. multigranosa*）などの琵琶湖水系特産種をも含む．

　タカラガイ類：吸腔目，タカラガイ科（Cypraeidae）に属する種群の総称
（図11・12）．主に暖海域に分布する．殻形は螺塔が内巻きになっているため，

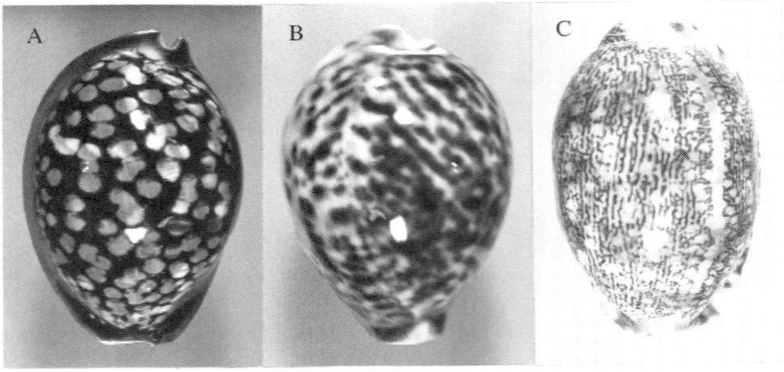

図11・12　タカラガイ各種（奥谷，1994）．
（A）ハチジョウダカラガイ，（B）ホシダカラガイ，（C）ヤクシマダカラガイ

外見では典型的な巻貝特有のらせん構造が見えない．ほぼ卵形．殻口はそれを縁取る外唇と内唇の接近により溝状となり，両唇の縁辺は鋸歯状を呈する．外套は殻表にまで広がり，生時には殻表を包んで付着生物などの付着を防ぐとともに外套表面からの色素分泌により，常に光沢のある彩色鮮やかな殻表を保っている．古来，食用としてより貨幣（貝貨）や装飾品としての価値が高い．

ツメタガイ（*Glossaulax didyma*）：吸腔目，タマガイ科（Naticidae）に属し，殻の外形は半球状で，殻口は半円形で広い．生時には足部を著しく延長し，ほとんど殻を覆う．北海道の一部を除く我が国の沿岸に広く分布する．本種を含むタマガイ科に属する種は，一般に卵塊を砂と分泌物で固めて椀状のいわゆる「砂茶碗」を作るという産卵生態を示すことで知られる．本種はどう猛な肉食者で，とくに，アサリやハマグリなどの有用な二枚貝の殻に歯舌で小さな穴を開けて食害するため，これらの資源に対する影響は深刻なようである．

最近，同じタマガイ科のサキグロタマツメタ（*Euspina fortunei*）が，日本の各所の砂浜域で頻出し，本種によるアサリなどの食害も深刻になっているが，これは中国大陸沿岸からアサリが持ち込まれて移植された際に紛れ込んで侵入してきたものである．

ホラガイ（*Charonia tritonis*）：吸腔目，フジツガイ科（Ranellidae）に属し，熱帯域を主な分布域とする暖海性の種で，我が国では紀伊半島以南に生息する．きわめて大型で，殻長40cmにも達する．堅牢な殻は巻きが明瞭で，殻口部を含む最下層は膨出する．ウニやヒトデを主とする肉食で，とくに，サンゴに被害を与えるオニヒトデの天敵として知られる．

ボウシュウボラ（*C. lampas sauliae*）も本種の近縁で，よく似た形状を示すが，殻表に多数の顕著な瘤状の結節を有することで区別される．両種とも食用となるほか，貝殻も楽器や容器として利用される．

バイ（*Babylonia japonica*）：吸腔目，エゾバイ科（Buccinidae）に属し，北海道南部から沖縄にかけての沿岸に広く分布する．卵形で，殻は厚い．小型で殻長はせいぜい数cm．腐肉食性で，普段は海底の砂泥中に潜って，水管だけを底表に出している．中に魚肉を入れたバイ篭に誘引して漁獲する．食用として重用されるが，たまに食中毒を引き起こすことがあり，注意を要する．

エゾバイ類およびエゾボラ類：いずれも同じエゾバイ科に属する大型種で，

11・1　腹足綱

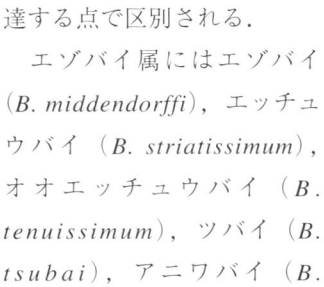

図11・13　エゾボラ類（井口亮氏提供）.
（A）ツバイ，（B）エゾボラモドキ

寒冷地に生息する．それぞれエゾバイ属（*Buccinum*），エゾボラ属（*Neptunea*）と属を異にし（図11・13），後者は前者に比べて殻が厚い点や水管を納める水管溝がやや発達する点で区別される．

エゾバイ属にはエゾバイ（*B. middendorffi*），エッチュウバイ（*B. striatissimum*），オオエッチュウバイ（*B. tenuissimum*），ツバイ（*B. tsubai*），アニワバイ（*B. aniwanum*），シライトマキバイ（*B. isaotakii*）などを含み，三陸沿岸に分布するエゾバイとシライトマキバイを除いていずれも日本海側中北部に生息する．殻形，殻表の色や形状などに基づいて分類されているが，個体変異が大きく，最近の遺伝子分析に基づく研究によれば，これまでの分類体系と異なる結果も得られており，本属の分類に関しては再検討の余地がある．

エゾボラ属には，エゾボラ（*N. polycostata*），ヒメエゾボラ（*N.*（*Barbitonia*）*arthritica*），エゾボラモドキ（*N. intersculpta*），チヂミエゾボラ（*N. constricta*）などが含まれる．いずれも本州中北部から北海道にかけて分布する．

両属に属するいくつかの種に複数の地域集団の存在が想定されているが，いずれも浮遊期を欠く直達発生型の初期生活史を有することと関係があると思われる．

エゾバイ類，エゾボラ類ともに多くの種が食用として重用されており，前者はバイ，後者はツブと俗称されているが，時にはまとめてツブと称される．いずれも腐肉食性の習性を利用してバイ篭で漁獲されるほか，底曳き網でも漁獲される．

なお，エゾボラ属の各種には唾液腺にテトラミンという毒を含んでおり，とりわけエゾボラモドキによる食中毒の例がよく知られている．

124

（c）異鰓上目（Heterobranchia）

従来の後鰓亜綱と有肺亜綱に属するすべての種を含み，加えて旧体系で前鰓亜綱に含まれていたミズシタダミ類やクルマガイ類，後鰓亜綱のうちのトウガタガイ類を所属不明の異旋類（Heterostropha）としてこの上目に含められる．トウガタガイ以外の後鰓類と有肺類はそれぞれ後鰓目（Opisthobranchia），有肺目（Pulmolata）と目レベルで分けられる．

後鰓目に含まれる種は貝殻が退化的で，外套腔も発達しない．胚発生の過程でのねじれ戻りがあり，鰓や肛門の位置は後位にとどまる．鰓は発達せず，代わりにそれぞれ特有の二次的な呼吸器官を具える．雌雄同体．ほとんど海産で，現生種1,000種余りが知られている．アメフラシ類やウミウシ類などを含む．また，寒冷海域の水中を漂うハダカメガイ（クリオネ）などを含むカメガイの仲間（ハダカメガイ科；Clionidae）も本目に属する．

有肺目に属する種は一部の潮間帯に生息する種を除いてすべて陸産．貝殻の発達の程度は多様．蓋を欠く．鰓を欠き，代わりに外套腔が胞状に発達して肺の働きをする．神経系の集中度は高い．後鰓類と同様雌雄同体である．現生種約20,000種が知られており，マイマイ類やナメクジ類を含む．

11・2　二枚貝綱

二枚貝綱（Bivalvia）は現生種約20,000種以上を含む．左右2枚に分かれた貝殻により，体はほぼ完全に包まれ，かつ，大部分は左右から押さえつけられたように極端に扁平な形状を示す．

1．構造と機能
（1）一般形態

2枚の貝殻は背端の殻頂（umbo）の直下または前後において靱帯（ligament）によって連なる．鉸板（hinge plate）と呼ばれる殻頂の下の肥厚した部分にある鉸歯（cardinal teeth）もまた左右が噛み合わさって両殻の結合を強化している（図11・14）．

外套は貝殻内面に密着しているが，ごく一部の付着部を除いて貝殻と接着す

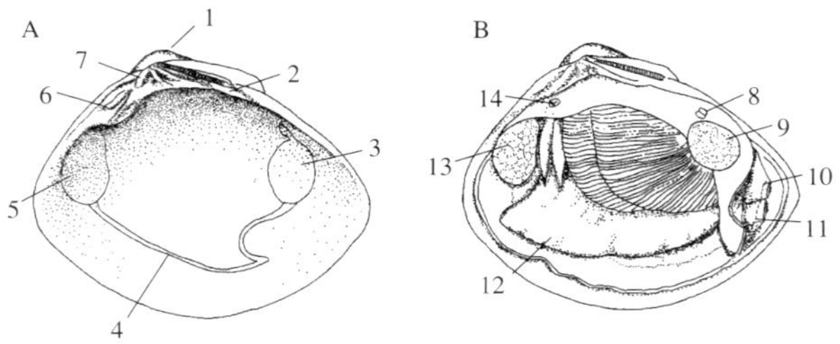

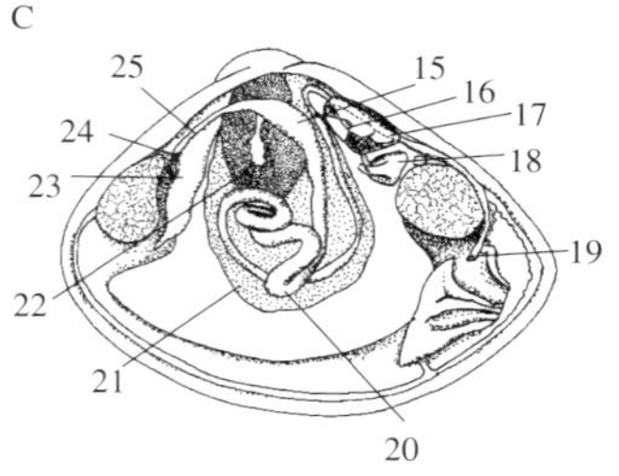

11・2　二枚貝綱

図11・14　二枚貝の体の構造（日本大学水産学会，1958）．（A）右殻内面，（B）左外套を除いた図，（C）内臓配置図
1：殻頂　2：鉸板　3：後部閉殻筋痕　4：套線　5：前部閉殻筋痕　6：前歯　7：鉸歯　8：後足部牽引筋　9：後部閉殻筋　10：出水管　11：入水管　12：足　13：前部閉殻筋　14：前足部牽引筋　15：胃　16：心耳　17：心室　18：腎管　19：肛門　20：腸　21：生殖腺　22：中腸腺　23：唇弁　24：口　25：食道

ることはない．外套の遊離端は3葉に分かれ，外葉を分泌葉（secretory lobe），中葉を感覚葉（sensory lobe），そして内葉を筋肉葉（muscular lobe）とそれぞれ呼ぶ（図11・15）．貝殻のうち殻皮層がこの外葉の下面から，そして石灰質層の外層が外葉の上面からそれぞれ分泌されるが，内層（真珠層）は外套全面から分泌される（図11・15）．貝殻の成長は断続的であり，その成長の軌跡

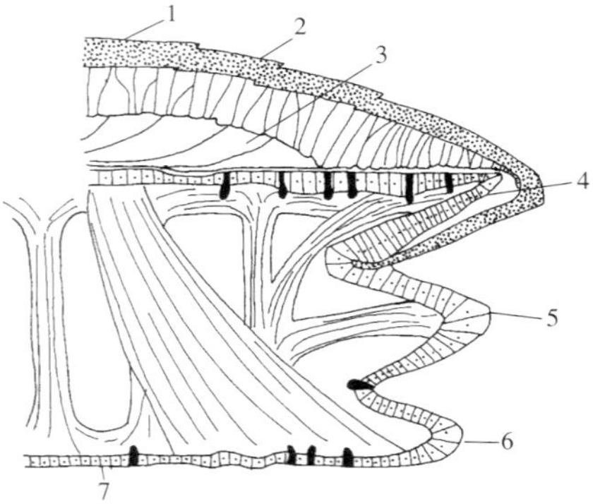

図11・15　二枚貝縁辺部横断面拡大図〔複数の出典から作成〕．
1：殻皮層　2：稜柱層　3：真珠層　4：外套外葉　5：外套中葉　6：外套内葉　7：外套上皮

は成長脈（growth line）として貝殻表面からも認められるので，しばしば年齢形質として注目される．

　外套腔は体の左右に幅広く存在する．

　高等なものでは体の後端に外套の延長部が癒合して形成された水管があり，この管を通して外套腔と外部との間で水の交換を行う．水管は普通2本あり，腹側の入水管

（inhalant siphon）から水を取り込み，背側の出水管（exhalant siphon）から排出する（図11・14）．水管の発達の程度は種により異なり，多くは伸縮により長さを変えることができるが，ナミガイなどの一部の種では，筋肉質の水管で，伸縮することはなく常に殻外に出ている．埋在性の種では，水管の伸長の範囲で埋在深度が規定されている（図11・16）．

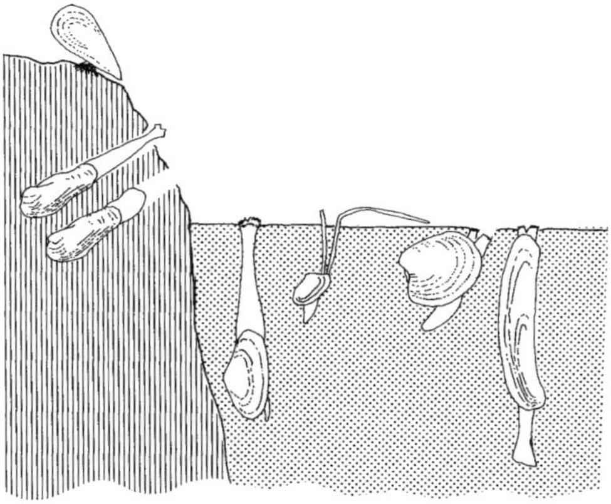

図11・16　二枚貝生息型諸型（Russel-Hunter, 1979）.

　貝殻と軟体部は外套の一部のみならず，閉殻筋をはじめとする種々の筋肉で接着する．その接着部位は貝殻内面に付着痕として残り，その形状もまた重要な分類形質となる．外套縁の付着痕をとくに套線（pallial line）と呼ぶ（図11・14A）．

（2）鰓の構造と摂食型

　二枚貝類では，鰓は左右2対，計4枚あるのが原則で，呼吸器官であるとともに，多くの場合摂食器官としても重要な役割を果たす．鰓の発達程度は種により様々であるが，外套腔のかなりの部分を占める．

　鰓は形態により3型に大別される（図11・17）．最も原始的と考えられる原鰓型（protobranchiate type）の鰓は発達の程度は悪い（図11・17A）．腹足類の櫛鰓のように呼吸器官としての機能が主である．したがって，この型の鰓を有する種では，鰓とは別に口の周辺に摂食のための1対の唇弁（labial palp）と吻唇（palp proboscides）が発達し，基本的には堆積物食者である．吻唇は伸縮自在で，これを用いて集餌を行う．表面は繊毛に覆われ，表面に付着した食物粒子は繊毛の働きによって唇弁に運ばれ，ここで粒子のふるい分けを行った後，微細有機物を口内に取り込む．

11・2　二枚貝綱

<コラム7　　なまけものの省エネ戦略>

　スーパーなどで売られているアサリやハマグリは強く貝殻を閉じているが，持ち帰って煮ると貝殻が開いてくる．これは生きている時には貝柱（閉殻筋）が二枚の貝殻をしっかりと閉じていたのが，加熱されて死ぬと閉殻筋が緩むからである．高等動物の骨格筋の収縮はミオシンフィラメントとアクチンフィラメントの互いの手繰り込みによるいわゆる「滑り説」で説明される．この説によると，筋肉が収縮するためには大量のATPを消費することになり，実際，私たちは長時間筋肉を収縮させた状態を維持することはできない．もし二枚貝の閉殻筋の収縮が私たちの筋肉と同じメカニズムで収縮しているとすると，ずっと貝殻を閉じ続けるためには莫大な量のATPを必要とする筈である．しかし不思議なことに，実際に測定してみると，閉殻筋の収縮にはほとんどATPは消費されていない．ミオシンフィラメントやアクチンフィラメントが閉殻筋の主要成分であるので，閉殻筋においても両者の手繰り込みで収縮が起こっていることは間違いなさそうである．それではどうして貝の閉殻筋においてはこのような省エネ収縮が可能なのだろうか．最近，この省エネ収縮機構の秘密がわかり始めてきた．

　鍵を握っているのは，ツィッチンという留め金（キャッチ）タンパク質にあった．このタンパク質は貝の閉殻筋にだけ存在しており，一旦収縮した筋肉に留め金をかけて緩まないようにする．ツィッチンはミオシンとともにフィラメントを形成し，その分子内にリン酸化される部位がある．ツィッチンはリン酸化された状態では留め金としての機能を発揮できないが，一旦，リン酸化を解除されると（脱リン酸化と呼ばれる），ミオシンフィラメントがアクチンフィラメントと離れないようにするための留め金としての機能を発揮する．このようにしてツィッチンによる留め金がかかってしまうと，閉殻筋はもはやATPを消費することなく，収縮状態を維持できるのである．このメカニズムは「キャッチ収縮機構」と呼ばれる．

　省エネ収縮機構は棘皮動物にもある．しかし，そのメカニズムはまったく異なっている．ウニ，ヒトデ，ナマコなどの棘皮動物では，筋肉ではなく結合組織が省エネ収縮機構の主役となっている．例えばウニの棘は通常はゆらゆらと動いているが，一旦刺激を受けると一定方向に固定して動かなくなる．これは棘の付け根のジョイント部分に留め金がかかるからである．この留め金にあたるのが「キャッチ結合組織」と呼ばれる特殊なコラーゲン様タンパク質で，ATPをほとんど消費せずに収縮状態を維持することができる．今のところ，このメカニズムの詳細は貝柱の場合のようにはよくわかっていない．（豊原治彦）

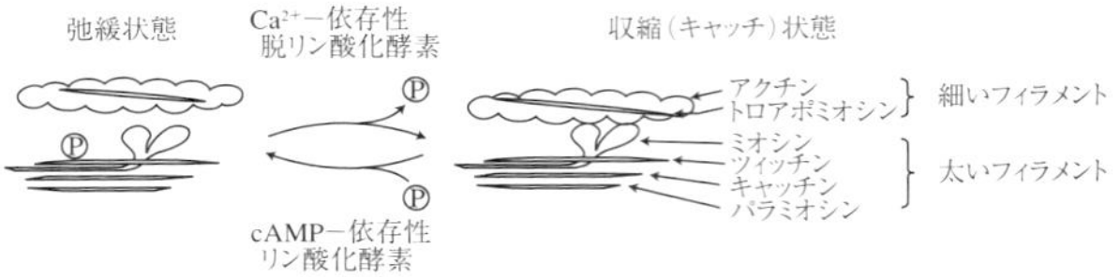

　図　ムラサキイガイのキャッチ収縮機構．二枚貝の閉殻筋は，哺乳類の骨格筋に見られるアクチン，ミオシン，トロポミオシンのほかに，特有のツィッチン，キャッチ，パラミオシンなどを含む．太いフィラメントを構成するツィッチンというタンパク質は弛緩状態では脱リン酸化されているが，筋収縮を誘発するカルシウムイオン濃度が上昇すると，ATPのエネルギーを利用してアクチンとミオシンが結合し，筋肉が収縮する．これと同時にCa_2^+―依存性脱リン酸化酵素の働きでツィッチンが脱リン酸化され，その結果，ミオシン―アクチン複合体に「留め金」がかけられた状態となる．この状態ではもはやATPを消費することなく，閉殻筋は収縮状態を維持できる．この「留め金」は，ツィッチンがcAMP―依存性リン酸化酵素でリン酸化されることではずれる．
〈http://www2.nict.go.jp/pub/whatsnew/press/010522/010522.html の図をもとに改変〉

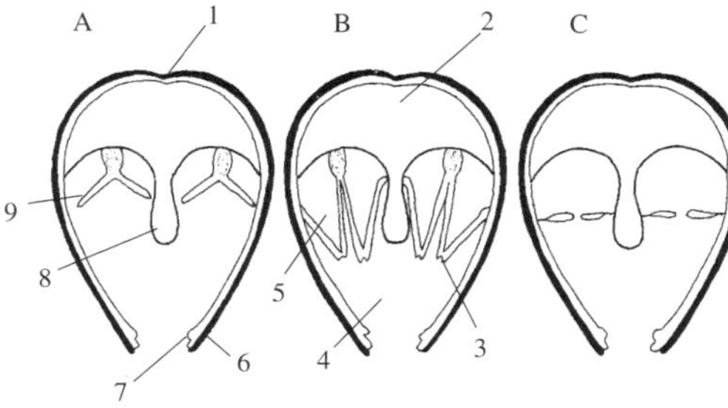

11. 軟体動物

弁鰓型（lamelli-
branchiate type）の鰓
は二枚貝類の大部分の
種でみられる．各鰓板
を構成する鰓糸は延長
し．背部に位置する鰓
軸部から下降した後，
反転して再び背方に伸
びるため，結局，左右
両側に各4葉，計8葉の
鰓板を構成するように

図11·17　二枚貝の鰓の各型（Russell-Hunter，1979を改変）．
（A）原鰓型，（B）弁鰓型，（C）隔鰓型
1：鉸板　2：内臓塊　3：食溝　4：流入室
5：上鰓腔　6：貝殻　7：外套　8：足　9：鰓

見える（図11·17B）．また，体軸に対する横断面ではW字状に見える．弁鰓
は発達の程度により，糸鰓（filibranch gill），偽弁鰓（pseudolamellibranch
gill）および真弁鰓（eulamellibranch gill）の3つに分けられる．糸鰓はホタ
テガイやイガイ類で見られるもので，各鰓糸が多少とも独立しており，隣り合
う鰓糸間は繊毛束でのみ連絡する．偽弁鰓はカキ類などで見られ，糸鰓同様隣
り合う鰓糸間は主に繊毛束によって連絡するが，同時に一部組織の癒着もみら
れる．真弁鰓は最も発達した鰓で，隣り合う各鰓糸は組織的なつながりを有す
るとともに各鰓板を構成する鰓糸の末端部は内側の方が体壁に，外側の方が外
套の内面にそれぞれ付着しているため，外套腔は鰓板によって背部と腹部とに
分けられる．各鰓板の折り返しの部分の腹面には食溝（food groove）と呼ば
れる凹みがある（図11·17B）．鰓糸の表面には種々の繊毛があり，呼吸活動
および食物輸送に関わっている．

　鰓糸上の繊毛の動きによって，水は入水管から外套腔の腹側（流入室：
inhalant part）に入り，鰓糸の間を通り抜けて外套腔の背側（上鰓腔：
exhalant chamber）に達する．水とともに入ってきた微細生物や懸濁物質は鰓
板の表面で捕捉され，繊毛の働きによって腹側の食溝に送られる．その後，食
溝内の繊毛によって前方に運ばれ，やがて口に接して位置する唇弁に達し，こ
こでふるい分けが行われた後，食物粒子は口内に取り込まれる．食物として不
適な粒子は唇弁の縁辺に集められて外套内面に放出され，繊毛運動によって外

129

套縁辺または入水管から偽糞として体外に排出される．鰓糸の間を抜けて上鰓腔に達した水は後方に流れ，出水管を経て体外に出る．

隔鰓型（septibranchiate type）の鰓はきわめて特殊化していて，外套腔の背腹両部を仕切る単なる筋肉性の隔壁に過ぎない（図11・17C）．この隔壁状の鰓が筋肉の働きによって上下するのに合わせて，外套腔内に水が入り込む．外套腔に入ってきた水は隔壁に開いた孔を経て上鰓腔に抜けるが，弁鰓型の鰓のように鰓自体には集餌機能はまったくなく，水とともに外套腔に入ってきた小動物を直接唇弁によって捕捉し，摂食する．

（3）消化系

腹足類とは異なり，二枚貝類の消化器官には軟体動物特有の咀嚼器官である歯舌がない．消化器官の構造および消化過程は種により多様である．

原鰓型の鰓を有する堆積物食性の種では，消化は細胞外および細胞内で行われ，基本的には腹足類の場合と同様である．

一方，弁鰓型の鰓を有する種の多くは特異な消化，吸収過程を示す．取り込んだ食物片は粘液で包んで食物糸として胃に送る．胃は主部と晶桿体嚢（style sac）に分かれる．晶桿体嚢はよく発達し，通常は盲嚢となって腸に平行して後方に突出する（図11・18）．その内部には発達した晶桿体（crystalline style）が存在する．晶桿体は炭水化物分解酵素やリパーゼなどの酵素を粘液で固めた棒状体で（コラム8参照），その長さは晶桿体嚢の発達の程度に応じて異なる．晶桿体の先端は晶桿体嚢から突出し，胃の前壁の胃楯に接する．嚢内の繊毛運動によって回転することにより，晶桿体の先端の接触部が摩耗して胃内に酵素を放出する．酵素は胃壁からも分泌され，これらの酵素の働きによって食物の一部が

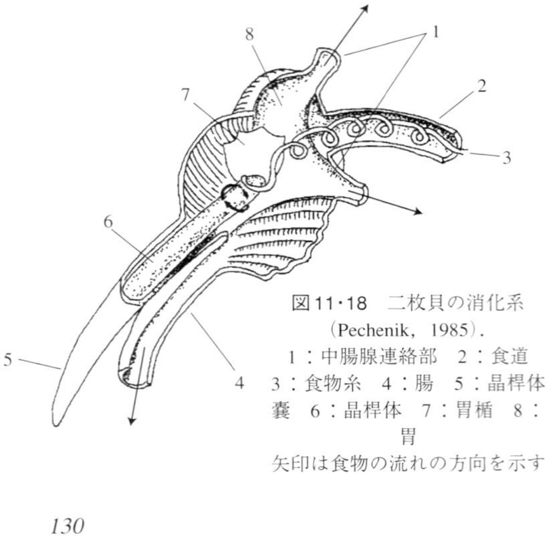

図11・18　二枚貝の消化系
（Pechenik，1985）．
1：中腸腺連絡部　2：食道
3：食物糸　4：腸　5：晶桿体
嚢　6：晶桿体　7：胃楯　8：
胃
矢印は食物の流れの方向を示す

細胞外消化される．また，晶桿体の回転は胃内容物と消化酵素を混ぜ合わせるのに役立つとともに，食道から胃への食物糸の送り込みの力ともなる．細胞外消化された胃内容物は胃の後方で繊毛によりふるい分けられた後，小型の食物片と液体のみが中腸腺に送られて，中腸腺の細胞内に取り込まれてさらに消化されて吸収される．ふるい分けられた残りは腸を経て排出される．

晶桿体は晶桿体囊で絶えず形成されるが，その形成過程に一定の周期性が認められることが多い．

隔鰓型の鰓を有する肉食者では，筋肉性の胃がキチン質で裏打ちされ，これを収縮させることによって餌動物を圧迫して内容物を抽出して中腸腺に送り，消化，吸収する．晶桿体は退化的である．

（4）呼吸および循環系

水中からの酸素の取り込みは外套腔に入った水が鰓糸の間隙を通過する過程で行われる．また，鰓とは別に，外套や体壁でも補助的にガス交換を行っている．

体内の循環系は典型的な開放循環系で，心臓から前方に伸びる動脈を流れる動脈血は，開放性の血体腔の網目状に発達する間隙を通過し，その後，腎管を経て鰓に至り，ガス交換を行って再び心臓に戻る．なお，高等なグループでは，これとは別に後部へも動脈が伸びて循環系が発達し，外套にも小規模な循環系が存在する．

心臓は1対の心耳と単一の心室とからなり，心室は消化管の背側に密着して存在することが多いが，この場合は心臓を取り囲む囲心腔を消化管が貫通する．

二枚貝類は腹足類と異なり，すべて水生である．潮間帯に生息する固着性のイガイやカキの仲間などでは，低潮時には空中に曝されることになるが，この時は貝殻を閉じ，外套腔内に残った僅かな水分で凌ぐが，時には空気中の酸素を直接利用することもある．

（5）排　　出

二枚貝類の排出器官は囲心腔の下部またはやや後方に位置する1対の腎管である（図11・14C）．腎管はU字状に延長し，腺状部と膀胱とからなる．腺状部の先端は囲心腔の前部に開口し，膀胱の後端は外腎門として外套腔に開く．ただし，原始的なグループでは，腎管はすべて腺状部からなる．一方，囲心腔

には囲心腔腺が存在し，体組織から老廃物を集め，囲心腔に分泌する．

（6）神経系および感覚

　神経系は左右相称で，3対の神経節と2対の長い神経索からなる（図11·19）．対になった各神経節は互いに横連合によって連絡する．

　二枚貝類の感覚器官は外套の縁辺，とくに中葉（感覚葉）に集中する．触手には触覚細胞や化学受容細胞を含む．ホタテガイやイタヤガイの仲間では，縁辺部全体に多数の触手を有するが，一般には水管の開口部周辺ないしは足の周辺に限られる．平衡胞は1対あり，足部の足神経節に近接して位置する．カキの仲間などの付着性種では平衡胞は退化的である．眼点は外套縁辺，時には水管上に存在するが，ホタテガイなどの一部の種を除いては単純な構造で，明暗を感じる程度であるとされる．

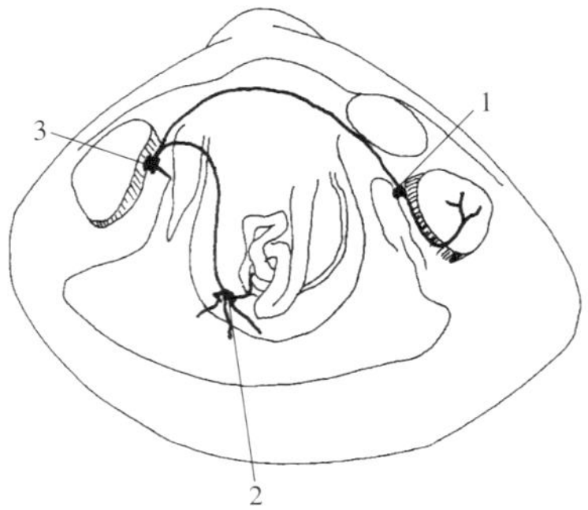

図11·19　二枚貝の神経系
（日本大学水産学会，1958）．
1：内臓神経節　2：足神経節　3：脳神経節

（7）運動および生活様式

　二枚貝類の運動には前部および後部閉殻筋，伸足筋（pedal protractor），挙足筋（pedal elevator）および足を構成する筋繊維が関わる（図11·14）．閉殻筋は貝殻を閉じた状態に保つために機能するもので，きわめて特殊な収縮機構を有する（コラム7参照）．移動には発達した足を用いるが，その動きは伸足筋および挙足筋の拮抗作用によってなされる．

　このように，二枚貝類の運動は発達した筋肉によるとはいえ，ほかの軟体動物に比べて移動力に乏しく，基質との関わりが強い．そして，基質との関係でその生活様式は次のような5つの型に類別できる．

（a）堆積物埋在型（soft bottom burrower）

　二枚貝類の多くがこの型に含まれる．体は海底の堆積物内に埋在するが，入水管を伸ばして底表に出し，底表近傍の水中の懸濁有機物または海底表面に堆積した有機物を食物として利用する．

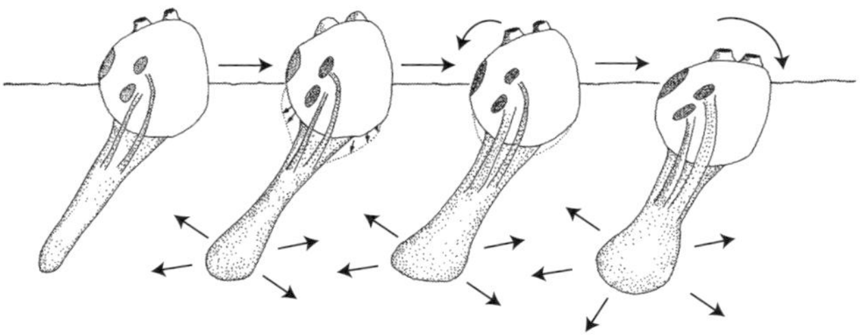

11. 軟体動物

図11・20　二枚貝の堆積物内潜入過程（A→D）（Pechenik, 1985）.

　堆積物内への潜入の仕方は巧妙である（図11・20）. まず, 1対の伸足筋により足を伸長させ, 堆積物の内部に差し込む. 同時に閉殻筋により貝殻を閉じ, 外套腔の内圧を高め, 内臓塊の血液を足部の血体腔（足部血洞）に集め, 足を拡大させる. 次いで, 1対の挙足筋を収縮させると, 堆積物内で広がった足が錨の役目をして, 足の収縮とともに体の本体が下方に引き寄せられる. このような過程を繰り返し, 適当な深さまで潜入する. 表面へ向かう移動の場合は, 一部の種では向きを変えて上へ掘り進むが, 大部分の種では, 足の先端で基質を押しながら, そのままの姿勢で上昇する. 堆積物内に埋在する種の多くは潜りやすいように多少とも流線型の貝殻を有している.

　埋在生活者にとって, 周囲の堆積物が外套腔内に入ってくることが問題となるが, 外套縁辺の肥厚によって左右の外套を密着させたり, 水管の周囲を中心に癒合することでこれを防いでいる. 深部埋在者ほど癒合の程度が進む. また, 入水管から堆積物の混入を防ぐために, 開口部付近に弁を具える種もいる.

　殻長以上に潜る種の多くはほぼ永久的な埋在者と考えられるが, 深部埋在者の代表といえるオオノガイやナミガイでは水管が異常に発達し, もはや水管を収縮させて貝殻内に納めることができなくなっている.

　（b）基質表面固着型（attached surface dweller）

　足糸（byssus）または片側の貝殻で直接岩盤などの硬い基質に付着するものである.

　足糸は足の内部にある足糸腺（byssus gland）から分泌される液状物質が海水に触れて糸状に硬化したものである（図11・21）. 足糸腺からの分泌物が足

133

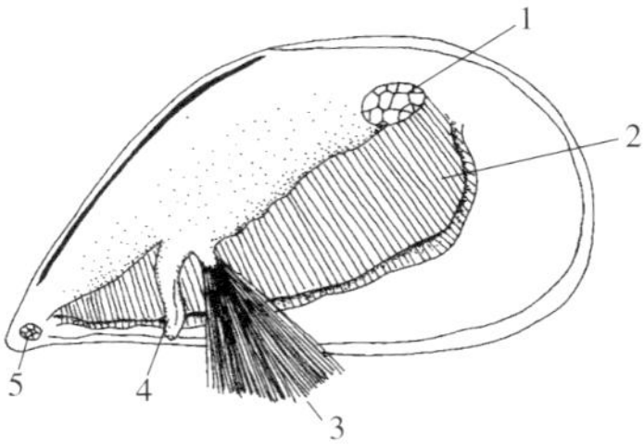

図11・21　足糸固着型のイガイ類
（Barnes, 1987）.
1：後部閉殻筋　2：鰓　3：足糸
4：足　5：前部閉殻筋

の表面にある溝に沿って基質表面に流れ，コラーゲンが硬化すると足を基質から離す．これを繰り返すことによって体部と基質が多数の足糸で結ばれる．

　足糸の分泌はイガイ科の仲間でよく知られているが，多くの非付着性の埋在種も含めてほとんどの二枚貝類は，少なくとも幼期には足糸の分泌能力を有し，着底の際に，足糸を分泌して着底場所に定位する．

　貝殻を岩盤などに固着させる型は，カキの仲間でよく知られているが，この場合も，ベリジャー幼生が着底に際して，まず足糸を分泌して基質に固着し，その後，外套縁辺部が貝殻を分泌する過程で，セメント状物質により，左側の貝殻を基質に付着させる．貝殻の付着が進むと，左右の貝殻の大きさに差を生じる．

　この型の二枚貝類では，足部や前部閉殻筋が退化的で，貝殻前部が狭まり，感覚葉がよく発達するなどの共通の形態的特徴がみられる．また，摂食型は懸濁物食性に限られる．

（c）非固着表在型（untouched surface dweller）

　固着することなく基質表面に生息する型で，かなりの移動力を有する．ホタテガイやイタヤガイでは，左側の貝殻が扁平となり，扁平な面を上方に向けて基質上に横臥する．足は退化的で，前部閉殻筋は完全に消失し，代わりに後部閉殻筋が著しく発達して中央部に寄る．貝殻の急激な開閉により，外套腔内の水を噴出させて泳ぎながら移動することができる．その際，外套縁辺の筋肉葉により，水の噴出する方向を調節して移動方向を制御する．

（d）穿孔型（boring type）

　硬い基質に穿孔して生活するもので，この型に属する大部分の種では，穿孔は物理的な方法によって行う．筋肉を巧みに伸縮させて貝殻を動かして，刃をもった貝殻の前端で基質を削りとっていく．穿孔の際に生じた削片は外套腔に取り込み，偽糞として排出する．

一方，イシマテの仲間は化学的な方法で穿孔する．外套縁辺から分泌する酸性の粘液によって岩盤を軟化させ，その後，貝殻による物理的な穿孔を行う．貝殻自体は殻皮層によって保護されているため，溶解することはない．

フナクイムシの仲間は木材に穿孔することで知られる（図11・22）．体は筒型に延長し，貝殻は退化して前端に僅かに残るに過ぎない．穿孔は物理的に行い，穿孔により生じた木削を食物として利用する．

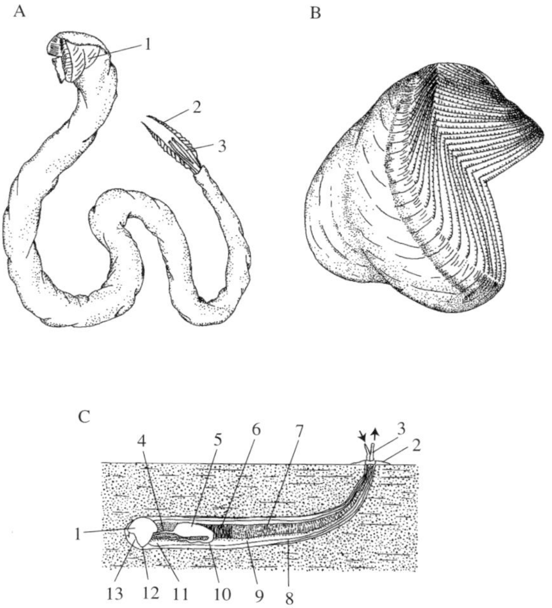

図11・22　フナクイムシ
（A, B：Pechenik, 1985, C：Barth and Broshears, 1982）.
（A）全体図，（B）貝殻，（C）穿孔中のフナクイムシ
1：貝殻　2：尾栓　3：水管　4：消化管　5：盲嚢　6：卵巣　7：鰓　8：外套　9：外套腔　10：腸　11：中腸腺　12：口　13：足

セルロースの消化は消化管内部での細胞内消化によるが，一部の種では食道付近の特別の器官の内部に含まれる共生細菌によって分解されたものを吸収する．木削に不足するタンパク質の補給は共生細菌の窒素固定による生成物を利用する．

（e）共生および寄生

きわめて僅かではあるが，共生または寄生生活を送る種もみられる．なかでもウロコガイ超科（Galeommatacea）は共生種を多数含む．宿主はウニ，クモヒトデ，ナマコなどの棘皮動物や甲殻類のエビなどである．一方，寄生種はナマコの消化管内に寄生する*Entovalva*属などが知られている．

2．生殖および発生

（1）生　殖

　大部分の二枚貝類は雌雄異体で，消化管を取り囲んで1対の生殖腺が存在する（図11・14C）．原始的なグループでは，精子および卵は腎管を経て外套腔に出るが，ほとんどの種では生殖輸管は直接外套腔に開く．

　カキ類の一部など若干の種は雌雄同体で，その場合，雄性先熟が一般的であるが，なかには生涯に何度か性転換を繰り返すものもいる．

　ほとんどの種は体外受精を行い，卵は母体の上鰓腔から流出水とともに体外に出た後に受精する．

　体内受精を行う種でも特別の交接行動はみられず，卵巣から出た卵は外套腔にとどまり，入水管から水とともに取り込まれた精子により受精する．

（2）発　生

　二枚貝類も，腹足類と同様，トロコフォアとベリジャーの各幼生期を経るが（図11・23A，B），ベリジャー幼生は常に左右相称で，腹足類のようなねじれ現象は起こらない．貝殻はベリジャー期に出現する．

　初期のベリジャー幼生は貝殻がアルファベットのDの字に似ていることからD型幼生と呼ばれる（図11・23B）．その後，外套の発達に伴い殻頂部が突出して殻頂期幼生（umbonal stage）となり，さらに足を生じてペディベリジャー（pediveliger）幼生となるが，この時期に適当な基質を求めて着底し，底生生活に入る．

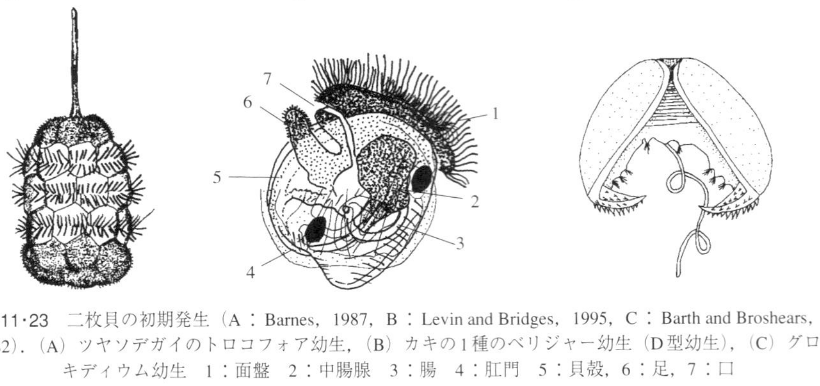

図11・23　二枚貝の初期発生（A：Barnes, 1987，B：Levin and Bridges, 1995，C：Barth and Broshears, 1982）．（A）ツヤソデガイのトロコフォア幼生，（B）カキの1種のベリジャー幼生（D型幼生），（C）グロキディウム幼生　1：面盤　2：中腸腺　3：腸　4：肛門　5：貝殻，6：足，7：口

陸水産の二枚貝では，ほとんどが浮遊幼生の期間を欠く．体内受精を行って，母体の外套腔ないしは鰓の周辺で発生を進め，ベリジャー期以後に母体を離れて着底する．

カワシンジュガイ（*Margaritifera laevis*），カラスガイ（*Cristaria plicata*）およびドブガイ（*Anodonta woodiana*）などでは，ベリジャー幼生がきわめて特異な形態を示し，グロキディウム（glochidium）幼生と呼ばれる（図11・23C）．貝殻の縁辺に特殊な鉤を有し，また，退化的な足には長い粘着糸を具える．口や肛門はなく，消化管の発達程度も低い．母体を離れたグロキディウム幼生は，遭遇した魚類の体表や鰓に付着して寄生生活を送る．寄生期間は10～30日間続き，変態した後，宿主を離れて基質に着底し，通常の底生生活を送るようになる．寄主を特定して寄生するものもいる．

3．分類および主な種

二枚貝綱は以前は鰓の形態に基づいて，原鰓亜綱，弁鰓亜綱および隔鰓亜綱の3亜綱に分ける体系が広く認められてきたが，最近はさらに貝殻の結合部周辺の構造なども加味して4亜綱に分類する体系が提唱されている．

（1）原鰓亜綱（Protobranchia）

原鰓型の鰓を有し，原始的な種群を含む．左右の貝殻は等しく，鉸板に多数の歯を有する．キヌタレガイ目（Solemyoida）およびクルミガイ目（Nuculoida）の2目を含み，クルミガイ（*Ennucula nipponica*）やキヌタレガイ（*Petrasma pusilla*）の仲間が知られる．

（2）翼形亜綱（Pteriomorphia）

弁鰓型の鰓を有するが，外側の鰓糸の先端が外套内面に付着せず遊離端となる．水管の発達は悪い．一部の研究者が糸鰓類（Filibranchia）と呼ぶものとほぼ一致している．表在性二枚貝で，ほとんどが足糸または片側の貝殻で基質に固着する．5目を含み，イガイ類，カキ類，ホタテガイなどが本亜綱に属する．

アカガイ（*Scapharca broughtonii*）：フネガイ目（Arcoida），フネガイ科（Arcidae）に属し，外形は丸味を帯びた矩形で，殻は顕著に膨らむ．殻表には殻頂部を起点に40条前後の太い放射肋が走る．殻皮は黒褐色で肋間部は密生した短毛を伴う．血液にヘモグロビンを含むため，軟体部は赤色ないし赤橙色

を呈する．北海道以南の我が国沿岸から東シナ海にかけて広く分布し，浅海の砂泥底を主な生息場とする．

産卵期は夏で，約1カ月の浮遊期間を経た後付着生活に移行し，海底の種々の基質に足糸で付着して2，3カ月過ごし，その後底生生活に入る．1〜2年で成熟し，寿命は10年ほどと考えられている．鮨種などの食用として重用され，市場では高価で取引きされる．

主に桁網などにより漁獲される．沿岸の環境の悪化に伴い，資源量の減少傾向がみられるため，採苗器などを用いて稚貝を集め，適当な成育場に放流して増産が図られているが，最近は韓国や中国などからの輸入量も増大している．

サルボウガイ（モガイ）（*S. kagoshimensis*）：アカガイと同属で，漁業者の間ではモガイとも俗称される．殻形はアカガイよりも矩形に近く，両殻は著しく膨らむ．殻表の放射肋が太く，数が少ない点でアカガイと異なる．軟体部の色合いは赤味を帯びるが，アカガイほど鮮やかではない．

本州から四国，九州にかけて広く分布し，東京湾，大阪湾，中海，豊前海，有明海などで特に多く産する．陸水の影響を少し受けた内湾の干潮線から水深10mぐらいまでの泥質のところに主に分布する．

産卵期は7〜10月までで，幼生は2〜3週間の浮遊期を過ごした後，足糸を分泌して海藻，砂粒，貝殻などに付着して約1年間固着生活を送る．その後底生生活に移行して堆積物内に潜り，生後2年で成貝となる．

本種は養殖に適した二枚貝であるが，カキ類などに比べてかなり粗放的に養殖される．養成には天然の底生生活期の稚貝を種苗として用いる場合と，浮遊期から固着生活期に移行する時期に採苗器によって採捕した種苗を用いる場合とがある．いずれの場合も種苗を養成場に地蒔きして約1年間の養成の後収獲する．

イガイ類：イガイ目（Mytiloida），イガイ科（Mytilidae）に属し，殻は総じて殻頂部を起点に後端に向かって開いた扇形の形状を示す．代表的な基質表面固着型で，多数の足糸を分泌して岸壁やそのほかの水中構造物に付着し，沿岸でごく普通にみられる．集群性が強く，しばしば大きな集塊を形成して付着汚損生物として種々の被害をもたらす．

我が国沿岸に分布するイガイの仲間には，イガイ属（*Mytilus*）に属するイ

ガイ（*M. coruscus*），ムラサキイガイ（*M. galloprovincialis*），キタノムラサキイガイ（*M. trossulus*）や，ホトトギスガイ（*Musculista senhousia*），ヒバリガイ（*Modiolus nipponicus*）などが知られており，イガイ属の各種は食用にも供される．

　北海道以北に分布の限られるキタノムラサキイガイを除く各種は，北海道南部以南のほぼ日本全国の沿岸に分布する．イガイとムラサキイガイは，前者が外海に面した波浪の強い海岸沿いに，後者は内湾域にそれぞれすみわける傾向がみられる．

　最近，東南アジア原産のミドリイガイ（*Perna viridis*）やオーストラリアやニュージーランド沿岸を含む南半球原産のコウロエンカワヒバリガイ（*Xenostrobus securis*）が移入し，定着していることが確認されているが，ムラサキイガイもまた古くにヨーロッパから移入してきたものとされる（コラム3参照）．また，ホトトギスガイのように，逆に世界各地の沿岸に分散して定着している種も知られており，この仲間は分散能力はきわめて高いと言えるが，船底などに付着する習性が大きく関わっていると考えられる．

　アコヤガイ（*Pinctada fucata martensii*）：ウグイスガイ目（Pterioida），ウグイスガイ科（Pteriidae）に属する固着性の二枚貝で，もっぱら真珠採取のために養殖されることから，シンジュガイと俗称される（図11・24）．

　貝殻の外形は方形に近く，背縁は直線状である．右殻前端背部に顕著な欠刻を有し，ここから足糸を出して基質に付着する．

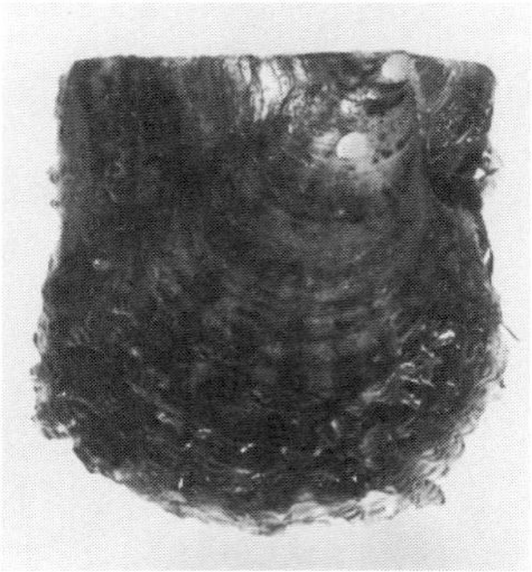

　南方系の種で，天然では太平洋側の千葉県以南，日本海側は佐渡島以南から九州にかけて沿岸内湾部の岩礁域に生息する．

　本種は6〜9月にかけて数回の産卵を行う．受精卵は二枚貝類の通常の幼生段階を経て約20日の浮遊生活の後基質に付着する．1年で成熟する．

　本種を用いた真珠養殖はおよそ以下のような手順で行われている．まず，産卵期に杉の

図11・24　アコヤガイ
（和田克彦氏提供）．

小枝を連ねた採苗器を水中に垂下して採苗する．採苗器に付着した稚貝は殻長1cm前後に成長した段階で採苗器からはずし，篭に移して養殖筏に垂下し，母貝として養成する．近年は水槽での人工採苗が普及しつつあり，この場合はネット等の採苗器を用いる．2年ほど養成して殻長6cm前後に達した母貝を取り上げ，母貝の生殖腺内に別の個体の外套の細片（ピース）と核と呼ばれる陸水二枚貝の貝殻を削って球形にしたものを密着させて挿入する挿核手術を施す．その後，再び筏に垂下して養成する．挿入した外套の細片は母貝の生殖腺内で核を取り囲んで真珠袋を形成し，真珠質を分泌して核の周囲に沈着させて真珠を形成する．挿核手術は母貝に大きな生理的な衝撃を与えるため，貝を手術に耐え得る生理状態にするための処置が工夫されている．この一連の作業を「仕立て」と呼び，生理活動を適度に抑えたり，時期によっては，核を入れる生殖腺から卵や精子を放出させるなど，手術の季節に応じて種々の操作が行われる．

　挿核後の母貝の養成は半年から2年前後にわたるが，母貝の生理状態が真珠の品質に大きな影響を及ぼすため，定期的に母貝の貝殻表面の付着生物を除去したり（貝掃除），養殖場所や垂下水深を変えるなど，管理には細心の注意を要する．

　タイラギ（*Atrina lischkeana*）：ウグイスガイ目，ハボウキガイ科（Pinnidae）に属し，殻形は丸味を帯びた三角形で，腹縁に向かって扇状に広がる（図11・25）．日本の中部以南の沿岸の泥底に生息し，生時には殻頂を下に向けて堆積物内に埋在し，腹縁の開口部を堆積物表面から突出させて存在する．堆積物内に分泌した多数の足糸を錨にして定在する．かなり大型の種で，最大殻長は30cmを超える．

　生後約1年で，殻長15cm程度になって漁獲されるようになる．発達した閉殻筋のみが食用として利用されているが，最近各地で資源の衰退が問題となっている．

　ホタテガイ（*Patinopecten yessoensis*）：カキ目（Ostreoida），イタヤガイ科（Pectinidae）に属す

図11・25　タイラギ（石井久夫氏提供）．

11. 軟体動物

る大型の二枚貝である（図11・26）. 貝殻外形は円形に近い. 左右の貝殻の膨らみに差があり，左殻の膨らみが小さい. 殻頂両端に耳状突起があり，貝殻背縁は直線状である. 殻表に殻頂を起点とする多数の顕著な放射肋が走る. 前部閉殻筋を欠き，後部閉殻筋が中心部にずれて著しく発達する.

図11・26　ホタテガイ（中尾繁氏提供）.

　本種は北方系種で，太平洋側では千葉県を，日本海側では富山湾をそれぞれ南限とし，主な漁場は北海道の噴火湾，オホーツク海沿岸，青森県の陸奥湾である.

　産卵期は3月下旬〜7月にわたり，南部で早く，北方ほど遅れる. 成熟した母貝は1個体で1〜2億粒の卵を抱卵する. 受精後1週間ほどでD型幼生となり，40日前後で浮遊生活を終えて基質に付着する. その後，2カ月経過して殻長6〜10mmに成長すると足糸が切れて基質を離れて底生生活に入る. ほぼ2年で成熟する.

　本種の養殖は陸奥湾や北海道の沿岸で盛んに行われている. プラスチックを

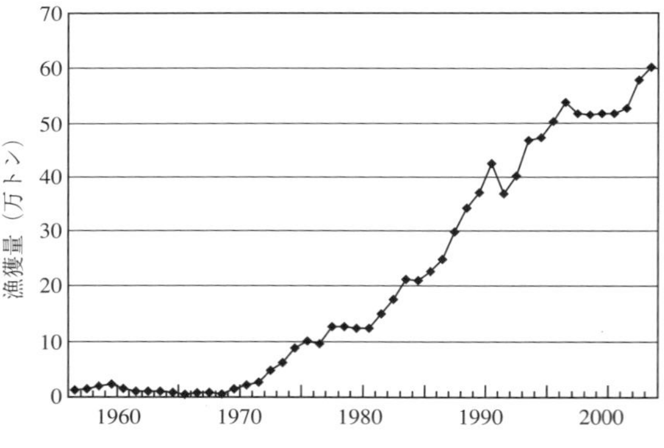

図11・27　我が国のホタテガイ漁獲量の推移（農林水産省，2005より作成）

材質とするネトロンネットなどを袋に入れた採苗器を垂下して採苗し，底生移行期まで育成する．その後採苗器を離れた稚貝を集めて篭に収容して垂下し，12月頃まで中間育成を行う．中間育成によって殻長4cm前後になった稚貝を種苗として地蒔き式または垂下式によって3年前後養成し，殻長10cm以上になると収獲する．

養殖規模の拡大に伴い，本種の総漁獲量は近年著しく増加しており，このところ60万トンを超えるまでになっている（図11・27）．

マガキ（*Crassostrea gigas*）：カキの仲間は世界中に100種余りも知られ，我が国周辺でも20種以上が生息する．そのうち，マガキ，イタボガキ，スミノエガキ，イワガキなどが食用に供されるが，養殖の対象とされているのは主にマガキである．

マガキはカキ目，イタボガキ科（Ostreidae）に属し，我が国沿岸域に生息する（図11・28）．イワガキ（*C. nipponica*）やイタボガキ（*Ostrea denselamellosa*）が沖合のやや深みに分布するのに対し，本種はむしろ沿岸水の影響を強く受けた塩分の低い海域の潮間帯付近に主に分布する．

我が国周辺に生息するマガキにはいくつかの地方品種が知られており，例えば北方種と南方種とでは，形態的にも生理的にもかなり異なる．

産卵期は6〜8月にかけての夏季が中心で，一部は秋にも産卵することがある．産卵期には1個体がほぼ2週間前後の間隔で複数回産卵する．雌1個体の抱卵量は1億粒にも及ぶという．カキの仲間は多様な成熟産卵様式を示し，イタボガキのように卵胎生種も存在するが，マガキは雌雄異体で，体外受精を行う卵生種である．

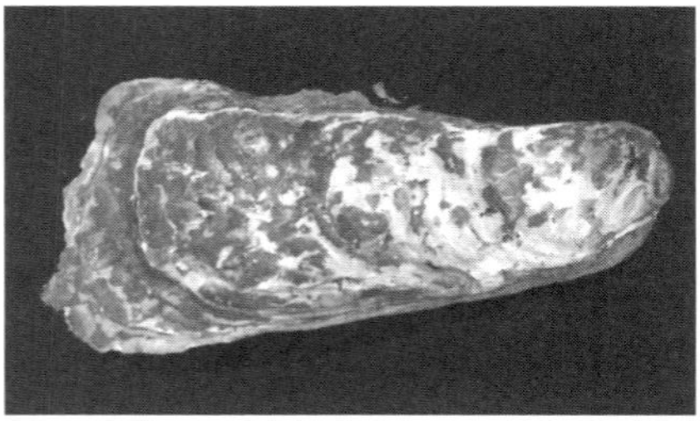

図11・28　マガキ（豊原治彦氏提供）．

産出された卵は直ちに受精して発生を開始し，トロコフォアを経て1〜2日でD型幼生となり，しばらく浮遊生活を送る．受精後約2〜3週間経過して殻長300μm前後に達すると，左殻を基質に付着させて固着生活に入る．

1年で殻長6cm，2年で10cm前

後に成長する．生後約1年で成熟する．成長は季節によりかなり異なり，春先に成長が良く，夏に生殖腺が成熟する時期には停滞するが，秋に水温が低下すると再び成長が良くなる．この時期には貝殻，肉質部とも成長し，増重が顕著である．冬季は貝殻の成長は停止するが，肉質部にグリコーゲンの多量の蓄積がみられるため，体重はなお増加する．多量のグリコーゲンの蓄積により肉質部が肥満した状態を「身入りが良い」という．

　本種の養殖は，地蒔き式，篊立て式，垂下式などの方法によって行われる．篊立て式は，竹などに幼生を付着させてそのまま養成する方法で，地蒔き式とともに粗放的な養殖法である．これに対して，垂下式は海を立体的に利用できるばかりでなく，沖合の深い海域を利用することもできるなど，集約性の高い養殖法で，現在では広く普及している．種苗の垂下には筏を用いる場合と延縄を用いる場合とがある．

　養殖に先立ち，まず種苗の採取を行うが，ホタテガイ貝殻などを鋼線で連ねた採苗器を筏などに吊して，これに幼生を付着させる．採苗を終えた採苗器を筏や延縄に垂下し養殖を開始する．6～7月の早い時期に採苗した稚貝はほぼ翌年の1～5月に1年生カキとして出荷される．晩夏に採苗した稚貝はそのままでは健全な養成が難しいため，秋以降垂下位置を上げて干出時間を長くして，成長を抑制しながら越冬させ，翌年の春以降垂下位置を再び下げて正常の養成を行っているところもある．このような処置をすると，2年目には夏季にも成長を続け，秋から冬にかけて出荷サイズとなる．これらは2年生カキとして出

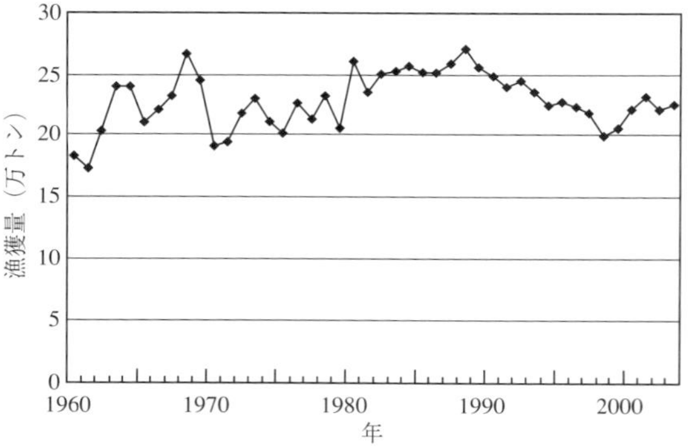

図11・29　我が国のカキ類（殻付き）生産量の推移（農林水産省，2005より作成）．

荷される.

　最近の我が国におけるカキの仲間の生産量は，殻付きで年間25万トン前後であるが（図11·29），ほとんどが本種の養殖によるもので，とりわけ，広島県の生産量が卓越し，1県で全体の生産量の半分以上を占める.

（3）異歯亜綱（Heterodonta）

　貝殻は左右相称である．前後の閉殻筋もまた等しく発達する．鰓は弁鰓型でよく発達する．アサリ，ハマグリ，シジミ類をはじめ有用種を多数含むほか．オオノガイ（*Mya arenaria oonogai*）やフナクイムシ（*Teredo navalis*）などの特殊な種群も本亜綱に属する.

　トリガイ（*Fulvia mutica*）：マルスダレガイ目（Veneroida），ザルガイ科（Cardiidae）に属する．陸奥湾から九州にかけての我が国沿岸および朝鮮半島や中国沿岸に分布する．我が国では内湾の泥底に主に生息する．外殻は薄く，よく膨らみ，球状に近い．殻表は淡黄褐色で，無数の細くて浅い放射溝が走り（図11·30），溝には短毛が密生する．生後2年前後で9cm程度になり，漁獲サイズとなる.

　足部は黒味を帯び，発達して延長し，鮨種などの食用として重用される．主に桁網などにより漁獲されるが，最近種苗の量産が可能となったことから，種苗放流や垂下養殖なども行われるようになっている.

　ウバガイ（ホッキガイ）（*Pseudocardium sachalinense*）：マルスダレガイ目，バカガイ科（Mactridae）に属する北方系の大型二枚貝で，一般にはホッ

図11·30　トリガイ
（京都府立海洋センター提供）.

図11·31　ウバガイ（中尾繁氏提供）.

キガイ（北寄貝）という名で知られる（図11・31）．貝殻は厚く，丸味のある
ハマグリ型を示す．貝殻表面は暗褐色の殻皮で覆われる．

　分布域は太平洋側では茨城県，日本海側では富山県をそれぞれ南限とし，東
北地方から北海道にかけて主に分布する．

　初夏から夏にかけて産卵し，受精卵は2日余りでD型幼生になる．受精後20
〜30日の浮遊幼生期を経た後，底生生活に移行する．着底直後の稚貝は水深4
〜5mのところを中心に帯状に分布する．分布域の底質は砂質ないし砂泥質で
ある．

　満3年以上で成熟し，寿命は20〜30年前後といわれる．満6年ほどで殻長
7.5〜8cm以上の個体が漁獲の対象となる．

　生産は主に天然資源の漁獲によっている．養成には長期間を要するため，本
種の養殖は現実的ではないとされている．

　シズクガイ（*Theora fragilis*）：マルスダレガイ目，アサジガイ科
（Semelidae）に属する．殻形は細長
い楕円状で小型の二枚貝である（図
11・32）．殻は半透明できわめて薄い．
北海道南部以南の日本沿岸から東南ア
ジアにかけて分布する．短命で，寿命
は暖期では数週間程度，寒期でも半年
程度とされており，短周期に世代を繰
り返す生活史型を示すことで特徴づけ
られる．内湾部の泥底で普通にみられ，
とりわけ富栄養傾向の強い内湾部で卓

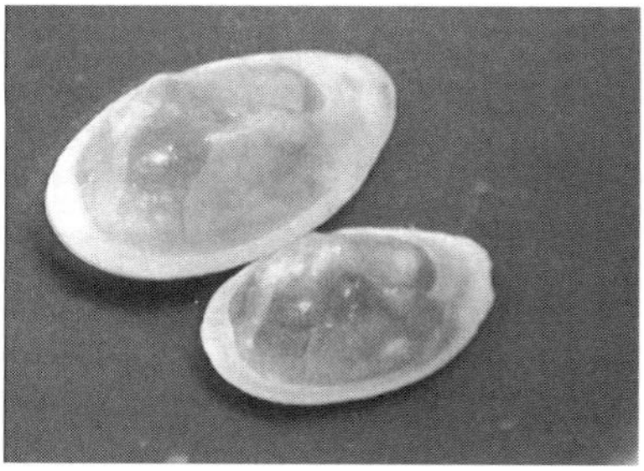

図11・32　シズクガイ（齊藤肇氏提供）．

越することから，富栄養海域の代表的な環境指標生物として以前から注目され
ている．オーストラリア沿岸に移入しているとの指摘もある．なお，本種の学
名に関しては諸説があり，*T. lubrica* を充てる研究者もいる．

　シジミ類：シジミの仲間はマルスダレガイ目，シジミ科（Corbiculidae）に
属し，マシジミ（*Corbicula leana*），ヤマトシジミ（*C. japonica*）およびセタ
シジミ（*C. sandai*）の3種が知られている（図11・33）．貝殻の形状は三角形
で，殻頂部が膨らむ．殻表は総じて暗黒色で，成長脈は明瞭である．

145

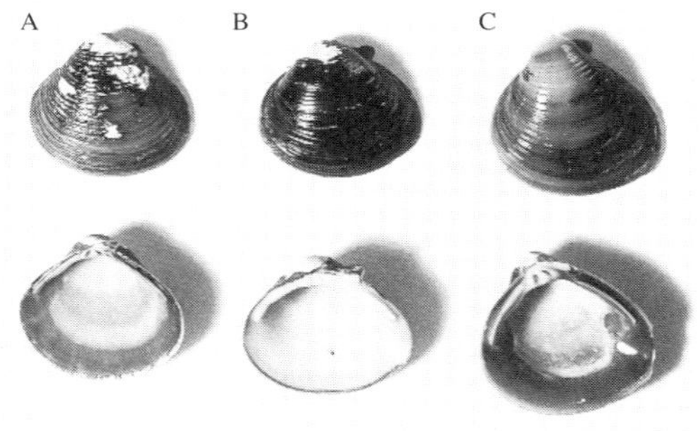

11・2 二枚貝綱

図11・33 シジミ類（佐藤，1985）.
(A) マシジミ，(B) ヤマトシジミ，(C) セタシジミ

マシジミは殻表の光沢が鈍く，成貝では殻頂部が剥落して灰褐色となる．本州，九州および朝鮮半島から中国北部にかけて河川の砂泥底に生息する．産卵期は春から秋にかけてかなり長期にわたる．放卵数は1回1〜5万粒で多回産卵を行う．雌雄同体で，体外受精または一部体内受精により胚発生をする．発生の過程で雌性の核内遺伝子が極体として放出され，雄性の遺伝子が減数分裂せずにそのまま核内に取り込まれる雄性発生をすることが最近明らかにされている（コラム8参照）．卵は沈性卵で，弱い粘着性を有し，幼生は浮遊期を欠く．体内受精の場合，D型幼生になるまでの3〜5日間母貝内で過ごし，以後，母貝を離れて底生生活に入る．満1年以内で成熟し，生物学的最小形は殻長1.2cm前後である．

ヤマトシジミは貝殻表面が漆黒色で光沢がある．幼貝の殻表は黄褐色で放射状に色素帯が走る．日本全国の河口域を中心とする汽水域に主に生息する．雌雄異体で卵生である．産卵期は春から夏にかけてで，産卵後約1日で孵化し，その後10日ほど浮遊生活を送った後着底し，幼貝となる．生後2年で成熟し，寿命は10年ないしそれ以上とされている．我が国のシジミ類の漁獲量の大部分を占め，利根川や宍道湖で多獲される．

セタシジミはもともと琵琶湖水系の特産種であったが，移植により諏訪湖や河口湖にも分布する．ヤマトシジミとは，殻頂部の膨らみが大きい点，殻表の成長脈の間隔が広い点および貝殻内面が紫色である点で形態的に区別される．やはり雌雄異体で卵生である．

これらシジミ類3種の系統類縁関係については諸説があり，決着をみるに至っていない．また，もともと我が国にはいなかったとされるタイワンシジミ（*C. fluminea*）が最近日本各地で漁獲されるようになり，生物撹乱の恐れが危惧されている．

11. 軟体動物

アサリ（*Ruditapes philippinarum*）：マルスダレガイ目，マルスダレガイ科（Veneridae）に属し，貝殻は楕円形で（図11・34），表面の紋様は変異に富む．我が国沿岸部の潮間帯から水深10m前後までの砂礫泥底に普通にみられる．

産卵期は北海道を除いて春と秋の2回ある．受精後10時間前後でトロコフォア幼生となり，約1日でD型幼生となる．その後，2～3週間浮遊生活を送り，殻長200μm前後で底生生活に移る．着底初期には足糸を分泌して砂粒などに付着するが，殻長1cmぐらいになると足糸が消えて砂に潜るようになる．ほぼ1年で成熟し，寿命は8～9年とされている．

図11・34　アサリ．

本種の養殖は客土，耕耘，作澪などによる漁場の造成や移植などの消極的な方法によるもので，人工種苗生産による生産管理はなお実用に至っていない．

本種の主産地は北海道南岸沿いから九州沿岸にかけての海域にわたるが，いずれの海域においても最近漁獲量の減少が著しく（図11・35），その原因の究明に向けた研究がなされる一方，中国や朝鮮半島などからの移植も盛んに行われている．

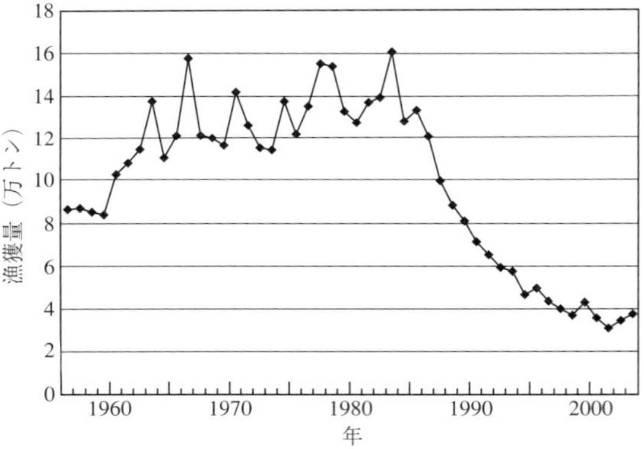

図11・35　我が国のアサリ漁獲高の推移（農林水産省，2005より作成）．

147

ハマグリ（*Meretrix lusoria*）：マルスダレガイ目，マルスダレガイ科に属する．貝殻は丸味を帯びた三角形で，その表面は平滑で光沢がある（図11・36）．殻表の紋様は個体変異が著しい．北海道南部から九州にかけての陸水の影響のある内湾部で潮間帯から水深20 m ぐらいまでの砂泥底に生息する．

産卵期は6 ～ 8 月下旬（瀬戸内海）ないしは10 月中旬（東京湾）まで，かなり長期にわたるが，最盛期は7 ～ 8 月である．卵は受精後1 日でD 型幼生となり，約3 週間浮遊生活を送った後底生生活に移行する．その後，成長期には沖合に移動する．沖合への移動は4 ～ 10 月の満月の大潮時から下弦小潮にかけて最も活発で，粘液を出して下げ潮に乗って移動する．

図11・36　ハマグリ（澤田英樹氏提供）．

　本種の幼生は基質に固着する段階を経ないため，採苗器を用いて種苗を集めることが困難で，有効な養殖方法が確立されていない．

　本種の近縁種のチョウセンハマグリ（*M. lamarckii*）は貝殻が厚く，膨らみが少なく，殻頂に小さい放射状の紋様があるなどの点でハマグリとは区別される．ハマグリに比べて外洋性の種で，本州中西部から四国，九州および台湾に産する．主産地は鹿島灘，九十九里浜，日向灘沿岸である．

　（4）異靭帯亜綱（ウミタケガイモドキ亜綱：Anomalodesmata）

　貝殻は左右相称である．鉸板はほとんど歯を欠く．前後の閉殻筋は等しく発達する．左右の外套の縁辺は癒合する．鰓は弁鰓または隔鰓である．1 目を含むのみ．シャクシガイ（*Cuspidaria steindachneri*）が知られる．

11・3　頭足綱

　頭足綱（Cephalopoda）に含まれる主なものは，いわゆるイカ，タコ類で，すべて海産である．比較的大型で，活発な遊泳力を有するなど，形態的にも生態的にも特殊化が著しい．

11. 軟体動物

＜コラム8 シジミは川のシロアリか？＞

シロアリは木材食者として有名である．木造家屋に巣くって，家の土台を食い尽くしてしまったという話も時々耳にする．本来シロアリは森林において，材木などの難分解性のセルロースを消化し，それを栄養源に生きている．このシロアリのセルロース分解活性は，古くから消化管に共生する原生生物によるものと考えられてきた．しかし近年になって，シロアリ自身の体内にセルロース分解酵素（セルラーゼ）が存在することが遺伝子レベルで証明され，とくにこの酵素を共生生物由来のものと区別して内源性セルラーゼと呼ぶようになった．さらにその後の研究から，カミキリムシなど従来からセルロースを分解することが知られていた昆虫にも内源性セルラーゼが検出されたことから，多くの昆虫が内源性セルラーゼを遺伝子レベルで保有している可能性が示唆されている．

セルロースは自然界に存在する最大のバイオマスであり，炭素源としてきわめて重要である．水域においては，これまでの通説では，セルロースはデトリタス食者やバクテリアにより分解を受け，炭素循環系に組み込まれていくものと説明されてきたが，実際に分解に関わっている生物の実体や酵素に関する知見は乏しかった．一方，安定同位体分析（放射性同位体のように崩壊することなく安定な同位体．炭素では^{13}Cなど）により河川に生息する生物の炭素源を調べたところ，ヤマトシジミはセルロースを炭素源として利用しているということが明らかとなってきた．そこで筆者らは，ヤマトシジミについて内源性セルラーゼの有無を調べた結果，その存在が確認され，しかもシロアリのセルラーゼとよく似た構造を持つことがわかった．

従来から二枚貝には晶桿体と呼ばれる消化酵素の複合体が結晶構造をとって存在することが知られていたが，ヤマトシジミでは晶桿体の抽出液はきわめて強いセルラーゼ活性を示したことから，晶桿体がセルロース分解において重要な役割を果たしていることが予想された．

我が国には，ヤマトシジミ，セタシジミ，マシジミの3種類のシジミが分布するが，市場に出回っているのはほとんどがヤマトシジミである．セタシジミとマシジミは，近年，著しく資源量が減少しているが，一昔前の日本の水田や小川にはごく普通にマシジミが生息しており，農村でシジミといえばマシジミをさすことが多かった．

一昔前の日本の河川はセメントの護岸で川岸が固められることもなく，森林から材木などに由来するセルロースが大量に流れ込んでいたと思われる．そして，豊富に生息していたマシジミが森林におけるシロアリに相当する役割を果たし，森林からもたらされるセルロースを分解して，その分解物をバクテリアなどに供給していたのかも知れない．

図．ヤマトシジミの晶桿体
（坂本健太郎氏提供）（——：1mm）

面白いことに，三重大学の古丸らの研究から，マシジミは生物界では稀な，精子の遺伝情報のみから発生する雄性発生型生物であり，雄のコピー（つまり遺伝的に均一なクローン）を大量生産することで生き延びてきたことが明らかとなってきた．遺伝的に均一なため環境変化に対する柔軟な応答が困難なマシジミは，近代化に伴う環境変化にうまく対応できなかったのだろう．マシジミの遺伝的均一性や日本の河川事情を考えると，マシジミの復活は難しいことのように思える．

（豊原治彦）

11・3 頭足綱

1. 構造と機能

（1）一般形態

　原始的な一部のグループは発達した殻を有するが，ほとんどは殻が退化的で，完全に欠いているものも多い．体は筋肉のよく発達した外套に包まれ，退化的な殻を有するものでは，殻は外套内に埋在して舟形の貝殻（いわゆる「イカの甲」）かキチン質の軟甲となっている（図11・37C-E）.

　外套は数対の靭帯によって頭部と連絡し，種によっては遊離縁の襟状部の一部が頭部と癒着するか，または2カ所でホックボタン状の軟骨器によって連なる．内臓塊を取り巻いて外套腔がよく発達する.

　体は頭部，胴部および腕部の3部に分けられる．頭部は大きく，内部に発達した脳があり，頭蓋軟骨（cranial cartilage）によって保護される．頭部前端には口が開き，その周囲に腕が並ぶ．腕には多数の吸盤を具える．オウムガイの仲間を除く現生種では，腕は4対を基本とし，左右とも背側から腹側にかけて順に第I-IV腕と名づける．ただし，イカ類ではこのほかに第III腕と第IV腕の間に触腕（tentacle）と呼ばれる腕が1対あり，腕は計10本となる．また，イカ類およびタコ類とも，雄では特定の1本の腕が変形して交接腕（hectocotylus）となり，交接時に精子を雌の体内に送り込む働きをする．漏斗（funnel）は腹面に位置して外套腔内の諸物質の排出口となっている（図

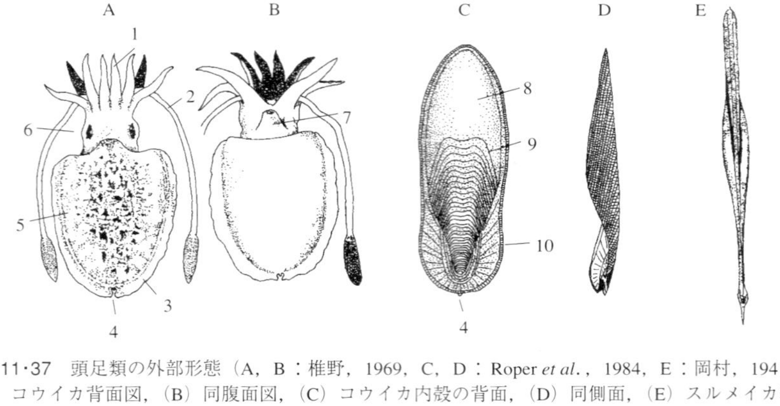

図11・37　頭足類の外部形態（A，B：椎野，1969，C，D：Roper *et al*.，1984，E：岡村，1941）.
（A）コウイカ背面図，（B）同腹面図，（C）コウイカ内殻の背面，（D）同側面，（E）スルメイカ軟甲
1：腕　2：触腕　3：鰭　4：針　5：胴部　6：眼　7：漏斗　8：終室　9：横条面　10：翼部

150

11・37B, 11・38A). 隣り合う腕の間には傘膜（web）という膜状構造が発達している場合がある. 胴部の形状は多様であるが, イカ類のように, 強い遊泳力を有するものでは延長して紡錘形となり, 側面に1対の筋肉質の鰭（fin）を有する（図11・37A, B）.

(2) 摂食および消化系

頭足綱に属する種は一般に肉食で, 魚類, 甲殻類, 軟体動物などを主に捕食する. 餌生物を腕で捕捉し, 腕の付け根に開口する口に運ぶ. 口部前端は口囲膜（buccal membrane）によって取り巻かれる. 口腔および咽頭は発達した筋肉によって包まれ, 口球（buccal bulb）と呼ばれる（図11・38B, C）. その内部には嘴状に発達したキチン質の顎板および歯舌がある（図11・38C）. 口腔にはまた唾液腺が導管を介して開口し（図11・38B）, 消化酵素を分泌して口内に取り込んだ餌生物の組織を軟化させる. 一部の種では, 唾液腺分泌液中に毒を含み, 取り込んだ餌生物をこの毒で麻痺させて動きを抑える. 消化管の繊毛は発達せず, 食物は食道の筋肉の働きによって胃に運ばれる.

胃は大きな盲嚢（caecum）を伴う（図11・38B）. 肝臓および膵臓が分化し,

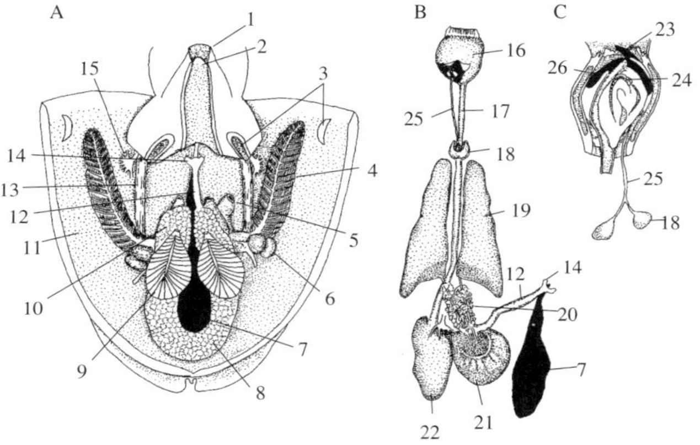

図11・38 頭足類の内部形態
（A, B：広島大学生物学会, 1971, C：日本大学水産学会, 1958）.
（A）コウイカの内臓（雌）,（B）同消化系,（C）マイカ口球縦断面 1：漏斗 2：漏斗弁 3：漏斗軟骨器 4：鰓 5：生殖口 6：鰓心体 7：墨汁嚢 8：卵巣 9：包卵腺 10：副包卵腺 11：外套 12：腸 13：漏斗下制筋 14：肛門 15：星状神経節 16：口球 17：食道 18：唾液腺 19：肝臓 20：膵臓 21：盲嚢 22：胃 23：上顎 24：歯舌 25：唾液腺導管 26：下顎

消化液を生成，分泌する．両器官は共通の導管によって胃に開く．消化は細胞外消化で，多くの場合，消化物は盲嚢に送られて盲嚢壁から吸収される．不消化物は再び胃に戻され，再消化されるかまたはそのまま腸を経て排出される．腸は直線状で，比較的短く，肛門は漏斗の開口部付近に開く（図11・38A）．

（3）呼吸および循環系

頭足類の循環系は基本的にはほかの軟体動物と変わらないが，活発な生活様式を反映して種々の特殊化がみられる．

外套の周期的な収縮，拡張に伴って水は鰓板上を流れるが，単位時間当たりの流量は繊毛運動に依存するほかの軟体動物とは比較にならないほど多い．水は外套遊離縁と体部との間の間隙を通して外套腔内に入り，背側に位置する鰓でガス交換を行った後，腹側に抜けて漏斗から体外に出る．

循環系はほぼ閉鎖循環系で，心臓，動脈系，毛細血管網および静脈系が発達しているが，さらにこの仲間に特徴的な器官である鰓心臓（branchial heart）が鰓の基部に付属する（図11・39）．鰓はほとんどの現生種では1対であるが，オウムガイの仲間では2対あり，鰓心臓を欠く．血液は心臓から前後に伸びる2本の大動脈に入り，末端の毛細血管網を経て静脈に集まる．その後，左右の入鰓静脈に分かれて腎臓内腔を通過して鰓心臓に達する．外套を巡る血液も外套静脈を経て入鰓静脈に合流する．鰓心臓は心臓の補助器官で，鰓の毛細血管網を流れる血液の血圧を高める働きをし，活発な動きを可能にしている．鰓でガス交換を終えた血液は左右の心房から心室に戻る．血液の呼吸色素はヘモシアニンである．

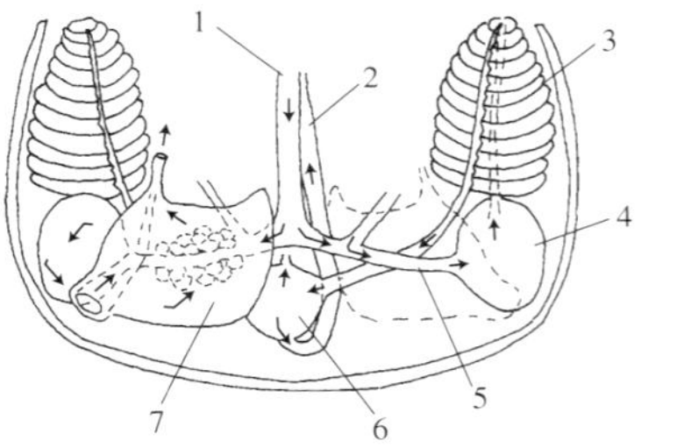

図11・39　タコ類の循環系の一部と排出系
（Barth and Broshears, 1982）.
1：前大静脈　2：頭部大動脈　3：鰓　4：鰓心臓　5：入鰓静脈　6：心臓　7：腎嚢
矢印は血液の流れる方向を示す

（4）排出系

腎臓は左右の鰓心臓に近接して1〜2対存在する．嚢状で，腎嚢（renal sac）とも呼ばれ，入鰓静脈（afferent branchial vessel）を包む（図11・39）．入鰓静脈を取り巻く腎嚢付属腺（renal appendage）が血管壁を通して血液中の老

廃物を抽出して腎嚢内に集め，漏斗の開口部付近に開く排出孔から排出する．

（5）神経系および感覚器官

　頭足類は無脊椎動物の中でひときわ高度に発達した神経系を具える（図11・40）．主な神経節は食道の周囲に集中して脳を構成する．食道の上部にある脳神経節では視葉が著しく発達する．脳神経節はまた口球神経を派出し，口球を取り巻く神経環と連絡する．食道の下部にある足神経節は漏斗や腕に神経を派出する．一方，内臓神経節からは3対の神経が出て，鰓，消化系および外套など体各部に至る．

　外套の左右両側内面には鰓に近接して星状神経節（stellate ganglion）が存在し，多数の神経分枝を派出する．星状神経節は外套の収縮，拡張運動を制御している．頭足類の外套神経は巨大軸索（giant axon）として知られ，神経生理学の研究の材料として重用されている．

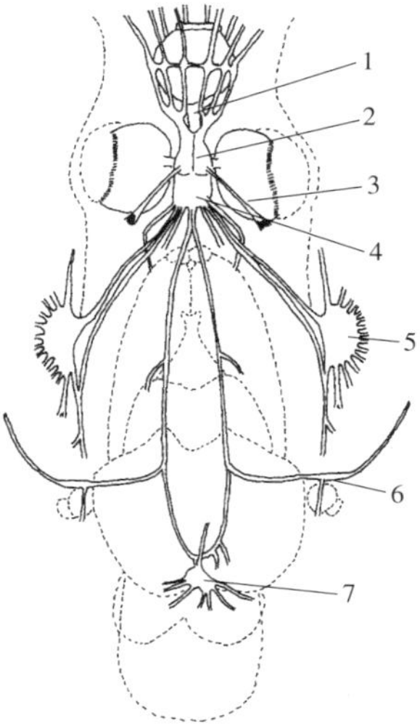

　感覚器官はよく発達するが，とりわけ眼の発達が顕著である（図11・41）．眼は頭蓋軟骨の両側の眼窩（orbit）に納まる．角膜，虹彩（iris），レンズ（lens），網膜（retina）などからなり，脊椎動物の眼とほとんど同じ構造を示す．しかし，網膜細胞の受光部が直接網膜表面に面し，視神経がすべての網膜細胞の後端より出る点，および，網膜細胞における受光量の調節が虹彩のみならず，網

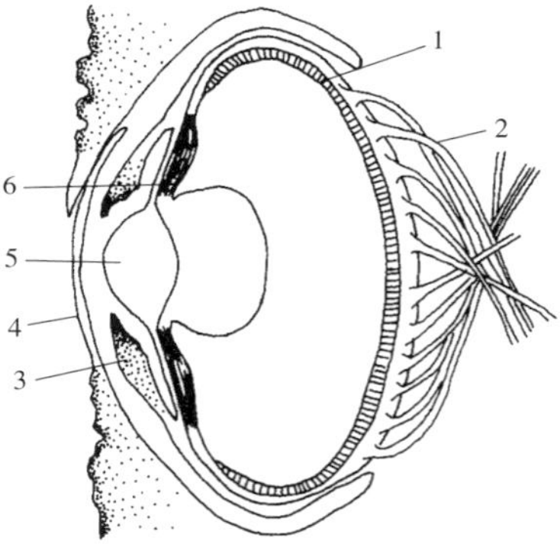

図11・40　頭足類の神経系
（広島大学生物学会，1971）．
1：口球神経節　2：足神経節　3：漏斗神経　4：脳神経節　5：星状神経節
6：鰓神経節　7：胃神経節

図11・41　頭足類の眼球（Barnes *et al.*, 1988）.
1：網膜　2：視神経　3：虹彩　4：角膜
5：レンズ　6：毛様突起

膜上の色素の拡散，凝集によっても行われる点で，脊椎動物の眼とは異なる．

レンズは前後2層からなり，前半部には水様液を，後半部にはガラス様液を
それぞれ満たす．焦点調節はレンズの厚みの変化によるのではなく，レンズを
支持する毛様突起（ciliary process）によってレンズを前後に移動させて行う．
網膜中の光受容細胞の密度はきわめて高く，高度の解像力を有するものと思わ
れる．眼球の後端より出た視神経は集まって視神経節を形成し，太い視神経と
なって視葉に連絡する．

平衡胞もよく発達し，頭部両側の頭蓋軟骨中の腔所に位置する．姿勢に関す
る情報をもたらすほか，聴覚にも関わっていると考えられている．触覚器は腕
に多く分布する．また，化学受容器は腕や頭部の眼の直ぐ後に位置する．

（6）色素胞，発光器および墨汁嚢

頭足類は視覚がよく発達するが，同時に視覚に関わる特有の構造を発達させ
ていることでも特筆される．

色素胞（chromatophore）もその1つである．色素胞は体表全体に分布する
小さな細胞で，内部に種々の色素を含む．色素胞の周囲に放射状に伸びる筋繊
維の収縮，弛緩によって色素胞が収縮，拡大して体色の変化を引き起こす．体
色の変化は周囲の環境に似せるカムフラージュ，求愛行動のための雄のディス
プレイ，捕食者への威嚇などのためになされる．

頭足類には，イカの仲間を中心に，発光器（photophore）によって体の一部
を発光させて他個体の視覚を刺激するものがいる．発光様式は様々で，自力発
光型，発光細菌共生型，摂取した発光甲殻類の発光物質により発光する型など
がある．

墨汁嚢（ink sac）は腸に沿って位置する比較的大きな嚢で，導管によって直
腸に開口する（図11・38A，B）．嚢壁にあるインク腺からメラニンを主体にし
た褐色ないし黒色の液体を分泌する．墨汁放出は捕食者の眼をくらませるため
のものであるが，視覚ばかりでなく，墨汁に含まれるアルカロイドなどの働き
により，捕食者の化学受容器の機能を一時的に低下させる．

154

2．生殖および発生

（1）生殖器官および配偶子形成

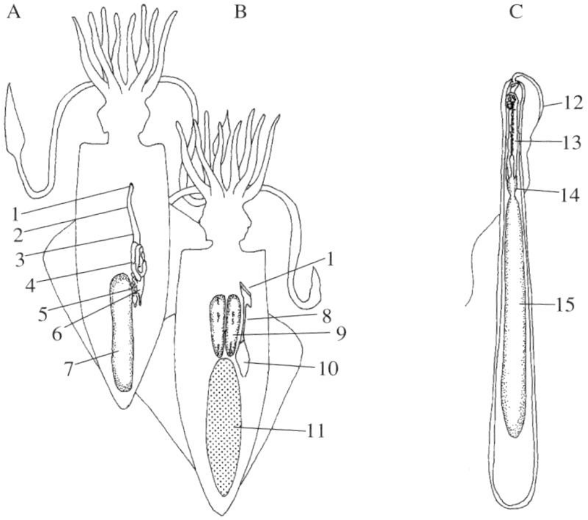

頭足類はすべて雌雄異体で，雌雄とも発達した生殖器官を有する（図11・42A，B）．

雄では嚢状の精巣の壁で精子が形成され，成熟すると内腔に放出されて輸精管に入り，貯精嚢（seminal vesicle）に送られる．貯精嚢では精包腺（spermatophoric gland）から分泌された粘液物質で多数の精子をまとめてカプセルに包み

図11・42　頭足類の生殖系（Barth and Broshears，1982）．
（A）雄性生殖系，（B）雌性生殖系，（C）精包
1：生殖口　2：陰茎　3：ニーダム嚢　4：精包嚢　5：輸精管　6：貯精嚢　7：精巣　8：輸卵管　9：包卵腺　10：粘液腺　11：卵巣　12：糸状体　13：ばね状構造　14：セメント体　15：精子塊

込んで精包（spermatophore）をつくる．

精包は棍棒状で，内部に含まれる精子塊は内皮で包まれる（図11・42C）．その基底部はセメント体で束ねられ，その先にはばね状構造が付随する．精包の先端から糸状体が伸びる．精包は外套腔内左側にあるニーダム嚢（Needham's sac）に貯えられる．ニーダム嚢の後端は延長して陰茎（penis）となり，漏斗の開口部付近に開く（図11・42A）．

雌では卵巣で形成された卵は卵巣腔に放出され，1～2本の輸卵管を経て粘液腺（oviducal gland：卵白腺，albumen gland）に達し，ここで卵細胞はアルブミンに包まれる（図11・42B）．なお，雌性生殖器官系には，このほか，包卵腺（nidamental gland）と呼ばれる腺構造があり（図11・42B），直接卵形成には関与しないが，産卵時に産出した卵を包むゼリー状物質を生産する．

（2）交接行動および産卵

頭足類は求愛から交接を経て産卵に至る過程で，種ごとにきわめて洗練された行動様式を発達させている．ここでは，研究が比較的よく進んでいるスルメ

11・3 頭足綱

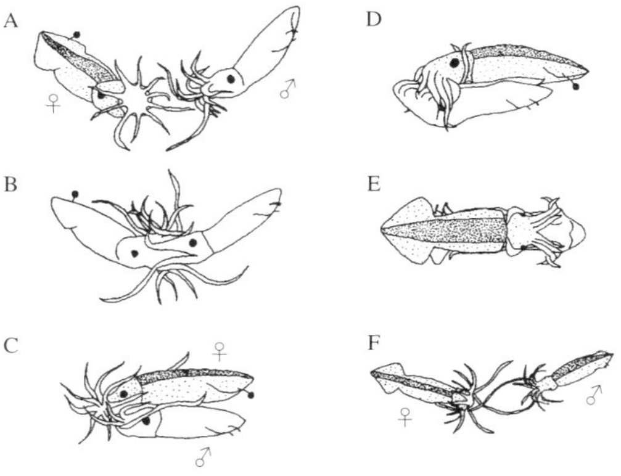

図11・43 スルメイカの交接過程（A→F）（浜部，1962）．

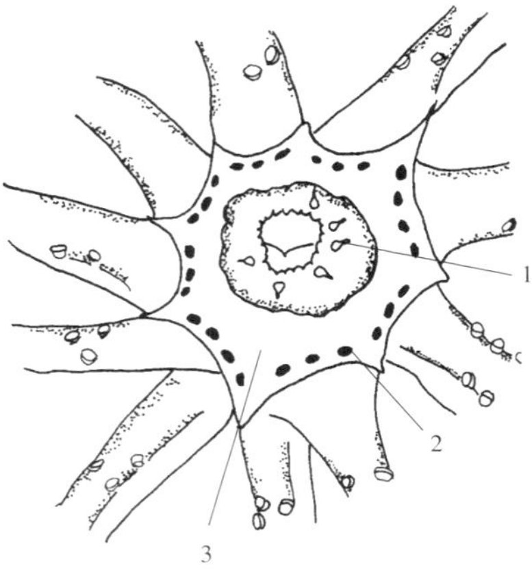

図11・44 スルメイカの口部周辺
（Ikeda *et al.*，1993）．
1：精子 2：受精嚢 3：口囲膜

イカを例に，一連の過程について述べる．

スルメイカの成熟時期は雌雄で異なり，雄は雌より3〜6カ月早く成熟する．求愛および交接行動は雄が成熟した段階で行われる（図11・43）．

交接は3〜10秒前後続き，その間に精包の受け渡しが行われる．精包はニーダム嚢から陰茎を経て漏斗を出た後，左右第IV腕の基部の間隙から腕の内側に入り，腕の吸盤上を移送されて交接腕の先端に達し，その鈍端が雌の口に咥えられる．そして腕が精包から離れる瞬間に精包の先端に与えられる刺激で内部のばね状構造が機能して，精子塊が射出され，セメント体によって雌の口唇周辺に付着する（図11・44）．空になった精包のカプセルは雌がそのまま飲み込む．雌の口部周辺に付着した精子は時間の経過とともに口を取り巻く口囲膜上の受精嚢（seminal receptacle）に入り，以後，雌が成熟するまで休眠する．

雌が成熟して産卵直前になると，しばらく海底に坐る行動を示し（図11・45），その間に成熟雌が分泌する何らかの物質によって，受精嚢内で休眠状態にあった精子が覚醒する．産卵直前になると雌は再び浮上し，包卵腺で生産されたゼラチン状の包卵腺物質を漏斗から排出する（図11・45）．これが卵嚢の原型と

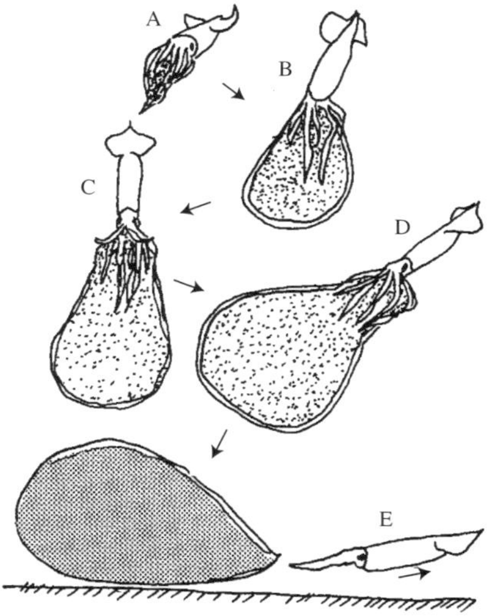

11．軟体動物

なり，雌はその中に腕を突っ込んで産卵する．卵は粘液腺開口部から漏斗を経て腕の付け根に至り，左右の第Ⅳ腕の間隙を通って口囲膜に達した後左右の第Ⅰおよび第Ⅳ腕の4本の腕を合わせてできた導管状の間隙を吸盤によって移送されて腕の先端に達する．産卵と同時に受精嚢中の精子も卵嚢内に送り，卵は卵嚢内で受精する．さらに，粘液腺から粘液腺物質を放出し，卵嚢の内部を満たす．ゼラチン状の包卵腺物質で包まれたスルメイカの卵塊は透明で中層に浮いている．

（3）発　生

　一般に，頭足類の卵は多量の卵黄を含み，ほかの軟体動物とはかなり異なった胚発生過程を辿る．軟体動物に特有のトロコフォア，ベリジャー幼生の段階を欠き，成体とほとんど同じ形で孵化する，いわゆる直達発生を行う（図11・46）．

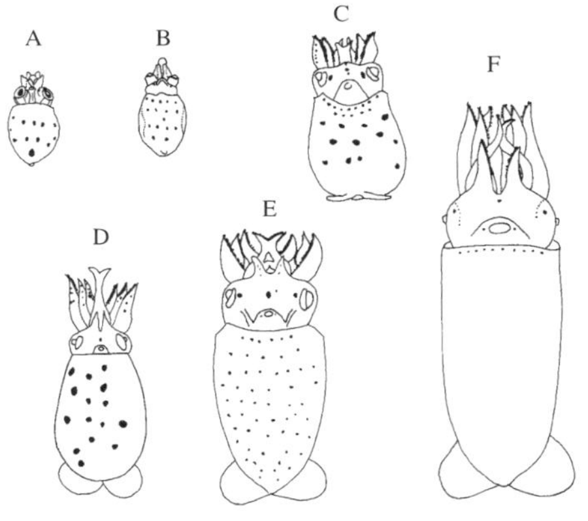

　スルメイカでは受精後110時間前後で孵化する．孵化直後の幼生は成体に似た形態を示すが，左右の触腕の柄部が癒合して柱

図11・45　スルメイカの産卵行動（A→E）
（桜井，2003）．

図11・46　スルメイカの稚仔（浜部，1962）．
（A）孵化直後，（B）孵化後1～2日
（C～F）リンコトウチオン幼生

状に伸びる点で成体とは異なるため，とくにリンコトウチオン（rhyncho-teuthion）幼生と呼ばれる（図11・46C～F）．

　スルメイカでは卵の発生過程で親の保護がまったく見られないが，マダコの

157

仲間（*Octopus*）では総じて母親の手厚い保護を受ける．また，カイダコ類（*Argonauta*）では，雌が2本の腕から貝殻を分泌し，その中に卵を産みつけて保護する．

3．分類および主な種

現生の頭足類は次の2亜綱に分けられている．この2亜綱以外にアンモナイト亜綱（Ammnoidea）が知られるが，これは化石種のみを含む．

（1）オウムガイ亜綱（Nautiloidea）

最も原始的な分類群で，古生代に繁栄したが，その後衰退し，現生種はオウムガイ属（*Nautilus*）の4種のみである．2対の鰓を有することから，以前はアンモナイト類とともに四鰓亜綱（Tetrabranchia）としてまとめられていたが，現在では別亜綱として分けられている．

オウムガイ属の各種は渦巻型の外殻を有する（図11・47）．外殻の内部は隔壁によって多数の小室に区画され，動物体は最外部の小室に納まり，後端は隔壁に付着する．体の後端から伸びる連室細管（siphuncle）と呼ばれる膜状の管が隔壁を貫いて各小室の中央部を走り，小室との間でガスのやりとりをして浮力を制御している．

口部は多数の触手に取り巻かれ，上部の2本の太い触手は合して頭帽（hood）となる．触手は吸盤を欠く．眼は未発達で，色素胞，墨汁嚢ともに

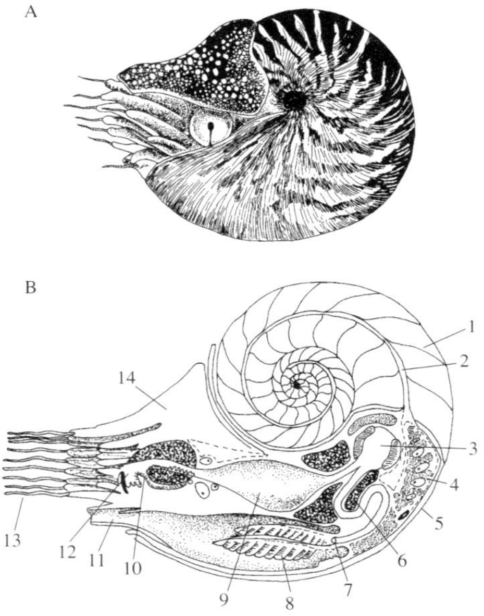

図11・47　オウムガイ（Roper *et al*., 1984）．
（A）オウムガイの1種 *Nautilus macromphalus*
（B）オウムガイ類の内部構造（雌）
1：隔壁　2：連室細管　3：胃　4：卵巣　5：殻
6：中腸腺　7：肛門　8：鰓　9：前胃　10：歯舌
11：漏斗　12：口　13：触手　14：頭帽

ない．分布域はインド洋から西太平洋にかけての熱帯域に限られる．

（2）鞘形亜綱（イカ亜綱：Coleoidea）

4〜5対の腕を有し，殻の発達の程度は多様である．鰓は1対．腕の吸盤は八腕形目を除いて有柄で，キチン質の角質環（chitinous ring）を具える（図11・48）．現生種は次の4目に分けられる．

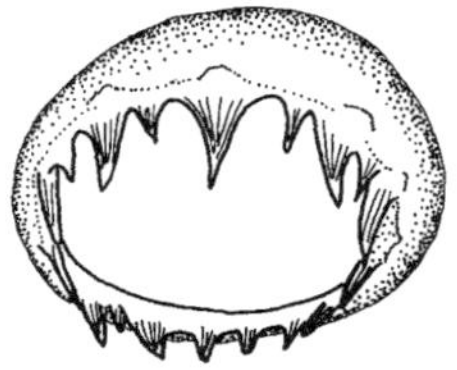

図11・48　イカ類吸盤の角質環（Roper *et al*., 1984）.

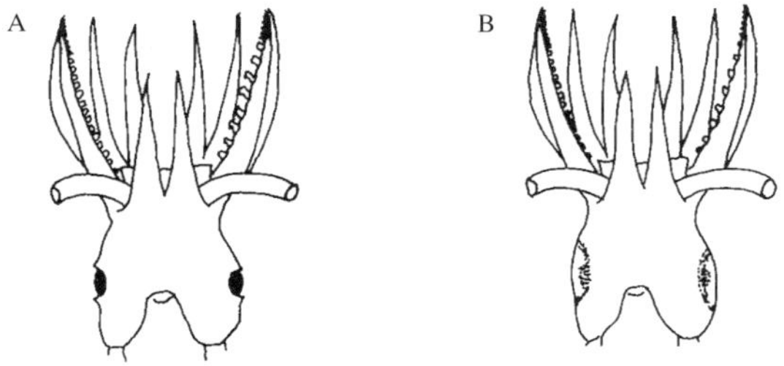

図11・49　ツツイカ目　（A）開眼類，（B）閉眼類（Roper *et al*., 1984）.

（a）コウイカ目（Sepioida）

胴部は幅広く，貝殻を有する（図11・37A-D）．4対の腕と1対の伸縮性の触腕を有するが，触腕は収縮時には頭部両側のポケットに納まる．眼は透明な膜によって覆われる．鰭は外套側縁全長に及ぶかまたは耳型．

コウイカ（*Sepia*（*Platysepia*）*esuculenta*）：コウイカ科（Sepiidae）に属する中型の種で，我が国では，本州中部から西南部にかけて普通に見られる．

胴部は楕円形で，後端に貝殻由来の小さな針が突出しているため「ハリイカ」とも呼ばれる．鰭は胴部後端を除いて外套両側にほぼ全長にわたって存在する．貝殻は発達し，長楕円形の舟形である．

砂質の海底に生息し，時には底質内に潜る．生息水深は10〜100m．深い所で越冬し，翌年の4〜7月に水深10m前後の沿岸に接岸して産卵する．雌の抱卵数は2,000粒余り．1回400〜500粒ずつ数回に分けて産卵する．

卵は海藻やのり簀などの海中構造物に付着し，産卵後40〜50日で孵化する．孵化時の稚イカの外套長は4.5〜5mm．貝類，エビ・カニ類や小型の魚類を餌料として夏から秋にかけてよく成長し，晩秋には甲長（貝殻長）2cm前後となって沖合の深部に移動して越冬する．冬季にはほとんど成長しない．一般に雄

の成長がよい．雌が卵をもつ最小甲長は9.1cm．寿命は1年で，産卵後死亡する．

　なお，本種のほかに，漁業的に重要な近縁種として，モンゴウイカと俗称されるカミナリイカ（*S.*（*Acanthosepion*）*lycidas*）やコブシメ（*S.*（*Sepia*）*latimanus*），ヒメコウイカ（*S.*（*Doratosepion*）*kobiensis*）などがいる．

　（b）**ツツイカ目**（Teuthoida）：胴部は延長して，多少とも紡錘形を呈する．鰭は体の後端両側に限られることが多い．貝殻は退化的で，キチン質の薄板状で軟甲（gladius）と呼ばれる．4対の腕と1対の伸縮性の触腕を有するが，触腕は収縮時でも特別のポケットに納まることはない．眼は透明な膜によって覆われるもの（閉眼亜目：Myopsida）と膜を欠くもの（開眼亜目：Oegopsida）とがある（図11・49）．ケンサキイカやヤリイカは前者に属し，ホタルイカやスルメイカは後者に属する．

　ホタルイカ（*Watasenia scintillans*）：開眼亜目，ホタルイカモドキ科（Enoploteuthidae）に属し，外套長5cm前後の小型のイカである．外套や腕に多数の発光器を有し，とりわけ第Ⅳ腕の先端に3個の大きな発光器を具える．本州以南の太平洋および日本海の数百メートルの深海に生息するが，初夏に富山湾に産卵集団が来遊し，これが漁獲対象となっている．

　スルメイカ（*Todarodes pacificus*）：開眼亜目，アカイカ科（Ommastrephidae）に属し，胴部は細長く，典型的な紡錘形を呈し，後端に比較的短い三角形の鰭を具える．触腕がよく発達する（図11・50）．東シナ海から黄海，

図11・50　スルメイカ（田中祐志氏提供）．

日本海全域および北太平洋沖合からオホーツク海にかけて分布している．半沖合性の種で，広域にわたって回遊する．日本近海に限っても，出現期を異にするいくつかの繁殖集団が知られているが，秋生まれ群と冬生まれ群が主な漁獲対象となっている．

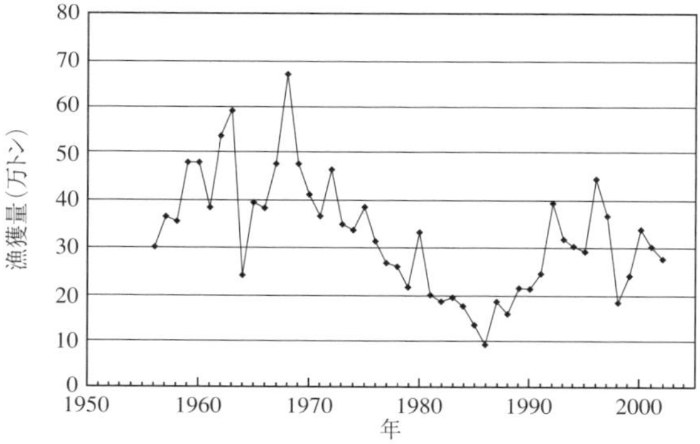

図11・51　我が国のスルメイカ漁獲量の推移
（農林水産省，2005 より作成）．

　漁業的にきわめて重要な種で，1970年頃には年間70万トン近い漁獲量があったが，1980年半ばには漁獲量が10〜15万トンにまで激減し，1990年代に入って再び漁獲量が増加している（図11・51）．このような漁獲量の変化は，産卵海域における水温の長期の変動周期と関係し，温暖期に産卵場が広がって資源が増加し，寒冷期には産卵場の縮小に伴って減少することによると考えられている．

　寿命は1年で，成長はきわめて良く，秋生まれ群では，孵化後4カ月で外套長約5cm，6カ月で15cm，9カ月で24cm，1年で27cm前後になる（図5・3A）．海域および出現期によって成長差は大きい．典型的な肉食性で，イワシ類，アジ類，サンマ，トビウオ類，イカ類などを主に捕食するが，外套長15cm未満の若齢個体はプランクトン食で，オキアミ類や端脚類などをはじめとする小型甲殻類を主に摂食する．

　前述のように，本種は，透明で直径80cmほどの巨大な卵塊を産み，その中に直径1mm程度の約20〜30万粒の卵が一定間隔で存在する．この卵塊は，水温18〜23℃の表層暖水下部の水温躍層（水深100〜200m）にとどまっていると推定されている．この水温範囲では3〜5日で孵化し，孵化幼生は海表面へと移動する．

　冬生まれ群は1〜4月初旬にかけて東シナ海で産まれ，黒潮および対馬暖流

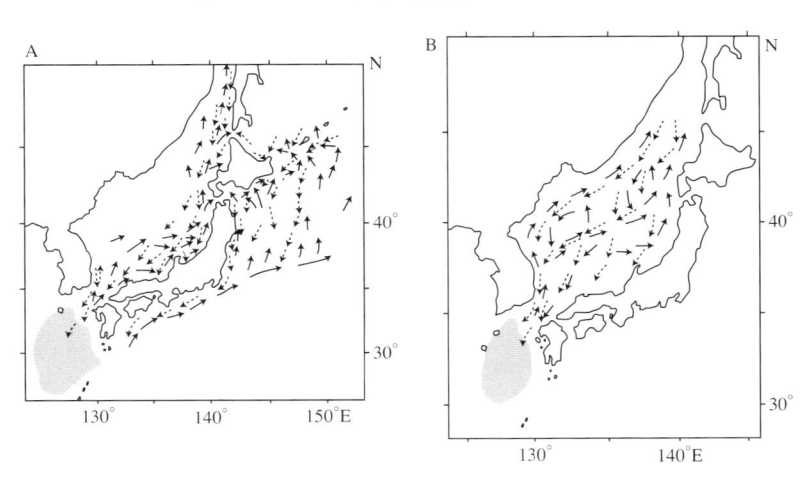

11・3 頭足綱

図11・52 スルメイカの回遊経路（Okutani, 1983）.
（A）冬生まれ群，（B）秋生まれ群．点描部分は産卵場を示す

に乗って太平洋側および日本海側を北上する（図11・52A）．その間成長を続け，8月には外套長で20cmに達して分布北限（日本海側：52°N，太平洋側：49°N）に到達する．その後，10〜11月にかけて南下回遊を行い，産卵場の東シナ海に向かうが，この時期に本州北部および北海道の太平洋側で主要な漁場を形成する．

　一方，秋生まれ群は太平洋側にはほとんど出現せず，主に九州西部から日本海西部にかけて9〜11月に産まれ，成熟外套長が27cm以上のかなり大型の群である（図11・52B）．雌の90％余りは9月までに成熟し，南下回遊を開始するが，この時期に日本海の沖合イカ釣り漁業の漁獲対象となる．

　このほか，初夏から夏季にかけて日本海の西南海域や太平洋側の三陸沿岸から北海道にかけて産卵群として出現する夏生まれ群の存在も知られているが，これらの各繁殖集団は互いに独立したものではなく，一部混じり合っている可能性が高いとされている．

　漁獲物は生食されるほか，ヤリイカ科（Loliginidae）のケンサキイカ（*Loligo*（*Photololigo*）*edulis*）やヤリイカ（*L.*（*Heterololigo*）*bleekeri*）などとともに乾製品（するめ）としても利用されており，ケンサキイカのするめを「一番するめ」あるいは「白ズルメ」と称するのに対し，本種のするめは

162

「二番するめ」あるいは「松前するめ」と呼んでいる.

　アカイカ（*Ommastrephes bartramii*）：スルメイカと同じく開眼亜目，アカイカ科に属する．スルメイカに似るが，肉厚で，外套長で40cm前後に達する大型のイカである．温帯の沖合域に広く分布し，広範囲の回遊を行うとされているが，その詳細は明らかでない．漁獲量はスルメイカに次いで多く，ここ数年は5〜10万トン前後で推移している．市場ではバカイカ，ムラサキイカなどとも呼ばれる.

（c）コウモリダコ目（Vampyromorpha）

　深海性のコウモリダコ（*Vampyroteuthis infernalis*）1種のみが知られている．4対の腕のほかに1対の細い触糸を具える（図11・53）．各腕は末端部を残して発達した傘膜によって連なる．腕の吸盤は有柄で角質環を具える．貝殻は薄板状．発光器を有する．熱帯から亜熱帯にかけて水深500〜3,000mに生息する.

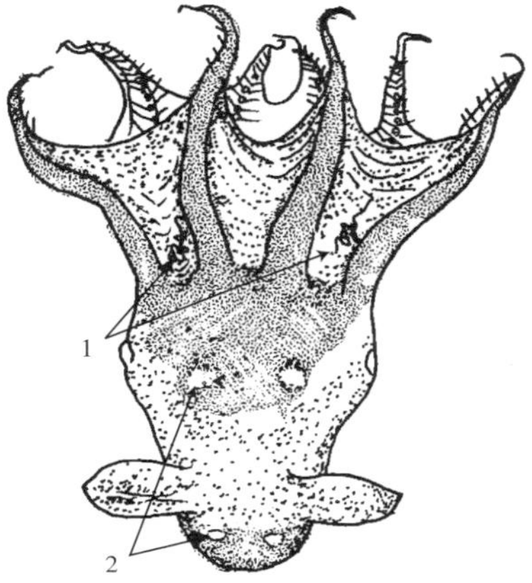

（d）八腕形目（Octopoda）

　胴部は球形で，深海性の一部の種を除いて鰭を欠く．腕は4対で触腕をもたない．腕の吸盤は柄部を欠き，角質環もない．カイダコなどの原始的なグループでは外在性の二次殻を有するが，ほとんどの種では無殻である.

図11・53　コウモリダコ（Roper *et al.*, 1984）.
1：触糸　2：発光器

　マダコ（*Octopus vulgaris*）：タコ類は我が国の沿岸漁業の対象生物として重要な位置を占め，最近では年間4万トン余りの漁獲量がある．マダコ，ミズダコ（*Enteroctopus dofleini*），イイダコ（*Amphioctopus fangsiao*），テナガダコ（*O. minor*）などが主な種であるが，北海道，東北および日本海沿岸で局地的にミズダコが主要対象種となっているほかは，マダコが中心である．主に底曳き網や蛸壺漁により漁獲されている.

　マダコ（図11・54）はマダコ亜目（Incirrata），マダコ科（Octopodidae）に

11・3　頭足綱

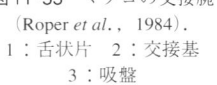

図11・54　マダコ（Russell-Hunter, 1979）.

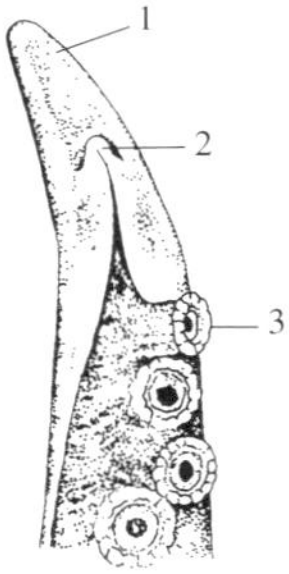

図11・55　マダコの交接腕
（Roper *et al*., 1984）.
1：舌状片　2：交接基
3：吸盤

属し，分布域はきわめて広く，熱帯から温帯にかけて世界中の沿岸部に生息する．とりわけ地中海，東大西洋および日本周辺海域で多く漁獲されている．

　胴部は卵円形で筋肉質．各腕の長さはほぼ等しく，外套長の3〜4倍．隣り合う腕の間をつなぐ傘膜は狭く，腕の基部付近に限られる．雄の右側の第Ⅲ腕は交接腕となり，その先端は変形して吸盤を欠き，代わりに小さな舌状片となる（図11・55）．体色は普通紫褐色であるが，環境に応じて容易に体色を変化させることができる．

　本種は群れを作ることなく，それぞれ縄張りを形成して一定の生息空間を占有する習性がある．夜行性で，昼間は岩穴や岩の裂け目のような所を好んで居所に定めて潜む．蛸壺漁はこのような習性を利用したものである．

　産卵は沿岸の浅所で行われ，産出された卵は薄い卵膜に包まれ，長径2mm，短径1mmのほぼ楕円形である．一端に4mm前後の糸状の柄部があり，各卵の柄部が互いに絡み合って，1本の幹紐を形成し，このような幹紐が多数集まって，基質に付着して卵塊を形成する．このような卵塊は藤の花に似ているところから海藤花と呼ばれる．

　孵化に要する日数は水温により異なるが，水温25℃の飼育条件下ではほぼ22〜25日である．孵化直後の幼生の全長は3mm前後である．幼生の形態は成体のそれに近いが，外套長に対する腕長の割合は成体に比べてかなり小さく，

漏斗が大きい．幼生は5〜12週間の浮遊生活を送った後，全長1.2cm前後に成長して底生生活に移る．浮遊生活期の減耗が大きく，この期間の生残率はほぼ1割前後と見積もられている．とくに被食による減耗が大きい．

　成長は夏から秋にかけて顕著で，冬季に停滞する．翌年の春には再び成長を続け，満1年で全長50cm，体重1kg程度になる．一般に雌に比べて雄の方が大きくなる．

　餌生物は多岐にわたるが，肉食者で，エビ，カニなどの甲殻類，魚類および軟体動物が主となる．摂食量は成長とともに変化するが，1日当たり，若齢期には自体重の10〜20％，成体でも数％に達する．雌は成熟すると摂食しなくなる．

　雄は雌より早く200g前後以上で成熟する．交接は雌が未成熟の状態で行われ，交接腕により精包を雌の粘液腺に送る．1年中産卵が行われる熱帯，亜熱帯の群は別にして，産卵期は春から夏にかけて1回ないしは春と秋の2回である．産卵は岩穴や岩の裂け目，時には貝殻，空き缶や空き瓶の中などのように，周囲から遮蔽されたところで行われる．雌1個体当たりの産卵数は10〜50万粒にのぼる．雌は産卵後もその場にとどまり，卵の掃除，水流の確保，捕食者の排除などを行うため，発生中の卵の減耗はきわめて少なく，せいぜい11％程度と見積もられている．卵が孵化した後，雌は衰弱して死亡する．雌の寿命はほぼ1〜2年である．一方，雄の寿命については，いまだ正確な調査事例がないが，少なくとも雌よりは長く生きると考えられている．

参考文献

朝倉　彰：貝類生態学のフロンティア．月刊海洋，号外，20，162-170，2000.

有元貴文・稲田博史（編）：スルメイカの世界．成山堂書店，2003，327pp.

Boyle, P. R.（ed.）: Cephalopod Life Cycle. Vol. 1. Academic Press, 1983, 475pp.

Boyle, P. R.（ed.）: Cephalopod Life Cycle. Vol. 2. Academic Press, 1987, 441pp.

浜部基次：日本海西南海域におけるスルメイカの発生学的研究．日水研報，10，1-45，1962.

波部忠重・奥谷喬司・西脇三郎（編）：軟体動物学概説．上巻．サイエンティスト社，1994，273pp.

波部忠重・奥谷喬司・西脇三郎（編）：軟体動物学概説．下巻．サイエンティスト社，1999，321pp.

堀井豊充：水産総合研究センターにおけるアワビ類の資源生態研究—プロジェクト研究「生態系保全型増養殖システム確立のための種苗生産・放流技術の開発」—．月刊海洋，34，500-503，2002.

猪野　峻：アワビとその増養殖．水産増養殖叢書，11，日本水産資源保護協会，1966，103pp.

井上喜平治：タコの増殖．水産増養殖叢書，20，日本水産資源保護協会，1969，50pp.

11・3　頭足綱

伊藤　繁：オホーツク海沿岸におけるホタテガイ漁業．水産増養殖叢書，7，日本水産資源保護協会，1964，378pp.

梶原　武・奥谷喬司（監）：黒装束の侵入者―外来付着性二枚貝の最新学―．日本付着生物学会（編），恒星社厚生閣，2001，125 pp.

河村知彦：アワビ類―資源の現状と研究の動向．月刊海洋，34，467-469，2002．

河村知彦・高見秀輝：アワビ類の生態と加入量変動．渡邊良朗（編），海洋生物の機能―生命は海でどう変動しているか―，東海大学出版会，2005，286-303．

中村幹雄（編）：日本のシジミ漁業―その現状と問題点―．たたら書房，2000，266pp.

日本水産学会（編）：ホタテガイの増養殖と利用―増養殖の体系化に向けて．水産学シリーズ，31，恒星社厚生閣，1980，126pp.

奥谷喬司：頭足類の生態．山本護太郎（編），海洋学講座，9，東大出版会，1973，79-91．

奥谷喬司：頭足類の生物学 1-37．海洋と生物，1-7，1979-1985．

奥谷喬司（編）：貝のミラクル―軟体動物の最新学―．東海大学出版会，1997，350pp.

奥谷喬司（編）：日本近海産貝類図鑑．東海大学出版会，2000，1173pp.

奥谷喬司（編）：ホタルイカの素顔．東海大学出版会，2000，273pp.

奥谷喬司：軟体動物二十面相．東海大学出版会，2003，172pp.

Ponder, W. F. and Lindberg, D. R.: Towards a phylogeny of gastropod molluscs: An analysis using morphological characters. *Zool. J. Linnean Soc.*, 119, 83-265, 1997.

Roper, C. F. E., Sweeney, M. J. and Nauen, C. E. （eds.）: Cephalopods of the World. FAO Fisheries Synopsis, 125, vol. 3, 1984, 277pp.

齊藤　肇：富栄養海域における汚染指標二枚貝シズクガイの個体群動態に関する研究．水研センター研報，16，29-95，2006．

桜井泰憲・山本潤・木所英昭・森賢：気候のレジームに連動したスルメイカの資源変動．気候―海洋―海洋生態系のレジームシフト―実態とメカニズム解明へのアプローチ―．月刊海洋，35，100-106，2003．

佐々木猛智：貝の博物誌．東京大学総合博物館，2002，220pp.

浮永久・大森正明・河原郁恵・石田亨一・柳澤豊重：アワビ類の種苗生産技術．日本栽培漁業協会，1995，175pp.

佐俣哲郎：軟体動物外骨格における石灰化機構．竹井祥郎（編），海洋生物の機能―生命は海にどう適応しているか―，東海大学出版会，2005，357-373．

Wilbur, K. M.（ed.）: The Mollusca, Vols. 1-12. Academic Press Inc., 1983-1988.

葭矢　護・桑原昭彦：サザエの生態研究とその応用．海洋と生物，9-10，1987-1988．

12　環形動物（Annelida）

　　多毛綱 Polychaeta：イシイソゴカイ，イワムシ，ヨツバネスピオ，イトゴ
　　　　カイ，ケヤリ，カサネカンザシゴカイ，チューブワーム
　　有帯綱 Clitellata：イトミミズ，フツウミミズ，チスイビル，ヤマビル

　環形動物は発達した真体腔を有し，明瞭な体節構造を示す．一部の浮遊性の
種や寄生性の種を除いては，基質に密着して生活する．海洋および陸水を含む
水圏はもとより，陸圏へも生活域を広げ，生活様式もまた多岐にわたる．
　海産の多毛類（Polychaeta）がそのほとんどを占め，海洋生態系において重
要な役割を果たしているのも多毛類に限られる．したがって，以下では多毛類
を中心に述べる．

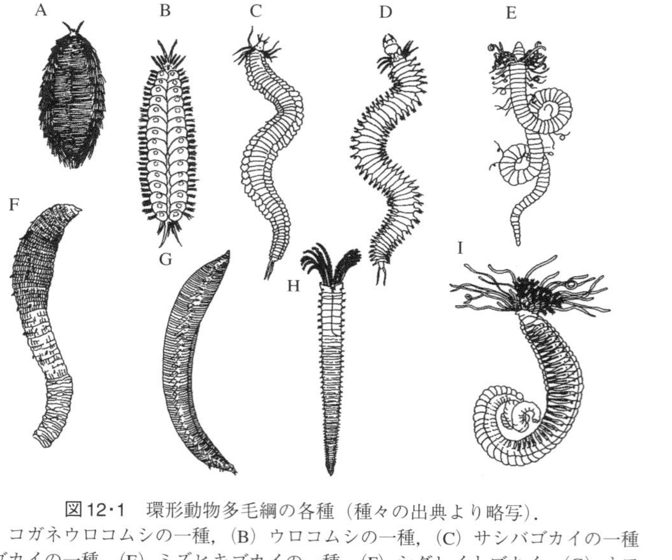

図12・1　環形動物多毛綱の各種（種々の出典より略写）．
（A）コガネウロコムシの一種，（B）ウロコムシの一種，（C）サシバゴカイの一種
（D）ゴカイの一種，（E）ミズヒキゴカイの一種，（F）シダレイトゴカイ，（G）オフェ
リアゴカイ，（H）コウキケヤリ，（I）オバナフサゴカイの一種

12・1　多毛類の体の構造と機能

1．一般形態

　典型的なものでは，頭部前端の前口葉（prostomium）と尾部後端の肛節（pygidium）を除いて，体はほぼ相同の体節からなるが，種によりその形態は多様である（図12・1）．頭部と腹部で形態的および機能的分化を示す例も多く，移動性に乏しい種ほどその傾向が強い．著しい場合は，鰓，触手，感覚器官などすべてを頭部に集中させている（図12・1H,I）．口は囲口節（peristomium）と呼ばれる第2体節の前端に，肛門は肛節の後端にそれぞれ開く．

　各体節は筋肉性の体壁によって包まれ，左右両側に1対の付属肢を伴う（図12・2A）．付属肢は体壁の側突起で，いぼ足（parapodium）と呼ばれる．いぼ足の基部の背腹両側には触糸（cirrus）を有し，背側には別に糸状ないしは指状，時には樹枝状の鰓を有する種も多い．多毛綱のウロコムシの仲間では，

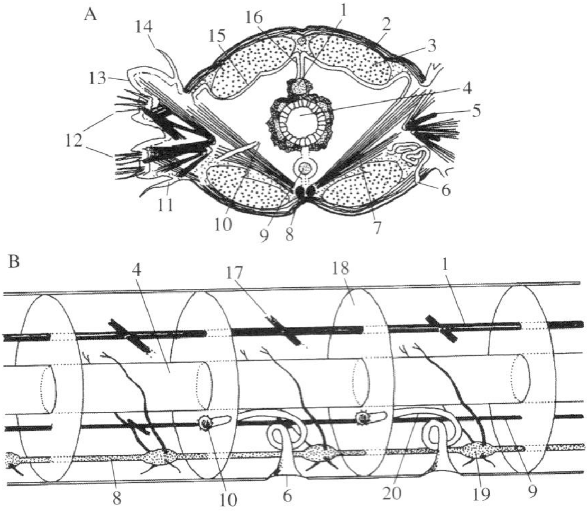

図12・2　環形動物の内部構造（A：山田，1967　B：Pechenik，1985）．
（A）横断面，（B）環形動物の体節構造　1：背行血管　2：環走筋　3：縦走筋　4：消化管　5：足刺
6：排出孔　7：斜走筋　8：神経索　9：腹行血管　10：腎口　11：腹触糸　12：剛毛　13：いぼ足
14：背触糸　15：腹膜　16：懸腸膜　17：環状血管　18：隔膜（隔壁）　19：神経節　20：後腎管

168

12. 環形動物

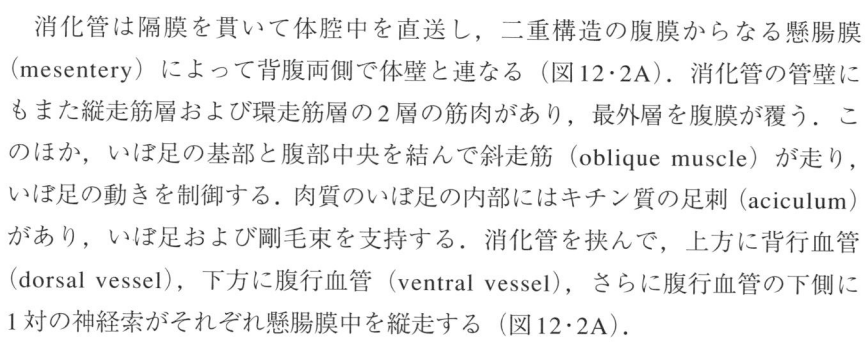

背面は背触糸が鱗状に変形した背鱗（elytron）によって覆われる（図12・1B）．

いぼ足の先端には色々な形状の剛毛（seta）を有し，その形態は重要な分類形質となる（図12・3）．

体壁は薄いクチクラ層である外皮と，その直下を走る環走筋および縦走筋の2層の筋肉層とからなり，最内層は中胚葉由来の腹膜が覆い，体腔を取り巻く（図12・2A）．体腔は体腔液で満たされる．各体節の前後両端には原則として腹膜由来の隔膜があり，体腔は体節ごとに前後両体節の隔膜によって仕切られる（図12・2B）．

消化管は隔膜を貫いて体腔中を直送し，二重構造の腹膜からなる懸腸膜（mesentery）によって背腹両側で体壁と連なる（図12・2A）．消化管の管壁にもまた縦走筋層および環走筋層の2層の筋肉があり，最外層を腹膜が覆う．このほか，いぼ足の基部と腹部中央を結んで斜走筋（oblique muscle）が走り，いぼ足の動きを制御する．肉質のいぼ足の内部にはキチン質の足刺（aciculum）があり，いぼ足および剛毛束を支持する．消化管を挟んで，上方に背行血管（dorsal vessel），下方に腹行血管（ventral vessel），さらに腹行血管の下側に1対の神経索がそれぞれ懸腸膜中を縦走する（図12・2A）．

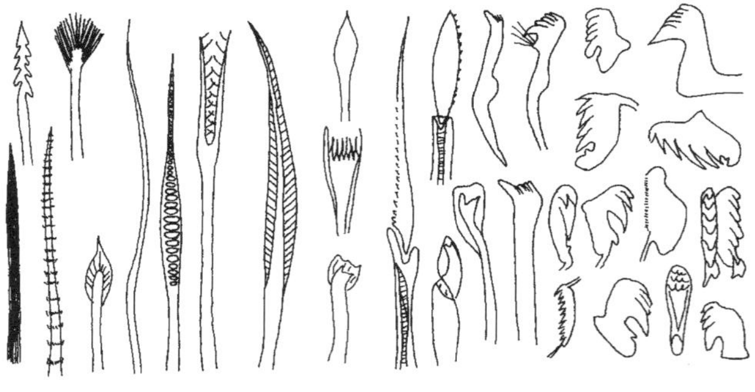

図12・3　多毛類の剛毛各種（山田，1967）．

2. 移　　動

オヨギゴカイの仲間や寄生性の種などごく一部を除いて成体は多かれ少なかれ基質に密着して生活する．なかには体壁の筋肉の働きによってかなり移動力

を有するものもいる．移動方法には蠕動型，蛇行型および波行型の 3 型があり，
それぞれ筋肉の関わり方が異なる．蠕動型は前部体節から後部体節にかけて少
しずつ位相をずらせながら環走筋と縦走筋が交互に収縮，弛緩を繰り返し移動
するもので，陸生の貧毛類の移動の際にみられる．蛇行型では左右の縦走筋を
拮抗的に収縮，弛緩させながら移動する．移動力を有する多毛類で普通にみら
れる．波行型は体を上下に波打たせながら移動するもので，遊泳性の種に限ら
れる．

　埋在型の種では，堆積物内に潜入する時は体腔液を用いた水骨格機構を利用
する．この場合には，体腔液を体の前後に自由に移動させる必要があるため，
隣り合う体節間の隔膜が退化しているか，小孔を有して体腔液の移動を可能に
している．潜入の際には，まず，体前部を堆積物内に突っ込み，体腔液を前部
に集めて肥大させ，この部分を錨のように固定して体後部を引き寄せる．次い
で体腔液を後部に集め，後部を膨らませて錨のように固定させて前部をさらに
深部へ潜らせる．この動作を繰り返して徐々に深部へと移動する．

　一方，定在性の多毛類の多くは，棲管（tube）と呼ばれる管をつくり，その
中で生活する．棲管は自ら掘った穴の内面を粘液で固めた程度の簡単なものか
ら，砂粒または泥粒を膜に付着させたもの，あるいは石灰質やガラス質性の硬
い管まで種により多様である．管棲種でも，棲管を出て移動する光景はしばし
ば観察される．

3．摂食および消化

　多毛類は多様な摂食型を示し，肉食および懸濁物食のみならず，堆積物食も
普通にみられる．懸濁物食者は頭部に触手やそのほかの集餌装置を具え，それ
により懸濁粒子を集める．集められた粒子は集餌装置の表面の繊毛の働きによ
り基部にある口へと運ばれる．摂食の前に粒子の選別が行われ，食物となる粒
子が口内に取り込まれる．食物とならない砂粒などは棲管の材料として利用さ
れることもある．堆積物食者は，基質表面の堆積有機物を頭部の触手を用いて
選択的に取り込むものと，堆積物そのものを無選択に取り込むものとがいる．
後者の場合には，消化管内で堆積物中に混在する微小生物や有機物の破片を選
択的に消化，吸収し，残りはそのまま排出する．このような摂食型を示す種の

多くは堆積物内に深く潜り，深層の堆積物を取り込んで肛門を通して糞として基質表面に運び上げるため，堆積物の一定の層を耕すのに貢献していると考えられている．

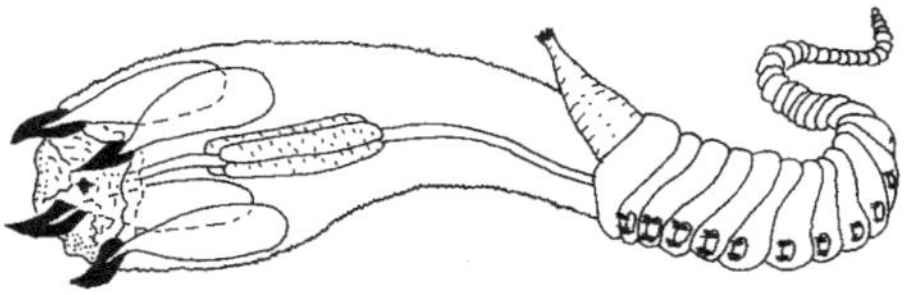

図12・4　吻を翻転中の多毛綱チロリ科の一種
（Barth and Broshears, 1982）

　消化管は前腸（foregut），中腸（midgut）および後腸（hindgut）の3部分に分けられる．前腸は最も変異に富む部分で，口，口腔，吻，咽頭および食道からなる．吻はしばしば翻転性で，摂食の際に翻転させて前方に伸ばす（図12・4）．吻の先端にはキチン質の顕著な顎歯を具えるものも多い．中腸は主に食物の消化，吸収を行う部分で，消化は基本的には細胞外消化である．

4. 呼吸および循環系

　呼吸は主に皮膚を通して行われる皮膚呼吸であるが，鰓を有して鰓呼吸を行う種もいる．通常の酸素呼吸のほかに，有機汚濁の著しい環境でしばしばみられる貧酸素水域に生息する種では，一時的に無気呼吸を行うことも知られている．

　循環系は閉鎖循環系であるが，心臓の分化はみられず，前方の背行血管が規則的に収縮を繰り返して心臓の代わりをして血管内の血流を制御する．血管系は背行血管および腹行血管の2本の主血管を体節ごとに体壁に沿って走る環状血管（ring vessel）が連絡する．体壁には皮下血洞（subdermal sinus）と呼ばれる毛細血管網が発達し，ガス交換の場となっている（図3・5B）．同様の毛細血管網は消化管壁にも存在し，内臓血洞（visceral sinus）とも呼ばれるが，ここは主に消化管壁を通して栄養物質を取り込む場である．ほとんどの種では血液中にヘモグロビンなどの鉄を有する呼吸色素を含み，赤色を呈する．

5. 排出および浸透調節

　排出と浸透調節は後腎管で行われる．後腎管は頭部と尾部の数体節を除く各体節に1対ずつ存在する（図12・2B）．先端は周囲を繊毛で縁どられた漏斗状の腎口となり，隔膜を貫いて前部の体節の体腔に開く．また，後腎管の末端は

体壁に存在する排出孔（nephridiopore）を経て体外に開く．体腔に集められた過剰の水分や老廃物は腎口から後腎管に入るが，これを通過する過程で，利用可能な物質は再吸収される．

6. 神経節および感覚器官

神経系は発達し，前部体節において脳または脳神経節が分化する．懸腸膜内を腹部正中線に沿って走る1対の神経索には，体節ごとに神経節があり，各体節の左右の神経節は神経連鎖（commissure）により連絡し，はしご状神経系を形成する．原始的な種群では，左右の神経索は明瞭に分離するが，高等なものほど合一する傾向にある．

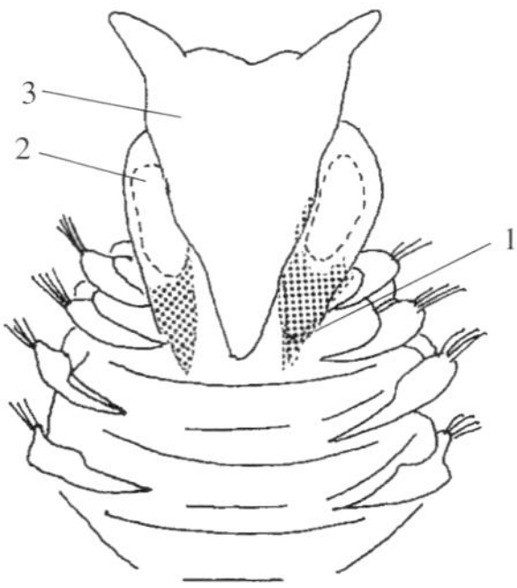

環形動物の感覚器官には，眼，触覚器，化学受容器，平衡胞などがあるが，とりわけ頸器官（nuchal organ）は環形動物に特有の化学受容器で，前口葉の側方に位置して，摂食の際に重要な役割を果たすと考えられている（図12・5）．

図12・5 スピオ科の一種の体前部拡大図（山田，1967をもとに描く）．
1：頸器官 2：副感触手付着痕 3：前口葉

12・2 生殖，発生および再生

1. 有性生殖

生殖様式は多様である．有性生殖が一般的であるが，一部，出芽や分裂による無性生殖もみられる．多毛類以外はすべて雌雄同体であるが，多毛類のほとんどは雌雄異体である．

多毛類は特別の生殖器官をもたず，生殖細胞は一部の体節の体壁内面または血管壁表面を覆う腹膜の細胞から形成される．生殖細胞が形成される体節をエピトーク（epitoke）と呼び，アトーク（atoke）と呼ばれる生殖細胞の形成に関わらない無性的な体節と区別するが，種によっては成熟期にはエピトークの部分が変形し，両部分の外観が著しく異なるものがいる．このようなエピトー

ク部分の変形をエピトーク変態と呼ぶ（図
12・6）．成熟した生殖細胞は体腔内に溜まり，
後腎管を経るか，または体壁が破れて直接体
外に放出される．イソメ科（Eunicidae）の一
部の種では，産卵期に体後部のエピトークの
部分が体前部から分離して泳ぎ出す現象が知
られている．ほとんどの種では，卵と精子の
受精は体外で行われる．しかし，雄の一部の
体節のいぼ足が交接器に変形し，交接行動に
より精子を雌の体腔内に送り，体内受精を行
う種も知られている．さらに，変形した特殊
な剛毛を使って，雌の皮下に精子を注入して
皮下受精を行うものもいる．

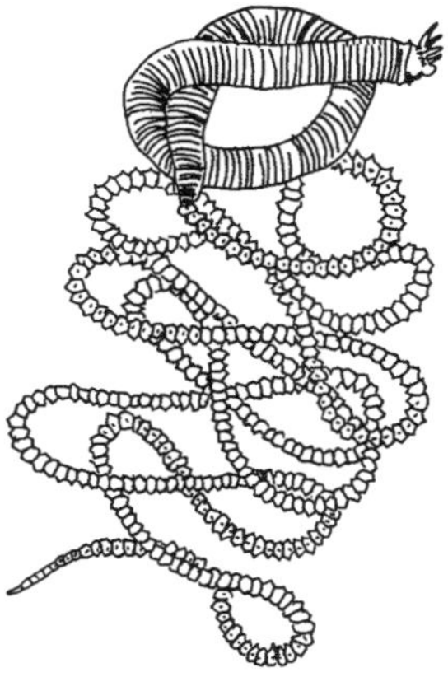

図12・6 エピトーク変態をしたイソ
メ科の一種（Brusca and Brusca, 2003）．

2. 発　生

　多毛類では，受精卵はらせん卵割を経て発
生が進み，やがて浮遊性でこま型のトロコフ
ォア幼生となる（図12・7A）．体表には複数
の繊毛環があるが，体中央部を取り巻く繊毛
環を口前繊毛環（prototroch）と呼ぶ．口は
口前繊毛環の直下部に形成され，その下方を
口後繊毛環（metatroch）が取り巻く．肛門は
体の最下端に開き，その周囲を端部繊毛環
（teletroch）が取り巻く．口後繊毛環と端部繊
毛環の間に成長帯が発達し，この部分で体節
が増加して成長する（図12・7D,E）．体節の
分化した初期の幼生はネクトキータ
（nektochaete）幼生と総称される．

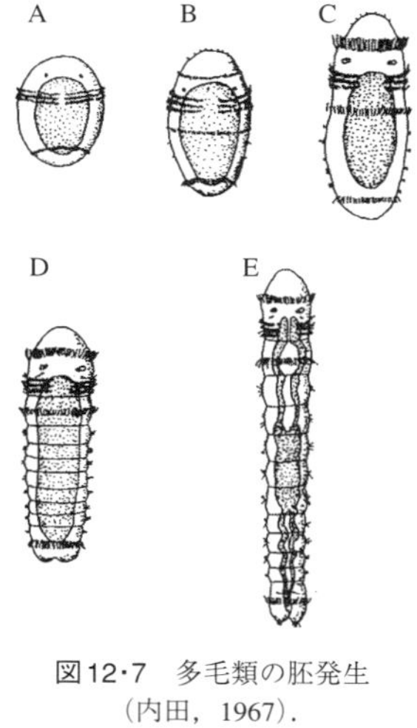

図12・7 多毛類の胚発生
（内田，1967）．
（A）若いトロコフォア，（B）繊
毛環が増加，（C）体が延長する，
（D）体節の増加，（E）消化管も
体節制になる

　ミミズ類やヒル類の場合は，ほとんどが雌の体腔内で発生が進み，ほぼ親と
同じような形で産出される直達型の発生様式を示す．

3. 無性生殖

無性生殖を行う多毛類の例としてよく知られているのはシリス科（Syllidae）の各種である．これらの種では，体の後端から出芽によって次々と個体を産出し，これらが鎖状につながったり，一部の体節に房状にぶら下がる（図12·8）．これらはやがて順次親の体から離れて独立していくが，いずれも生殖個体として生殖活動に関わる．したがって，この過程は有性生殖の生殖体形成過程ともみなせ，厳密な意味で無性生殖の過程として捉えるべきかどうかは議論のあるところである．

これとは別に，自切（autotomy）により1個体が多数の断片に分かれ，各断片がそれぞれの欠落部を再生させて増殖するものが一部の種で知られているが（図12·9），むしろこれを真の意味での多毛類の無性生殖とみなすべきであろう．

4. 再　　生

多毛類は強い再生能力を有する．多毛類はしばしば危急の場合に体の一部を自切することにより難を逃れ，また，捕食者の捕食により体の一部を失うことも多い．いずれの場合も，この強い再生能力を利用して失った部分を再生し，

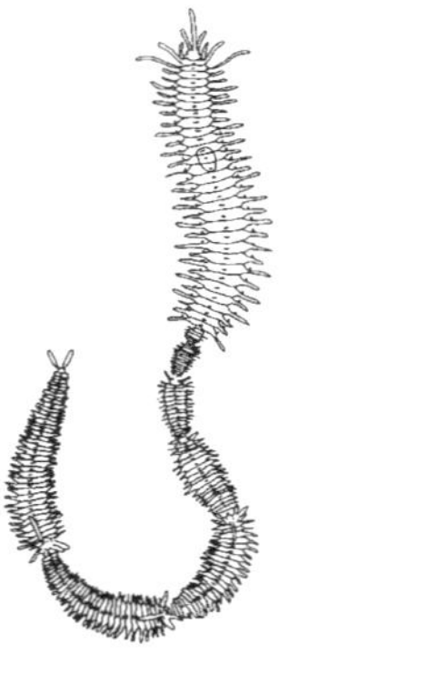

図12·8　芽体形成中の多毛綱シリス科の一種（Barth and Broshears, 1982）.

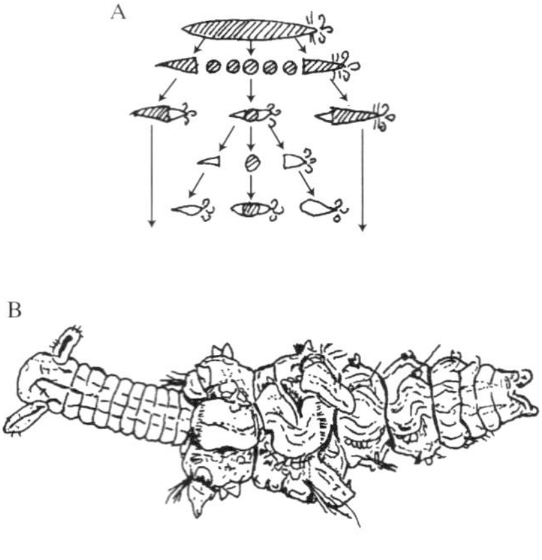

図12·9　多毛類の無性生殖.
(A) ミズヒキゴカイの一種の無性生殖過程（Gibson and Clark, 1976）
(B) 再生過程の途上にあるスピオ科の一種（Rasmussen, 1953）

もとの体に戻る．このような再生能力は種類により，また体の部分によって異なる．体の後部の再生は多くの種でみられるのに対し，頭部を含む体の前部の再生を行うことができるのは限られた種である．

12・3　分類および主な種

環形動物の分類体系は最近大幅に見直されている．従来は，多毛綱，貧毛綱，吸口虫綱，ヒル綱の4綱に整理する体系が広く認められてきたが，最近の分岐論に基づいた考察の結果，環形動物を多毛綱と有帯綱の2綱にまとめ，吸口虫類は多毛綱に，貧毛類とヒル類は有帯綱にそれぞれ含められている．なお，最近，分子遺伝学的解析に基づいて，多毛綱は単系統群として認められないとする見解も出されているが，ここでは上記の2綱体系に従う．

1.　多毛綱（Polychaeta）

ゴカイと称される種群が大部分を占めるが，一部吸口虫も含む．このほか，最近深海の熱水あるいは冷水湧出域周辺に多産することが明らかとなったチューブワーム（ハオリムシ）類（*Lamellibranchia* ほか）も有鬚動物（Pogonophore）とともに多毛綱の1科（Siboglinidae）を占め，ケヤリゴカイ科（Sabellidae）の近縁の分類群として位置づけられている．また，多毛綱全体に関しても，高位分類体系について，最近大幅な変更が提案されているが，それぞれの系統群がどのレベルの分類階級に位置づけるべきかに関して結論が出ていない．

一般に体節構造が明瞭で，いぼ足，剛毛ともよく発達する．ほとんどが海産．外部形態は変異に富む．およそ10,000種ほどが知られている．

多毛類は，我が国では直接漁業の対象となることはほとんどないが，底生性の有用魚介類の餌料生物となるなど，主に海底の物質循環に大きな役割を果たしている．なお，一部アワビ，ホタテガイなどの有用貝類の貝殻を穿孔したり，水中構造物に大量に付着するものなどがおり，有害動物となっている．

（1）ゴカイ類：ゴカイ科（Nereididae）に属する．体節構造が明瞭で，原則として体前部から体後部までほぼ同様な体節構造を示す．翻転性の吻がよく発達し，先端に1対のキチン質の強力な顎があり，また，ほとんどの種で，吻

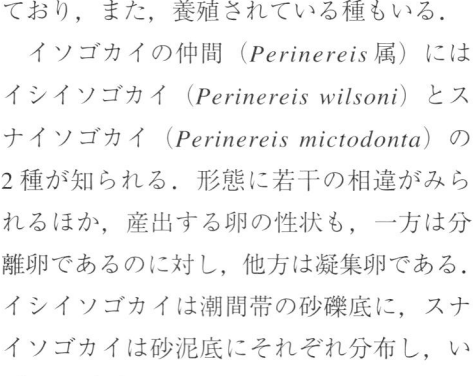

図12・10 イシイソゴカイ
（海洋生態研究所提供）.

の表面に無数の小顎片（paragnath）が並ぶ．小顎片の形状と配置は重要な分類形質になる．釣りの餌となることが多く，一部は韓国，北朝鮮や中国から大量に輸入されており，また，養殖されている種もいる．

　イソゴカイの仲間（*Perinereis* 属）にはイシイソゴカイ（*Perinereis wilsoni*）とスナイソゴカイ（*Perinereis mictodonta*）の2種が知られる．形態に若干の相違がみられるほか，産出する卵の性状も，一方は分離卵であるのに対し，他方は凝集卵である．イシイソゴカイは潮間帯の砂礫底に，スナイソゴカイは砂泥底にそれぞれ分布し，いずれも大潮時に5〜11時間干出するところとされる．

　イシイソゴカイ（図12・10）は産卵期が4〜8月にわたり，盛期は5月である．雌雄異体で，成熟個体は後部体節（エピトーク）が変形して遊泳に適した形となる．産卵は日没後，基質を離れて遊泳しながら行われる．雌1個体の産卵数は3万粒前後である．体外受精で発生が進む．

　トロコフォア期は卵内で経過し，約1週間後に3対のいぼ足が分化した段階で孵化する．孵化幼生は1週間ほど浮遊生活を送るが，この期間栄養はもっぱら卵黄に依存し，摂餌は行わない．その後，底生生活に移行して摂餌を開始し，約10週間で若虫となる．以後，棲管を作りその中で生活し，約1年で成熟する．雌雄とも産卵後死亡するため，寿命は1年前後である．

　イシイソゴカイは海藻破片や肉片など堆積物表面に堆積した有機物を摂食する雑食性であると考えられるが，飼育下では，成体はカタクチイワシ，カキ類の肉片やウナギ用配合餌料に，稚仔は乾燥クロレラにそれぞれ最も嗜好性を示すという．

　イシイソゴカイは我が国各地で釣り餌用として養殖されており，高知県の例では1998年には160トンを出荷したとの記録がある．

　アオゴカイ（アオイソメ；*Perinereis aibuhitensis*）も広く普及した釣り餌

として知られる．本種はもともと我が国沿岸
には分布しておらず，もっぱら韓国や中国か
ら輸入されているが，それが最近我が国沿岸
に住み着いている形跡があるという．

　このほか，我が国沿岸の潮間帯にはカワゴ
カイ類（*Hediste*）が普通にみられるが，最近
の研究で我が国沿岸にはヤマトカワゴカイ
（*H. diadroma*），ヒメヤマトカワゴカイ（*H.
atoka*）およびアリアケカワゴカイ（*H.
japonica*）の3種が分布することが確認された．

図12・11　イワムシ．

　イワムシ（*Marphysa sanguinea*）：イソメ
科（Eunicidae）に属し，成虫は数十cmにも達するかなり大型の種である
（図12・11）．体前部は筒型で，頭部に5本の触手を具える．翻出性の吻には数
対の発達した顎歯を有する．前方から30体節付近以降の各体節には背触糸か
ら糸状の鰓が分枝し，最大数本に分枝する．干潟の砂泥底や岩礁の間隙に生息
する．

　本種はマムシなどと俗称され，質の良い釣り餌として重用されている．台湾
や韓国からの輸入も盛んである．

　シノブハネエラスピオ（*Paraprionospio patiens*）：スピオ科（Spionidae）
に属する．以前はヨツバネスピオと称され，*P. pinnata*の学名が充てられてい
たが，細部の形態を異にする複数の種が存在することが明らかにされ，現在で
は，我が国沿岸に出現する*Paraprionospio*属は4種が記載されており，すべ
て*P. pinnata*とは別種である．

　これら各種はいずれも頭部に発達した3対の羽毛状の鰓を有することで特徴
づけられるが，鰓の微細構造や体表面の形状に差がみられ，また，それぞれ主
な分布域を異にしている．

　このうちシノブハネエラスピオ（図12・12）は内湾の富栄養海域で夏季に著
しく貧酸素化するような悪循環で卓越する分布特性を示すので，以前から我が
国の代表的な汚濁指標種として知られていたヨツバネスピオは本種のことであ
る．

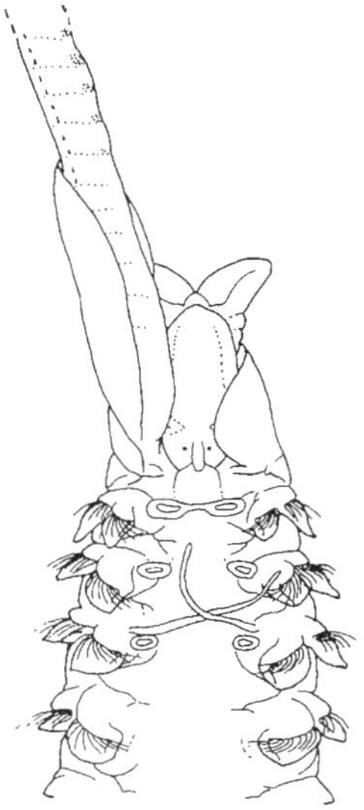

12・3 分類および主な種

図12・12 シノブハネエラスピオ
（Yokoyama and Tamai，1981）．

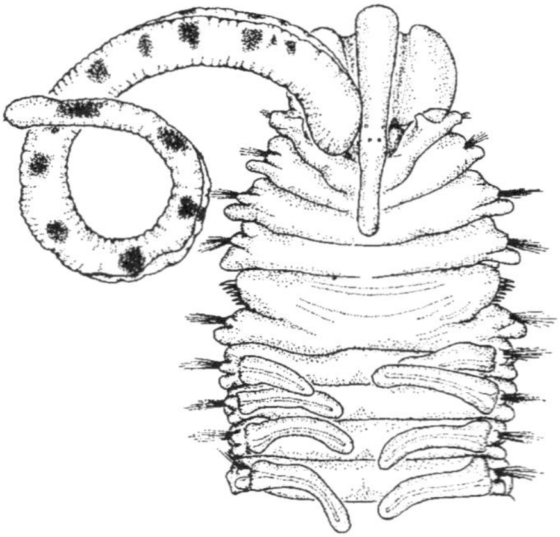

図12・13 マダラスピオ（Imajima and Sato，1984）．

本種は寿命が1年で，夏から秋にかけて産まれた幼生は1～2カ月の浮遊期間を過ごした後，内湾の水深10m前後の軟泥底に着底するが，着底場所は，どういうわけか，晩夏から秋にかけて貧酸素化する環境に集中する傾向がある．越冬後，水温の上昇とともに成長を早め，春には一部成熟する個体もいるが，多くは夏以降の貧酸素環境を生き延びて産卵し，死亡する．

　マダラスピオ（*Polydora brevipalpa*）：本種もスピオ科に属する．主に寒冷域に分布し，ホタテガイなどの二枚貝の貝殻を穿孔し，その内部で生涯を過ごすため，とくにホタテガイ漁業の現場では漁業被害の主役として注目されている．

　Polydora 属の中では比較的大型の種（図12・13）で，最大2cm前後になる．卵は夏から秋にかけて卵囊に包まれて産み出されるが，その後卵囊を出て浮遊生活を送り，春先に貝殻の縁辺部に達し，穿孔を始める．この時期はホタテガイの殻表に成長輪が形成される時期でもあり，結果として虫体の穿孔は成長輪に沿ってみられる（図12・14）．寿命は約2年半とされ，その間夏から秋にかけて産卵を繰り返す．

　穿孔は通常は殻内に限られ，ホタテガイに直接の悪影響を及ぼすことはないと考えられているが，貝殻の強度の低下をもたらし，殻を閉じる際に閉殻筋が収縮する時に加わる力に耐えられず，破殻することで，致命的な影

12. 環形動物

響を受けることもある．また，穿孔部が着色したり，凹凸が生じることで，見栄えが悪くなり，商品価値が低下する．

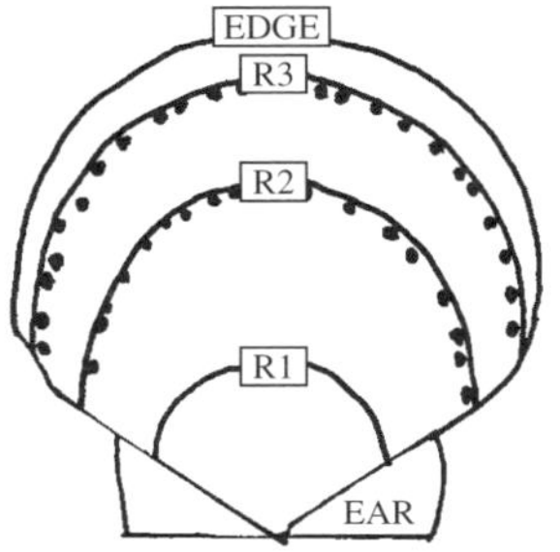

イトゴカイ（*Capitella* sp. type I）：イトゴカイ科（Capitellidae）に属する．頭部に触手などの突起を欠き，いぼ足の発達が悪い．定在性が強く，普通堆積物中に埋在し，堆積物食者である．とりわけ有機汚濁の著しい海域で極度に卓越することで，以前から海域の有機汚濁指標

図12・14　ホタテガイ殻表面に見られるマダラスピオの穿孔痕（大越・大越，1992）．

種としてよく知られている．以前は *Capitella capitata* と呼ばれ，世界的に広く分布するとされていたが，複数種を含んでいることが認められ，とくに有機汚濁域に卓越するものはtype I として区別されている．

本種は成体でも体長2cm に満たない小型の種で（図12・15），生活環はほぼ2カ月で完結する．このように，本種は生殖周期がきわめて短く，ほぼ周年にわたって産卵し続けることから，増殖力の大きさが特筆されるが，なぜ濃密分布がみられるのが有機汚濁域なのかについては明らかではない．他種が共存できないような悪環境下でのみ顕著に卓越する本種のこのような生態は，競争力の劣る種がとり得る合理的な繁殖戦略としてひところ注目されたが，その生態が明らかになるにつれ，このような繁殖戦略理論では説明できない点も多く，単に，有機物の効率的な取り込みを必要とする本種の生理特性を反映したものに過ぎないとする見方もある．

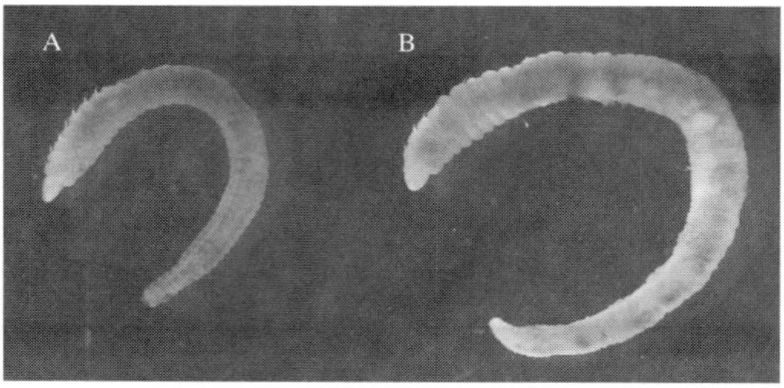

本種は雌雄異体で，雄の胸部の特定の体節の背面には，生殖剛毛と称する太い特殊な剛毛を具え，交接時にこれを雌の体壁に刺して精子を雌の体腔内に送る．卵は雌の体腔

図12・15　イトゴカイ（荒木希世氏提供）．
A：雄個体　B：雌個体

内で受精する．生殖様式は環境によって変えることもあるが，通常は沈性卵を産出し，孵化するまで雌親はその棲管内で哺育する．産卵数，卵の大きさ，孵化幼生の形態および生態は変異に富む．一般に大型卵の場合，幼生はほぼ成体に近い形態で孵化し，浮遊期を欠く．

有機汚濁域に卓越し有機物を活発に摂取し，増殖力の優れた本種の生態学的特性は，有機汚濁域の環境浄化に有効であるとして注目されている．

カサネカンザシゴカイ類（*Hydroides*）：カサネカンザシ類はカンザシゴカイ科（Serpulidae）に属し，胸部の腺細胞から他物に付着させるように分泌して形成した石灰質の棲管内に生息する．頭部に鰓冠と棲管の蓋の働きをする殻蓋を有するが，この殻蓋が2層構造になっているところからカサネカンザシゴカイの名が由来したとされる．我が国周辺では，カサネカンザシゴカイ（*Hydroides elegans*）とエゾカサネカンザシゴカイ（*H. ezoensis*）などが知られる．後者が日本沿岸の外海の影響の強い海域に広く分布するのに対し，前者は本州の中部以南の，主に内湾の富栄養域で卓越する．

どちらも主に夏季に産卵し，短期間の浮遊生活を終えて岩礁などの海底基質や水中構造物に付着し，棲管を伸ばしながら成長する．集群性がきわめて強く，しばしば大集塊を形成して，養殖網に付着して網目を塞ぎ，網内の水の交換を悪くして養殖魚の大量斃死を招いたり，アコヤガイ，カキ類などの養殖貝の殻表に密生して斃死や成長阻害の原因となるなど，様々な漁業被害を引き起こしてきた．

基質表面を覆う微生物被膜が幼生の付着・変態を誘引することが確かめられており，海藻由来のタンニン酸などの抗菌物質を用いて，微生物コロニーを死滅させることで，幼生の付着を妨げるなどの防除法が提案されている．

2. 有帯綱（Clitellata）

本綱は貧毛亜綱とヒル亜綱の2亜綱を含む．体前部に数体節にわたって環帯（clitellum）と呼ばれる特殊な体節を有する．いぼ足を欠き，剛毛の発達も悪い．水圏および陸圏に広く分布する．すべて雌雄同体．ヒル亜綱には一部吸血性の外部寄生種を含む．

12．環形動物

＜コラム9　口も肛門もない生物—チューブワーム＞

　チューブワームは深海の熱水噴出孔の周辺に生息する多毛類の仲間である．多毛類の中には石灰質の硬い棲管（カルシウムやキチン質からできたチューブ）を作ってその中に生息する種がいるが，チューブワームもその仲間である．大きなものは2mを超え，棲管の先端には大量にヘモグロビンを含んだ血液で赤く見える鰓が露出し，その下に，和名ではハオリムシと呼ばれるように，ちょうど羽織のような膜状の筋肉からなる構造体が体を棲管に固定している．棲管の中には，体の大部分を占める軟体部が隠されている．

　驚くべきことに，このチューブワームには口も肛門もない，つまり消化管が存在しないのである．したがって，「何も食べずに生きる動物」といっていいだろう．もちろん生物である以上，体を構成する成分を作り出し，生きていくためのエネルギーを得る必要がある．そのためにチューブワームは体の大部分を占める軟体部の細胞の内部に硫黄細菌を共生させている．チューブワームは鰓から取り入れた酸素と硫化水素を軟体部に送り込み，そこに生息する硫黄細菌が硫化水素を酸素で酸化する過程で生じる種々の有機化合物とエネルギーを利用して生きている．ヒトも腸内に様々な細菌を共生させているが，腸内は細胞外であり，動物界広しといえども細胞内に細菌を共生させている例はそれほど多くない．しかし，ミトコンドリアや葉緑体の先祖は共生細菌であることが知られており，生物が飛躍的進化を遂げる時には，細胞内共生は有効な手段であったようだ．

　地上に住む生き物は，直接あるいは間接に太陽の光エネルギーの恩恵を受けて生きている．つまり，太陽の放射エネルギーを利用した植物の光合成により生じた有機物を栄養源として生きているわけである．一方，太陽光がまったく届かない深海の熱水噴出孔には，地殻運動が生み出す硫化水素を利用する硫黄細菌の化学合成に依存した，地上とはまったく異なる濃密な「地球を食べて生きる」生態系が存在する．このような生態系ではチューブワームのような環形動物に加え，ユノハナガニやシンカイコシオリエビなどの節足動物，シロウリガイなどの二枚貝やアルビンガイなどの巻貝，さらにはイソギンチャクの一種など多種多様な無脊椎動物のパラダイスが広がっている．このような生物は，ところによっては100℃に近い高温度に加え深海の高水圧条件に曝されている．これらの生物がどのようにしてこのような厳しい環境に適応しているのか，分子レベルでの機構の解明が待たれるところである．（豊原治彦）

1m

図．チューブワーム（"Molecular Biology of the Cell" 第4版 P.15　Garland Science より）．遺伝子解析の結果より，チューブワームはもともと深海に生息していたわけではなく，沿岸域に生息していたある種の多毛類が，二次的に深海に適応したものと考えられている．

12・3 分類および主な種

参考文献

Dorresteijn, A. W. C. and Westheide, W. （eds.） : Reproductive Strategies and Developmental Patterns in Annelids. Kluwer Academic Publishers, 1999, 314pp.

Fauchald, K. : The polychaete worms. Definitions and keys to the Orders, Families and Genera. Nat. *Hist. Mus. Los Angeles County*, **28**, 1-190, 1977.

Fauchald, K. and Rouse, G. W.: Polychaete systematics. Past and present. *Zool. Scr.*, **26**, 71-138, 1997.

Fischer, A. and Pfannenstiel, H.-D (eds.） : Polychaete Reproduction. Progress in Comparative Reproductive Biology, Gustav Fischer Verlag, 1984, 341pp.

林　勇夫：多毛類生態学の最近の進歩. 海洋と生物, **13-24**, 1991-2002.

今島　実：環形動物多毛類, 生物研究社, 1996, 530pp.

今島　実：・環形動物多毛類II, 生物研究社, 2001, 542pp.

Kojima, S.: Paraphyletic status of Polychaeta suggested by phylogenetic analysis based on the amino acid sequences of elongation factor-1 *α . Mol. Phylogenet. Evol.*, **9**, 255-261, 1998.

Lau, S. C. and Qian, P. Y.: Phlorotannins and related compounds as larval settlement inhibitors of the tube-building polychaete *Hydroides elegans. Mar. Ecol. Prog. Ser.*, **159**, 219-227, 1997.

Miura, T. and Kajihara, T.: An ecological study of the life histories of two Japanese serpulid worms, *Hydroides ezoensis* and *Pomatoleios kraussii*. Proc. 1st Int. Polychate Conf., Sydney Australia, 1983, Linn. Soc. New South Wales, 1984, 338-354.

三浦知之：環形動物. 山田真弓（編）, 動物系統分類学追補版, 中山書店, 2000, 158-167.

大越和加：Polydorids（環形動物, 多毛綱, スピオ科）の石灰基質への穿孔機構. 奥谷喬司・太田秀・上島　励（編）, 水産無脊椎動物の最新学, 東海大学出版会, 1999, 77-99.

Rouse, G. W. and Pleijel, F.: Polychaetes. Oxford University Press, 2001, 354pp.

佐藤正典：多毛類の多様性と干潟環境—カワゴカイ同胞種群の研究—. 化石, **76**, 122-133, 2004.

Sato-Okoshi, W.: Polydorid species (Polychaeta: Spionidae) in Japan, with descriptions of morphology, ecology and burrow structure. I. Boring species. *J. Mar. Biol. Ass. U. K.*, **78**, 831-848, 1999.

堤裕昭：イトゴカイ（*Capitella capitata*）の有機物汚染域への適応. 月刊海洋科学, **19**, 106-111, 1987.

Tsutsumi, H.: Population dynamics of *Capitella capitata*（ Polychaeta: Capitellidae） in an organically polluted cove. *Mar. Ecol. Prog. Ser.*, **36**, 139-149, 1987.

Tsutsumi, H.: Population persistence of *Capitella* sp.（ Polychaeta: Capitellidae） on a mud flat subject to environmental disturbance by organic enrichment. *Mar. Ecol. Prog. Ser.*, **63**, 147-156, 1990.

内田亨・山田真弓・山口英二・長尾善：環形動物. 内田　亨（監）, 動物系統分類学6, 中山書店, 1967, 9-267.

横山寿：*Paraprionospio* 属多毛類の分類と系統. 海洋と生物, 29, 487-484, 2007.

吉田俊一：イソゴカイの飼育生態と養殖に関する研究. 大阪水試研報, **6**, 1-63, 1984.

13　節足動物（Arthropoda）

鋏角亜門 Cheliceriformes
　鋏角綱 Chelicerata：カブトガニ，クモ類，サソリ類
　ウミグモ綱 Pycnogonida：ツメナガウミグモ，カイヤドリウミグモ
甲殻亜門 Crustacea
　ムカデエビ綱 Remipedia：ムカデエビ
　カシラエビ綱 Cephalocarida：サンデルシェラ，ハッチンソニエラ
　鰓脚綱 Branchiopoda：ホウネンエビ，カブトエビ，カイエビ，タマミジ
　　ンコ，アルテミア
　顎脚綱 Maxillopoda：フジツボ類，カメノテ，ウミチョウ，コペポーダ類
　貝虫綱 Ostracoda：ウミホタル，カイミジンコ
　軟甲綱 Malacostraca：コノハエビ，シャコ，アミ類，クーマ類，ケブカタ
　　ナイス，ウミナナフシ，グソクムシ，ホソヘラムシ，ヨコエビ類，ホソワ
　　レカラ，オキアミ類，クルマエビ，サクラエビ，イセエビ，ホンヤドカリ，
　　タラバガニ，タカアシガニ，ズワイガニ，ケガニ，ガザミ，モクズガニ
六脚亜門 Hexapoda
　内顎綱 Entognatha：トビムシ類
　昆虫綱 Insecta：昆虫類
多足亜門 Myriopoda
　倍脚綱 Diplopoda：ヤスデ類
　唇脚綱 Chilopoda：ムカデ類
　少脚綱 Pauropoda：ヤスデモドキ類
　結合綱 Symphyla：コムカデ類

　節足動物は発達した外骨格に包まれ，体節構造が明瞭で，付属肢が多くの関
節でつながるといった形態学的特徴を共有する．水，陸両圏で繁栄する動物門

183

で，現生種だけでも100万種をゆうに超えると見積もられている．

このように，分化の著しい動物門ではあるが，水圏に分布するのは，六脚亜門昆虫綱の一部や鋏脚亜門のカブトガニやウミグモなどごく少数の分類群を除いてはすべて甲殻亜門に属する種であり，多少とも水産動物として我々と関わりを有しているのは甲殻亜門に限られる．したがって，ここでは甲殻亜門に限って述べる．

13・1　甲殻亜門の体の構造と機能

甲殻亜門（Crustacea）は直接漁業の対象となる多くの有用種を含み，また，魚類などの餌料となる種も多く，この分類群が水圏の生物生産系において果たす役割はきわめて大きい．現在68,000種ほどが知られている．

1. 外部形態

形態の分化は著しく，大きさを例に挙げても，ミジンコの仲間や橈脚類（カイアシ類）のような顕微鏡的なプランクトン動物から，付属肢の長さだけでも1m以上にも達する大型のカニの仲間まで，すこぶる広範囲にわたる．

ほかの節足動物と同様，体の外見は明瞭な体節構造を示し（図13・1A），各体節の表面は発達した外骨格で包まれる．外骨格は背板（tergite），左右の側板（pleurite）および腹板

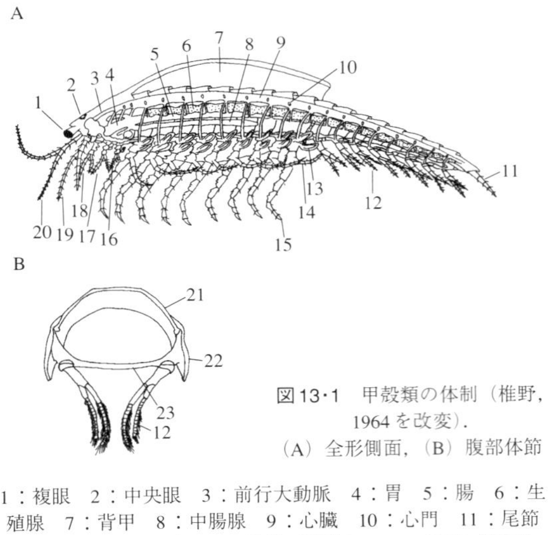

図13・1　甲殻類の体制（椎野，1964を改変）.

（A）全形側面，（B）腹部体節

1：複眼　2：中央眼　3：前行大動脈　4：胃　5：腸　6：生殖腺　7：背甲　8：中腸腺　9：心臓　10：心門　11：尾節　12：腹肢　13：副肢　14：胸肢（外肢）　15：胸肢（内肢）　16：第2小顎　17：第1小顎　18：大顎　19：第2触角　20：第1触角　21：背板　22：側板　23：腹板

13. 節足動物

（sternite）の4枚の板によって構成され（図13・1B），それぞれ動物の外皮に
あたる下皮細胞層（hypodermis）から分泌された数層からなる（図13・2）.
大きく上クチクラ（epicuticle）と原クチクラ（procuticle）の2層に分けられ，
後者はさらに外クチクラ（exocuticle），上内クチクラ（upper endocuticle）
および下内クチクラ（under endocuticle）の3層に分けられる．甲殻亜門の各
種の外骨格はほかの陸生の節足動物のそれとは異なり，上クチクラにワックス
を含まない点および外クチクラと上内クチクラに炭酸カルシウムの沈着が著し
い点で特徴づけられる．とりわけ，上内クチクラへの炭酸カルシウムの沈着は
顕著で，内クチクラは石灰化の著しい上層と石灰化しない下層とが明瞭に分か
れ，それぞれ石灰化層および非石灰化層とも呼ばれる（図13・2）．色素顆粒は
外クチクラに存在する.

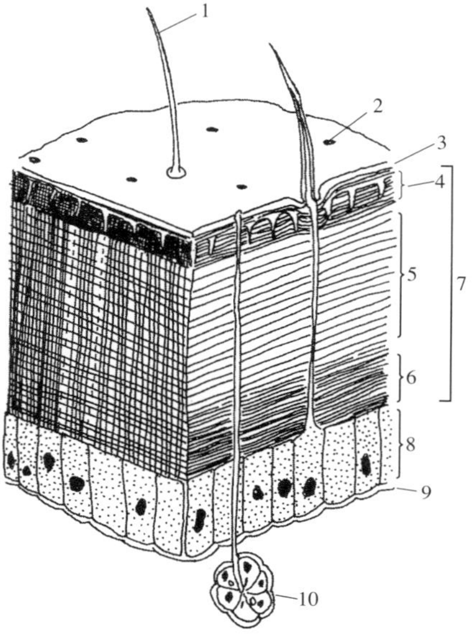

図13・2　甲殻類の外骨格の断面
（Barth and Broshears, 1982）.
1：触毛　2：皮膚腺開口　3：上クチクラ　4：外クチク
ラ（色素層）　5：上内クチクラ（石灰化層）　6：下内
クチクラ（非石灰化層）　7：原クチクラ　8：下皮細胞
層　9：基底膜　10：皮膚腺

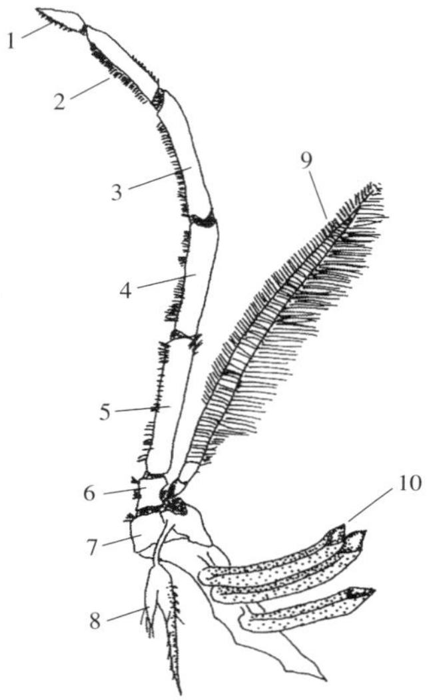

図13・3　クルマエビの胸部付属肢
（広島大学生物学会，1971）.
1：指節　2：前節　3：腕節　4：長節
5：座節　6：基節　7：底節　8：副肢
9：外肢　10：鰓

185

13・1　甲殻亜門の体の構造と機能

　体は頭部（head），胸部（thorax），腹部（abdomen）および尾部（尾節；telson）に区分される．頭部は6節よりなる．普通体の全部または一部が頭部背板由来の背甲（carapace）によって包まれる（図13・1A）．

　体節には原則として1対の付属肢を伴うが，頭部の第1節と尾節は付属肢を欠く．したがって，付属肢を伴う体節を基準にした場合には，頭部は5節からなるとされる．胸部体節の付属肢は胸肢（pereiopod；pereopod），腹部体節の付属肢は腹肢（pleopod）とそれぞれ総称される．なお，分類群によっては，腹部の一部にも付属肢を欠く体節を有するものがいるが，この点に関して，最近Schram and Koenemannが付属肢を伴う体節と付属肢を欠く体節を区別すべきとの見解を提起しており，前者を胸部の一部と見なすかどうかも含めて議論のあるところである．付属肢は関節構造を介していくつかの部分に分けられるが（図13・3），種によりまたは同一個体でも部位によって形状は異なる（図13・4）．付属肢の体節への付着部にあたる基部を底節（coxa；coxopodite），その先を基節（basis）とそれぞれ呼ぶ．基節の先は内肢（endopodite；endopod）および外肢（exopodite；exopod）に分岐するが，外肢は退化的な場合が多い．発達した内肢は，座節（ischium），長節（merus），腕節（carpus），前節（propodus）および指節（dactyl；dactylus）の5節からなる

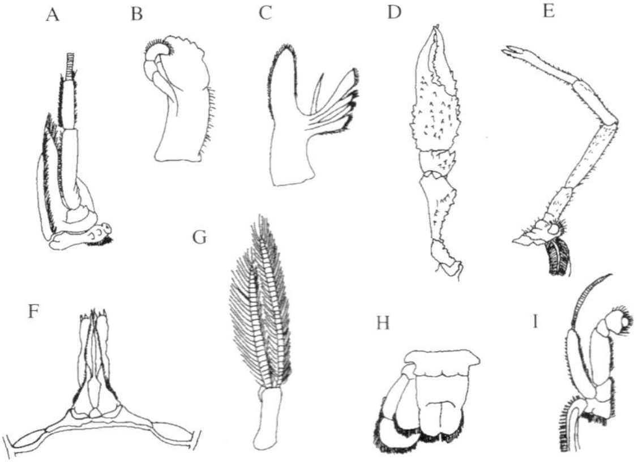

図13・4　ザリガニ類付属肢の諸型（椎野，1969を改変）．
（A）第2触角，（B）大顎，（C）第2小顎，（D）鉗脚，（E）第2歩脚，（F）交接脚（第1腹肢）（雄），
（G）第2腹肢（雌），（H）尾節と尾肢，（I）第2顎脚

13. 節足動物

＜コラム10　甲殻類の殻の効用＞

　キチン（ポリ-N-アセチルグルコサミン）はエビ・カニ類や昆虫などの節足動物の殻を構成する難分解性の多糖類であるが，実は動物界では節足動物だけでなく，多くの前口動物がキチン合成能力を具えていることはあまり知られていない．面白いことに後口動物にはキチンはほとんど検出されないことから，キチンの鎧で体を守るという戦略は，体サイズの大型化を伴う後口生物の進化とは相容れなかったものと推察される．カビやキノコなどの菌類もキチンを合成できるが，植物界では藻類のみにその能力が見られ，キチンが果たす構造的強度の付与は高等植物ではセルロースに取って代わられている．このようにキチン合成能が動植物界を通じて比較的下等な生物種に限られているのは興味深い．最近，キチンとカルシウムの両方に対して結合性を示すタンパク質がアメリカザリガニで同定され，甲殻類のクチクラ合成のメカニズムも徐々に明らかになりつつある．

　キチン・キトサンは，動植物に対してさまざまな薬理効果をもつことが知られている．例えば動物に対しては，抗腫瘍活性，ガンの転移抑制活性，免疫賦活活性，創傷治癒促進活性を示す．また，機能性食品としても，脂肪分解抑制による抗肥満活性，コレステロールや中性脂肪低下作用，血圧上昇抑制作用などが認められている．キチン・キトサンは生体親和性が高く（つまり，人体に埋め込まれても異物性が低い），さらに生分解性であることから，以前から手術用の縫合糸として利用されてきたが，最近では人工皮膚や人工骨としての用途も研究されている．私たちの身近なところでは，シャンプーや各種ローションなどに保湿剤として添加されているほか，キチン・キトサンがもつ抗菌作用を利用して，最近普及してきた抗菌性衣類にも使われている．

　現在，工業的に生産されているキチンはほとんどがエビ・カニ類（十脚目）のクチクラから得られている．このような甲殻類のクチクラは，キチンや炭酸カルシウムのほかにも各種有機物質および色素などを含んでいる．そこで，甲殻類の殻からキチンを精製するためには，酸やアルカリで処理してカルシウムやタンパク質を取り除き，さらに有機溶媒により色素を除くという処理が行われている．精製されたキチンはそのままでは水に溶けにくいため，さらにアルカリ処理を行い，溶解性の高いキトサン（ポリ-β-1，4-グルコサミン）として利用されることも多い．エビ・カニ類は食糧資源としても重要であるが，その殻から作られるキチン・キトサンもこのように日常生活の様々なシーンに利用されていることは案外知られていない．（豊原治彦）

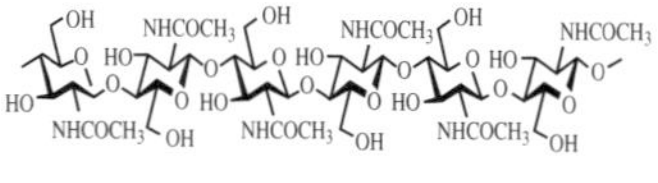

キチン 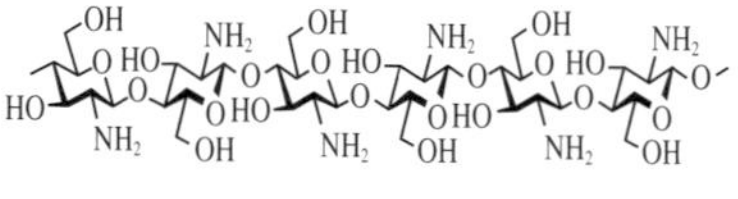　　　　　　　　　　　　　キトサン

図．キチンはN-アセチル-D-グルコサミンが鎖状に連結した高分子アミノ多糖類であり，炭酸カルシウムや各種有機物質と結びついて甲殻類などのクチクラを形成する．キトサンはキチンをアルカリ処理することにより脱アセチル化したものであり，キチンより溶解性が高く利用しやすい．

（図13・3）．このほか，底節には副肢（epipodite；epipod）が付随する．付属肢の本来の機能は，移動，呼吸などであるが，存在部位により機能の分化が見られる．とくに頭部でその傾向が強く，触角となったり口部器官（口器）の一部を構成する．また，腹部の付属肢は交接行動や抱卵などの生殖活動に関与する．さらに，カニの仲間のように胸部付属肢（胸肢）の1対がはさみ状に変形して，攻撃，防御，求愛行動などに用いられる場合もある．付属肢はしばしば危機に際して自切する．

2．摂食器官および消化系

甲殻類の食性は様々である．懸濁物食はほぼすべての分類群で見られる普遍的な摂食型であるが，軟体動物で見られるような繊毛運動によるものではなく，付属肢の表面に密生する剛毛に懸濁物を絡ませて捕捉する．懸濁物を捕捉するのに必要な水の動きもまた付属肢の動きによってもたらされる．植食者，肉食者および堆積物食者の場合には，口部周辺の付属肢によって食物片を把握して口に運び，口部器官で咀嚼して食道に送る．

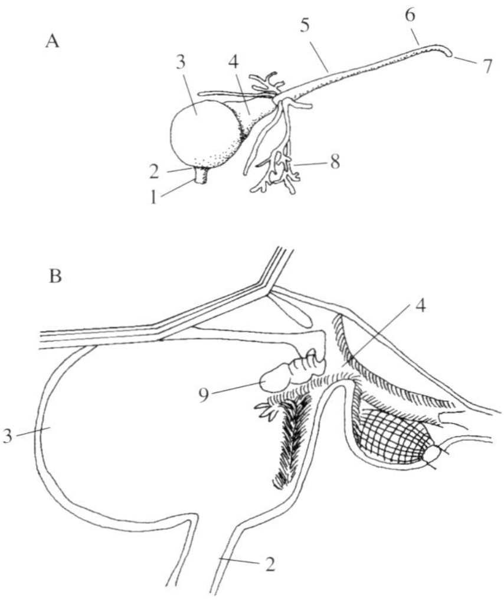

口部器官は触角を除く頭部付属肢と口腔付近の体壁から派生した上唇（lubrum）および下唇（labium），さらには顎脚（maxilliped）と呼ばれる胸部前方の一部の付属肢によって構成される．頭部付属肢は大きく変形し，1対の大顎（mandible）および1〜2対の小顎（maxilla）となり，いずれも短縮して扁平で，とくに咀嚼部は角質化が著しい．また，第2小顎は底節および基節の一部が板状に拡張し，この部分は

図13・5　甲殻類の消化系．
（A）全体図（Barth and Broshears, 1982），
（B）十脚甲殻類の胃の内部（Barnes *et al.*,1988）
1：口　2：食道　3：噴門胃　4：幽門胃　5：中腸
6：後腸　7：肛門　8：中腸腺　9：胃歯

顎舟葉（scaphognathite）と呼ばれる（図13・4C）.

　消化管は前腸，中腸および後腸の3部に区分される（図13・5A）．甲殻類の中で主要な種のほとんどを含む軟甲類以外の小型のグループでは，前腸は単純な管状であるが，軟甲類では前端部の短い食道に続く胃が顕著に膨出する．そして，その内壁には石灰質の胃歯（gastric teeth）が存在し，これが筋肉の助けを借りて大型の食物片を破砕する（図13・5B）．このような咀嚼機能を有する胃を咀嚼胃（masticatory stomach）と呼ぶ．胃は前後2部に分かれ，前部の噴門胃（cardiac stomach）で食物をすりつぶす．後部の幽門胃（pyloric stomach）は選別部で，数条のクチクラ性の隆起に密生する細かい剛毛を用いて食物片を選別する．中腸には1〜7対の盲嚢状の中腸腺があり，ここで最終的に消化，吸収される．軟甲類ではこの中腸腺は1対あるが，よく発達して肝膵臓（hepatopancreas）となり，その内部には小管が迷路状に走り，管壁には消化酵素の分泌細胞や栄養の吸収細胞がある．肝膵臓や中腸腺はまた吸収した栄養の貯蔵場所でもある．

3．呼吸および循環系

　循環系は開放系で，発達した血体腔（血洞）を有する．心臓は背側の囲心腔にあり，動脈系を派出する．原始的なものでは，心臓は管状で，心門（ostium）

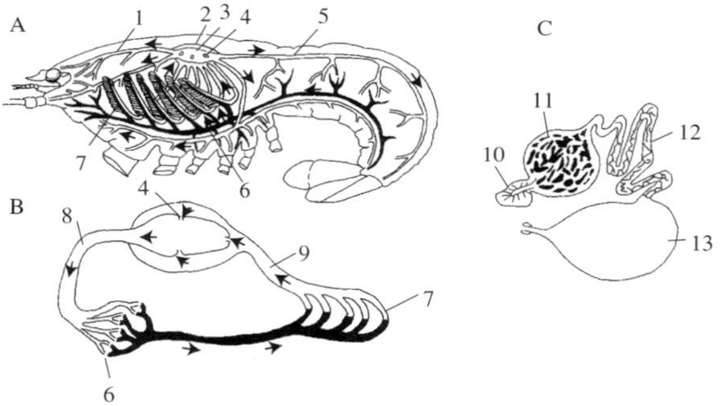

図13・6　甲殻類の循環系および排出系（A，B：Pechenik, 1985を改変　C：Barth and Broshears, 1982）．
（A）循環系配置図，（B）循環系概念図，（C）排出系
1：前行大動脈　2：囲心腔　3：心臓　4：心門　5：後行大動脈　6：腹部血体腔　7：鰓
8：動脈　9：静脈　10：終末嚢　11：迷路部　12：導管部　13：膀胱

と呼ばれる対になった開口部を多数有するが，より高等な分類群では球形に近づき，心門の数も少なくなる（図13・6A，B）．体を循環した血液はガス交換を終えた後，囲心腔に入り，この心門から心臓内に戻る．ガス交換は多くの場合，胸部あるいは腹部の付属肢に付随する鰓で行うが，時には付属肢の表面で直接ガス交換を行ったり，背甲の内壁に発達した血管網が鰓の代わりとなることもある．

血液中に含まれる呼吸色素はほとんどの種でヘモシアニンである．血液中には食細胞活動や血液の凝固過程に関わる種々の変形細胞が存在する．

4．排出および浸透調節

排出器官は頭部に1対存在し，その位置によって触角腺または小顎腺と呼ばれる．普通幼生期にはこの両方が存在するが，成長の過程でどちらか一方が退化する．触角腺は第2触角の基部に開口する．内部に発達する血管網に含まれる血液が体表を通して緑色に見えるため，緑腺（green gland）とも呼ばれる．

排出系は末端の終末嚢（end sac），迷路部（labyrinth），導管部（tubule）および膀胱からなる（図13・6C）．終末嚢において血管壁を通して老廃物を抽出し，導管部で有用な物質を再吸収した後，その残渣を膀胱を経てアンモニアの形で排出する．なお，一部鰓からもアンモニアを排出し，さらに，鰓軸や付属肢の基部に散在する腎細胞（nephrocyte）と呼ばれる特別の細胞もまた老廃物の排出に関与する．

浸透調節は主に鰓で行われる．当然のことながら，汽水域や陸水域に生息する種で優れた調節能力を有している．

5．神経系および感覚器官

甲殻類の神経系は多様である．原始的な分類群では神経系は環形動物のようにはしご状で，1対の腹部神経索は体節ごとに神経節を有し，それが横連合によって連絡し合う．しかし，エビ・カニ類のように高等なものになると，1対の神経索は合一し，すべての神経節はまとまって単一の腹部神経塊となる（図3・9C）．脳はよく発達し，3部に分かれる．

感覚器官として眼，平衡胞，触覚器を有するほか，各種の化学受容器が発達

13. 節足動物

する.

眼は中央眼（median eye）と複眼の2種類がある. 前者は幼生期に特徴的なもので, 本亜門の共通の幼生名をとってノープリウス眼（nauplian eye）とも呼ばれる（図13・7A）. 多くは成体になると退化するが, 種によってはなお機能的である. 中央眼は前大脳（protocerebrum）に接して位置し, 3〜4個の視覚単位からなる. 各視覚単位は数個の光受容細胞を含み, レンズを欠くことが多い. このような構造からみて中央眼は明暗を感じる程度の能力しかないと思われるが, 複眼と併存する場合の中央眼の役割については不明である.

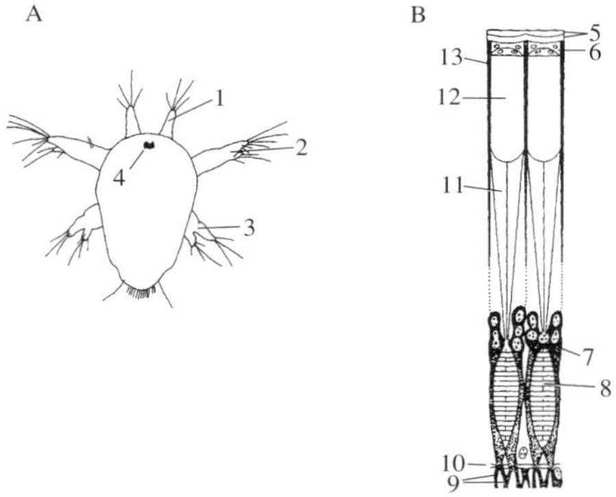

一方, 複眼は大部分の種で頭部側方に1対発達する. しばしば頭部から伸びる眼柄の先端に付着する. 複眼を構成する各個眼は表面を透明な角膜によって覆われる（図13・7B）. 角膜の下にはレンズの働きをする円筒形の晶体（crystalline cone）が存在し, その基底部は小網膜に接する. 小網膜の中央部には紡錘型の透明な感桿（rhabdome）があり, その周囲を延長した小網膜細胞が取り巻く. 小網膜細胞は黒ないし褐色の色素顆粒を含み, 小網膜色素層を形成する. 一方, 個眼先端部には別に先端色素層がある. これら2つの色素層の発達程度も含めて, 複眼の構造はそれぞれの種の生態と密接に関連している.

個眼を取り巻く色素層は, 隣り合う個眼からの光刺激を遮断し, 視精度を高めるのに役立つと考えられるが, 逆に, 夜間のように光の少ない環境では, 各個眼は十分な光を受容できないことになる. したがって, 夜行性の種では色素層が退化し, 隣り合う個眼からの光を受容して各個眼の受ける光量を増加させ

図13・7 甲殻類の視覚器官
（A：Barnes, 1987を略写, B：Barrington, 1979）.
（A）橈脚類の中央眼（ノープリウス眼），
（B）ザリガニの複眼縦断面の拡大図
1：第1触角 2：第2触角 3：大顎 4：中央眼（ノープリウス眼） 5：角膜 6：角膜細胞 7：小網膜 8：感桿 9：視神経繊維 10：基底膜 11：晶体柄部 12：晶体 13：先端色素層

191

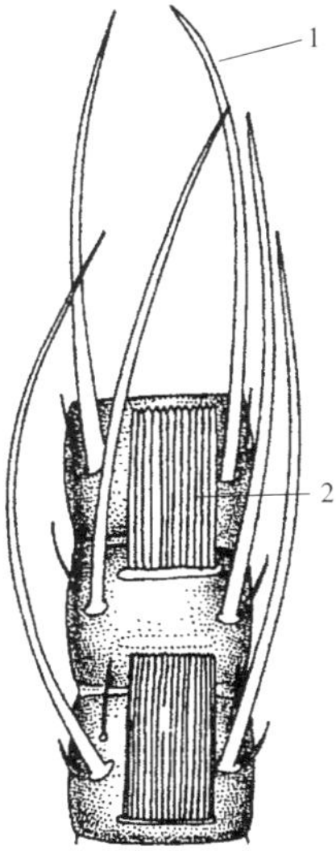

図13·8 イセエビ類の第1触
角上の嗅毛（Brusca and Brusca,
2003）.
1：側剛毛　2：嗅毛

るような適応が見られる.

　平衡胞は軟甲類の一部に限って見られる. 普通1対あり, 第1触角の基部, 腹部または尾部に位置する（図3·7）. 平衡胞は開口部により外部と通じる. 内部の胞壁には感覚毛が密生し, 砂粒を固めた平衡石がその上に定位する.

　化学受容器は第1, 第2触角および口部周辺の付属肢に集中するが, これらの中で第1触角の表面に位置する嗅毛（esthetascs）が最も重要である（図13·8）. これは1列に並ぶ感覚毛からなり, 神経細胞突起が多数存在する.

　触覚は動物が行動する際に重要な役割を演じる. 体表に散在する触毛が知覚末端となる（図13·2）. 触毛は付属肢の関節や先端にとくに濃密に分布する.

6. 脱　皮

　甲殻類は周期的に外骨格を脱ぎ捨て, 脱皮することによって段階的に成長する（図5·3B）. 生涯を通して脱皮を繰り返し成長し続けるものと, 成熟する時に最終脱皮を行い, その後成長がとまるものがいる.

　脱皮過程に入ると, まず古い外骨格が下皮細胞層から分離する（図13·9B）. 下皮細胞層は新たな上クチクラの分泌を始めると同時に, 酵素を分泌して古い外骨格の内クチクラを溶かして吸収する（図13·9C-E）. クチクラの吸収は内クチクラが完全になくなるまで続くが, 古い外クチクラや上クチクラは分解されずにそのまま残る. 脱皮が完了するまで筋肉と神経は古い外クチクラや上クチクラと連絡を保つ. 脱皮に際して, 古いクチクラはあらかじめ定められた脱皮線に沿って破れ, そこから古い外骨格を脱ぎ捨てる. 脱皮部位は体本体や付属肢はもとより, 食道や胃壁の一部までが含まれる. 脱皮を終えた直後は新しい外骨格がまだ柔らかいため, この時期に体は大きくなる（図13·9F）. その後, 下皮細胞が再び種々の物質を分泌し, 新しい外骨格をなめしたり, 硬化し

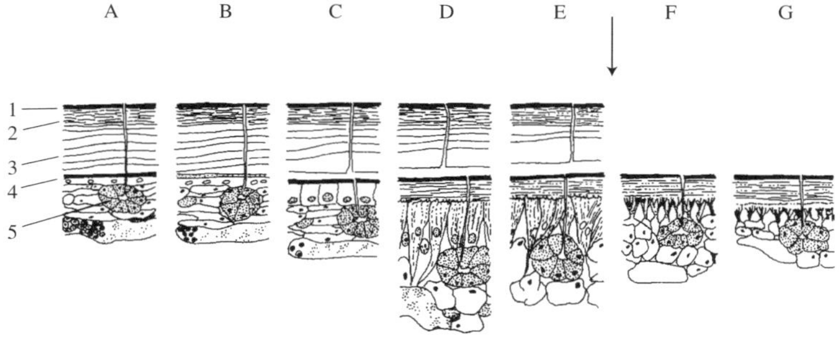

13. 節足動物

図13・9　甲殻類の脱皮過程（Skinner, 1985）.
（A）脱皮間期，（B〜E）脱皮前期，（F〜G）脱皮後期，矢印は脱皮完了時を示す.
1：上クチクラ　2：外クチクラ　3：内クチクラ　4：下皮細胞層　5：皮膚腺

たりすると同時に，内クチクラを分泌し続け，外骨格は徐々に肥厚して硬くなる（図13・9G）.

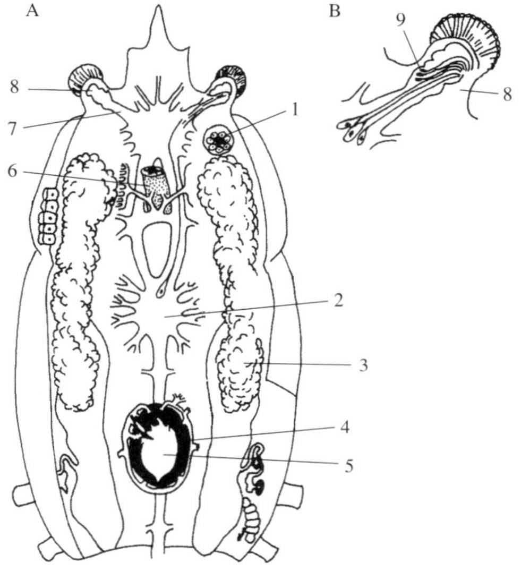

図13・10　十脚類の内分泌系（Barth and Broshears, 1982）.
（A）頭胸部，（B）眼柄部
1：Y器官　2：食道下神経節　3：中腸腺　4：囲心腔
5：心臓　6：食道　7：眼柄　8：サイナス腺　9：X器官

　甲殻類の脱皮過程の主要な部分はカルシウムの代謝生理と関わっており，それはホルモンによって支配されている. 一般に，脱皮過程に関わる内分泌器官として，眼柄の先端付近にあるX器官-サイナス腺複合体（X organ and sinus gland complex）と基部付近に位置するY器官（Y organ）が知られている（図13・10）. このうち，Y器官で産生されるホルモンが脱皮促進ホルモンである. 普段はX器官系で産生されるホルモ

193

ンの作用によってY器官のホルモン産生が抑制されているが，X器官系ホルモンの放出が停止すると，Y器官ホルモンの分泌が促進されて脱皮過程が進行し，古いクチクラからカルシウムおよびその他の物質が吸収される．吸収されたカルシウムは肝膵臓や中腸腺に貯えられたり，胃石（gastolith）として胃内に貯えられたりして，その後の脱皮に際して新しい外骨格の形成に再び使われる．

13・2　生殖および発生

　甲殻類のほとんどは雌雄異体であり，雌雄同体はフジツボ類などごく一部の分類群で認められるに過ぎない．

　生殖腺は1対あり，それぞれ細長く延長して消化管に沿って位置する（図13・1）．生殖輸管は生殖腺の後端より伸びる細い管で，特定の付属肢の基部または胸部体節の腹板に開口する．

　雄は一部の付属肢が変形して交接脚となる．一般に精子には鞭毛がなく，移動力を欠く．時には精包に詰めて交接時に雌雄の間で授受が行われる．雌は雄から受け取った精包を産卵するまで生殖孔付近の腹板に付着させるか，輸卵管基部付近にある受精嚢に貯えて保持する．

　大部分の分類群では，産卵後，雌は卵を腹部にある哺育嚢（育児嚢：marsupium）の内部に抱えたり，腹肢に付着して一定の期間哺育する．

　ほとんどの場合，幼生は浮遊性で，最初の幼生はノープリウス（nauplius）幼生として知られる．第1触角，第2触角および大顎の3対の頭部付属肢が発達するが，胸部および腹部付属肢は未分化で，体節も明瞭でない．体前部中央に単一の中央眼（ノープリウス眼）が存在する（図13・7A）．

　以後，脱皮を重ねるにつれて体節が分化し，付属肢の分化も進む．エビ・カニ類を含む軟甲類では，胸部の付属肢が完全に分化した段階をゾエア（zoea）幼生と呼ぶ．この時期になると胸部付属肢を用いて活発に遊泳するようになる．その後，カニ類では腹部付属肢が分化してメガロパ（megalopa）幼生となる．エビ類では，ゾエア期に続いてミシス（mysis）幼生の段階を経るが，厳密にはミシス期はゾエア期の後期に含まれる．クルマエビの仲間では，ミシス期以後着底して稚エビに至る変態過程がカニ類ほど劇的ではないため，この時期の

194

取り扱いは研究者により異なり，単に後期幼生（postlarva）と呼ばれたり，デカポディド（decapodid）幼生，マスティゴプス（mastigopus）幼生，さらにはカニ類と同じようにメガロパ幼生と呼ばれたりする．一方，イセエビの仲間では，ミシス期に相当する幼生期をフィロゾーマ（phylosoma）幼生，メガロパ期に相当するものをプエルルス（puerulus）幼生とそれぞれ呼ぶ．ほかの分類群についても，それぞれ固有の幼生名で呼ばれることが多い．

ところで，軟甲類では一般にノープリウス幼生の期間は短縮する傾向にあり，例えば，エビ・カニ類のほとんどは，ノープリウス期を卵内で経過し，ゾエア期の段階で孵化する．また，ザリガニの仲間では，幼生期の初期を卵内で過ごし，成体と同じ形態で孵化する，直達発生型の発生様式をとる．

13・3　分類および主な種

節足動物の分類体系に関しては，研究者によりその見解は多様で，甲殻亜門についても事情は同じである．甲殻類を亜門レベルに位置づける体系についてすら，最近は大勢となっているとはいえ，なお異論もある．したがって，より下位の体系に関しては，諸説が入り乱れているのが実情である．そんな中で，最近 Martin and Davis が提唱している 6 綱体系がより説得的であるとして注目されており，ここでもこの体系に従い（表13・1），主要な 4 綱について述べる．

1.　鰓脚綱（Branchiopoda）

小型の原始的なグループで，多くは陸水に生息する．魚類稚仔の飼育のための餌料生物として重用されているブラインシュリンプやミジンコ類を含む（図13・11）．

胸部に多数の扁平な付属肢を有し，付属肢は多くの剛毛によって縁どられる．腹部は通常付属肢を欠く．背甲をまったく欠くものから，体全体が背甲に包まれるものまで，背甲の発達の程度は多様である．第 1 触角は退化的で，第 2 触角はとくにミジンコ類でよく発達し，移動の際に重要な役割を果たす（図13・11）．

本綱に含まれる種のほとんどは懸濁物食者であり，付属肢を動かして水流を引き起こし，付属肢を縁どる剛毛が水中に懸濁する微生物や有機物破片を濾し

195

13・3　分類および主な種

表13・1　甲殻亜門の主要分類群の体系（Martin and Davis, 2001 をもとに作成）

鰓脚綱（Branchiopoda）	軟甲綱（Malacostraca）
ムカデエビ綱（Remipedia）	コノハエビ亜綱（Phyllocarida）
カシラエビ綱（Cephalocarida）	薄甲目（Leptostraca）
顎脚綱（Maxillopoda）	トゲエビ亜綱（Hoplocarida）
鞘甲亜綱（フジツボ亜綱；Thecostraca）	口脚目（Stomatopoda）
囊胸下綱（Ascothoracida）	真軟甲亜綱（Eumalacostraca）
蔓脚下綱（Cirripedia）	ムカシエビ上目（Syncarida）
ツボムシ上目（Acrothoracica）	フクロエビ上目（Peracarida）
フクロムシ上目（Rhizocephala）	アミ目（Mysida）
フジツボ上目（Thoracica）	端脚目（Amphipoda）
ヒメヤドリエビ亜綱（Tantulocarida）	等脚目（Isopoda）
鰓尾亜綱（Branchiura）	タナイス目（Tanaidacea）
舌形亜綱（Pentastomida）	クーマ目（Cumacea）
ヒゲエビ亜綱（Mystacocarida）	ホンエビ上目（Eucarida）
橈脚亜綱（Copepoda）	オキアミ目（Euphausiacea）
プラチコパ目（Platycopioida）	十脚目（Decapoda）
カラヌス目（Calanoida）	根鰓亜目（Dendrobranchiata）
ケンミジンコ目（Cyclopoida）	抱卵亜目（Pleocyemata）
ソコミジンコ目（Harpacticoida）	オトヒメエビ下目（Stenopodidea）
ウオジラミ目（Siphonostomatoida）	コエビ下目（Caridea）
貝虫綱（Ostracoda）	ザリガニ下目（Astacidea）
ウミボタル亜綱（Myodocopa）	アナジャコ下目（Thalassinidea）
カイミジンコ亜綱（Podocopa）	イセエビ下目（Palinura）
	異尾下目（Anomura）
	短尾下目（Brachyura）

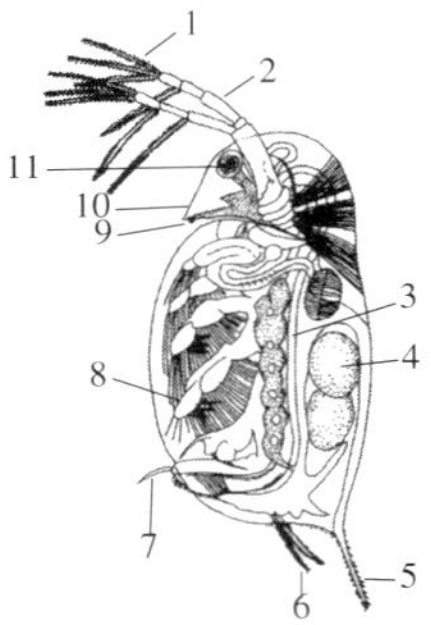

図13・11　ハリナガミジンコ
　　　（椎野，1964）.
1：遊泳剛毛　2：第2触角
3：腸　4：卵　5：殻刺
6：尾刺　7：尾叉　8：付属
肢　9：第1触角　10：吻
11：複眼

とる．濾しとった食物は粘液でまとめて腹面の食溝を経て前方の口部に送られる．消化系は単純で，食道と腸とからなる．

　生殖腺は対をなし，単一の生殖輸管を経て腹面の生殖孔に開く．ただしミジンコ類は例外で，雄の生殖孔は尾部付近に，雌のそれは背面にそれぞれ位置する．また，雄では第2触角か胸肢の1対が交接時に雌を把握できるように変形している．ブラインシュリンプの雄は1対の陰茎を有する．

　産卵後，雌による幼生の哺育が一般的である．しかし，哺育様式は種によって異なり，ブラインシュリンプでは卵囊が発達し，その中で卵を哺育するのに対し，ミジンコ類では，雌の生殖孔は背甲で包ま

196

れた哺育嚢に開き，成体に近い段階に達するまで幼生をこの中で育て，親が脱皮する際に放出する．

本綱の生殖様式の特徴の1つは，輪形動物のワムシ類と同じような単為生殖を行う点で，通常は単為生殖によって増殖する．単為生殖世代は短く，せいぜい数週間で世代交代を繰り返す．有性生殖は環境条件が悪化した時にみられ，受精卵は厚い卵殻に包まれて休眠卵となる．休眠卵は乾燥や凍結に耐え，また，風や動物によって別の場所に運ばれる．そして，環境が好転すると発生を開始し，再び単為生殖世代を繰り返す．

本綱は3目に分類され，ホウネンエビ類（*Branchinella*），ブラインシュリンプ（*Artemia salina*），カブトエビ類（*Triops*），ミジンコ類（*Daphnia*）などを含め900種余りが知られている．

2. 顎脚綱（Maxillopoda）

本綱は胸部6節，腹部4節を基本とし，他綱に比べて体節数が少なく，腹部に付属肢を欠く．26,000種余りを含む大きな分類群で，鞘甲亜綱（Thecostraca），ヒメヤドリエビ亜綱（Tantulocarida），鰓尾亜綱（Branchiura），舌形亜綱（Pentastomida），ヒゲエビ亜綱（Mystacocarida），橈脚亜綱の6亜綱に大別されるが，ここではこのうち鞘甲亜綱，鰓尾亜綱および橈脚亜綱の3亜綱について述べる．

（1）鞘甲亜綱（フジツボ亜綱：Thecostraca）

囊胸下綱（Ascothoracida）と蔓脚下綱（Cirripedia）の2下綱からなるが，フジツボの仲間を含む後者がそのほとんどを占める．フジツボ類は一部の寄生種を除き石灰質の殻を分泌し，岩盤そのほかの基質に固着して生活する．構造的には本体部が直接固着する場合と，本体底部から伸びる筋肉性の柄部（stalk; peduncle）を介して固着する場合とがある（図13・12）．背甲は外套とも呼ばれ，殻の分泌を行う．

殻の形状は多様であるが，最も複雑な構造を示すフジツボ類の場合，殻は多数の殻板（calcareous plate）によって構成される（図13・12B）．すなわち，側部は峰板（carina），峰側板（carino-lateral plate），側板（lateral plate），嘴側板（rostro-lateral plate）および嘴板（rostral plate）によって包まれ，頂

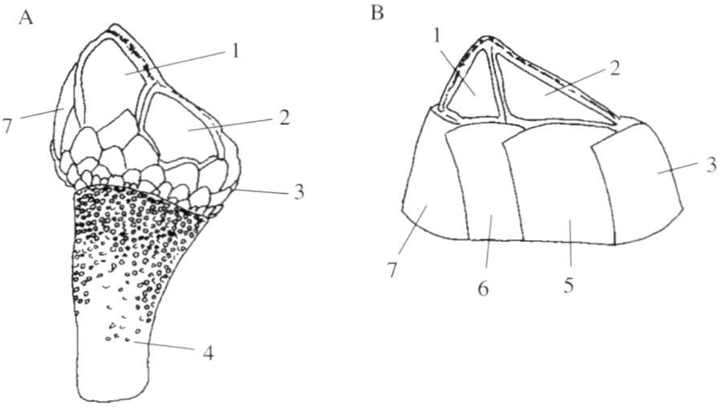

13・3　分類および主な種

図13・12　固着型蔓脚類の2型（Barth and Broshears，1982）．
（A）有柄型，（B）無柄型　1：背板　2：楯板　3：嘴板　4：柄部
5：側板　6：峰側板　7：峰板

部は各1対の背板（tergum）と楯板（scutum）によって覆われる．嘴側板と
嘴板はしばしば癒合する．頂部の背板と楯板は可動性で，閉殻筋の伸縮によっ
て頂部の開閉を行う．一般に，側面を構成する殻板は高く伸び，頂部を保護す
る（図13・13）．

　体部は前端の第1触角付近のセメント腺から分泌される粘液物質によって基
質に固着し，頭部をやや下に向けて殻内に横たわる（図13・13）．6対の胸肢は
よく発達し，各肢は先端が二叉して蔓状に長く伸び，これに無数の剛毛が密生
する．

　胸肢の蔓状部（蔓脚）は，普段は殻内に巻き込まれているが，採食時には頂
部の殻板を開け，蔓状部を伸ばして外に出し，水流を引き起こす一方，密生す
る剛毛に植物プランクトンなどの懸濁有機物を付着させ，頭部の口に運ぶ．口
部周辺には1対の大顎および第1小顎がある．上唇はよく発達し，また，第2
小顎は癒合して後唇を形成する．

　消化系は単純で，中腸の前端から1対の中腸腺を派出する．

　前述のように寄生性のごく一部の種を除いて雌雄同体であり，自家受精も時
には見られる．卵巣は，柄部を有するものでは柄部の内側に存在し，柄部を欠
くものでは外套壁に位置する．1対の生殖孔が第1胸肢の基部に開く．一方，
雄性生殖系は精巣，輸精管および長い陰茎とからなる．交接時には，陰茎を伸
ばして隣接個体の外套腔に入れ，精子を送る．

13. 節足動物

多くの場合，哺育は外套腔内に生じる卵嚢（ovisac）内で行われる．1個体の雌から1万個以上のノープリウス幼生が孵化する．ノープリウス幼生は三角形の特異な形状を示し，3対の頭部付属肢を有する（図13・14A）．6回の脱皮を経て2葉の背甲に包まれた二枚貝状の

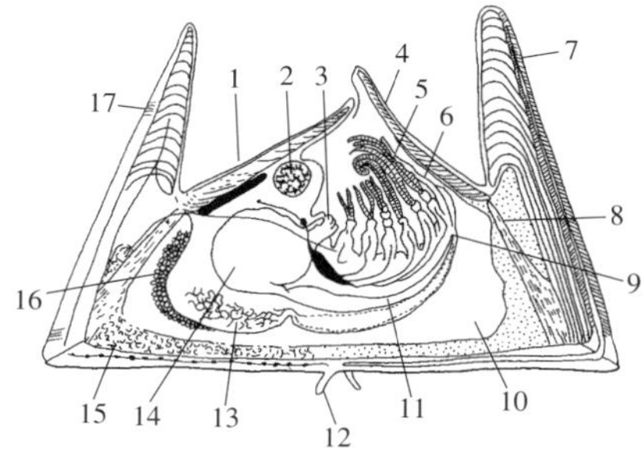

図13・13　フジツボ類の体制（Barth and Broshears, 1982）.
1：楯板　2：閉殻筋　3：口　4：背板　5：蔓脚　6：陰茎　7：峰板　8：筋肉　9：肛門　10：外套腔　11：腸　12：第1触角　13：精巣　14：中腸　15：卵巣　16：卵塊　17：嘴板

キプリス（cypris）幼生となる（図13・14B）．キプリス幼生は摂食せず，ひたすら着底場所を捜す．着底場所が決まると，幼生はセメント腺からの分泌物によって前端を基質に固着させ，その後体軸を回転させて基質面に平行にし，胸肢を上方に向け，殻の分泌を開始する．

固着後も脱皮を繰り返して成長する．殻板は体部の脱皮周期とは関わりなく，連続的に成長する．側部の殻板の下面に楔状に入り込んだ外套組織から石灰質が分泌され，殻高および殻径が増加する．

蔓脚下綱に属する種はすべて海産で，そのうち約1/3は寄生種である．フジツボ類（*Balanus* ほか），カメノテ（*Capitulum mitella*），エボシガイ（*Lepas*

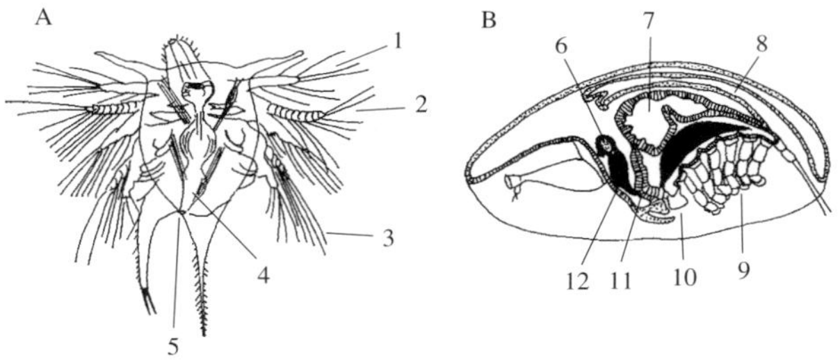

図13・14　フジツボ類の幼生（A：椎野，1964，B：Barnes, 1987）.
（A）フジツボ類のノープリウス幼生，（B）同じくキプリス幼生　1：第1触角　2：第2触角　3：大顎　4：腸　5：肛門　6：ノープリウス眼　7：中腸　8：外套腔　9：胸肢　10：第2小顎　11：食道　12：脳

199

anatifera）などを含むが，これらの固着性種は船底汚損動物として，あるいは取水管の内面の付着生物としてしてしばしば問題となる．また，船底に付着して本来の分布域を遠く離れて運ばれ，そこに新たな分布域を形成するため，移入種として問題にされることも多い．一方で，フジツボ類が分泌する固着物質は，良質の素材となる可能性を秘めたものとして産業面で注目されている．

（2）鰓尾亜綱（Branchiura）

本亜綱に属する各種は魚類および両生類の外部寄生者である．体は大きな背甲で包まれ，頭部には1個の中央眼と1対の複眼を有する（図13・15）．触角は退化し，ほかの頭部の付属肢とともに寄生用の付着器官に変形している．第1小顎は吸盤を形成し，上下唇が癒合して管状の口となる．宿主の体表または鰓に付着して吸血する．

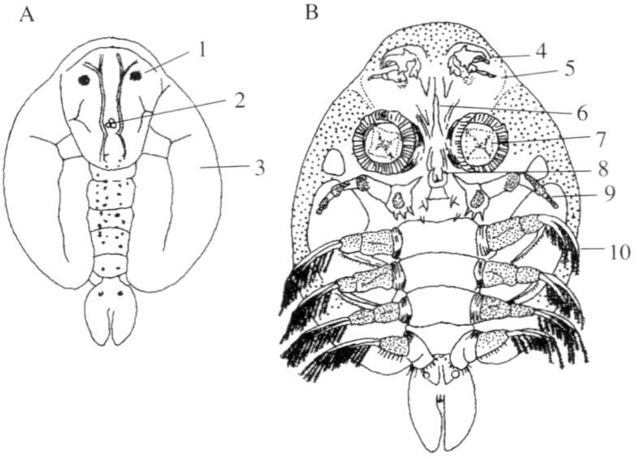

雌雄異体で，宿主の体表で交接を行う．幼生は付属肢が機能的になるまで雌によって哺育され，その後，親から離れて新しい宿主に寄生する．

1目約150種を含む．チョウ（*Argulus japonicus*）が最もよく知られる．

図13・15 鰓尾類の体制（椎野，1969）.
（A）背面，（B）腹面 1：複眼 2：中央眼 3：背甲 4：第1触角 5：第2触角 6：刺針 7：吸盤 8：吻 9：第2小顎 10：遊泳肢

（3）橈脚亜綱（カイアシ亜綱：Copepoda）

コペポーダ類やカイアシ類と総称される1〜2mm程度の小型種がほとんどを占める（図13・16）．頭部は発達し，6節からなる胸部の前方の1〜2節が頭部と癒合する．腹部4節と尾節がそれに続く．

付属肢は頭部および胸部で発達する．頭部の第1触角は著しく延長し，移動，集餌や感覚受容に関与するほか，雄ではその一方または両方が交接時に雌を捕捉する器官に変形する．第2触角はしばしば退化的である．大顎，2対の小顎および顎脚は口部周辺に位置し，頭部から派生した膜状の上唇とともに摂食に

13. 節足動物

関わる．胸部の3～5節の付属肢は遊泳肢となるが，退化的である．尾節の末端に長く延長した剛毛を具える．

主に懸濁物食者であるが，一部には肉食者や底生性の堆積物食者も存在し，また，全体の1/4は寄生種である．寄生種は宿主の形態および生活様式に合わせて著しく特化する．

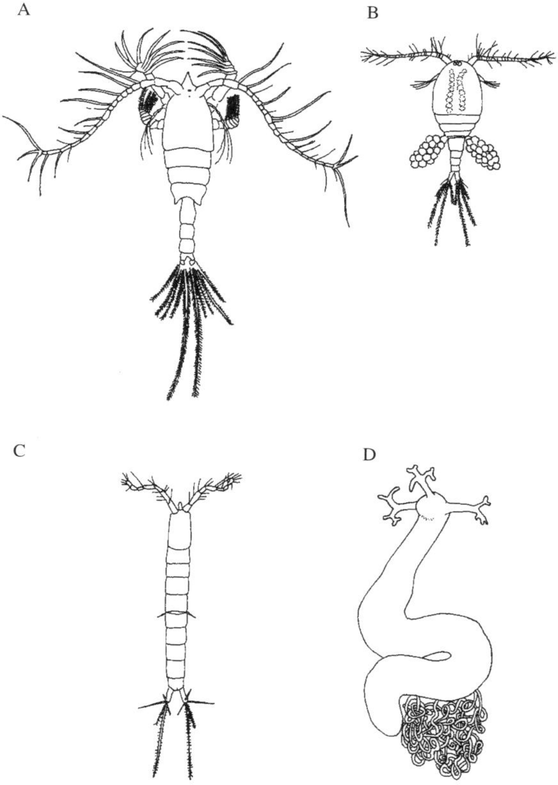

懸濁物食者は頭部付属肢を絶えず動かして水流を引き起こし，第2小顎の剛毛束によって懸濁有機物を濾しとり，顎脚そのほかを用いて口に運ぶ．底生性の堆

図13·16　橈脚類各種
(A, D：Pechenik, 1985を改変　B, C：椎野，1964を改変)．
(A) カラヌス類，(B) キクロプス類，
(C) ハルパクチス類，(D) ウオジラミ類（イカリムシの一種）

積物食者の中にも，付属肢を振動させて堆積有機物を巻き上げ，懸濁物食者と同様の摂食方法をとるものもいる．肉食者は第1小顎により小型の動物を捕らえ，第1触角や口部周辺のほかの付属肢の助けを借りて口に運ぶ．消化系は単純で，前腸は食道のみからなり，また，ほとんどの場合中腸に中腸腺を欠く．

生殖腺は生殖輸管を経て第1腹節にある生殖孔に開口する．また，生殖孔の近くに，雌では受精嚢の開口があり，雄では輸精管の一部が拡張した精包形成部が存在する．交接時に雄は最後部の胸肢の爪で雌の腹部を掴み，精包を雌の

受精嚢に送る．受精卵は直接水中に放出するか，卵嚢を形成してその中に入れて哺育する．

卵はノープリウス幼生の段階で孵化し，6回脱皮してコペポディド（copepodid）幼生になる．この幼生は成体に近い形態を示すが，胴部はなお未完成である．コペポディド期に5回脱皮を繰り返した後成体となり，その後は脱皮しない．寄生種の形態は一般に雌雄で著しく異なる．

浮遊性の種は主に第1触角を用いて移動し，日中生息水深を下げ，夜間に浮上するという日周期の鉛直移動が普通に見られる．

12,000種余りの種を含み，大部分は海産であるが，陸水や陸上の湿地に生息する種もいる．浮遊性の種は動物プランクトンの主な構成要素であり，水圏の第1次消費者として重要な位置を占めるとともに，有用水産動物の稚仔の餌料生物としてもきわめて重要な役割を演じている．カラヌス類（*Calanus*），アカルティア類（*Acartia*），キクロプス類（*Cyclops*），ハルパクチクス（ツツガタソコミジンコ）類（*Harpacticus*）などが知られるほか，魚類の外部寄生者として知られるイカリムシ（*Lernaea cyprinacea*）も本亜綱に含まれる（図13・16A-D）．

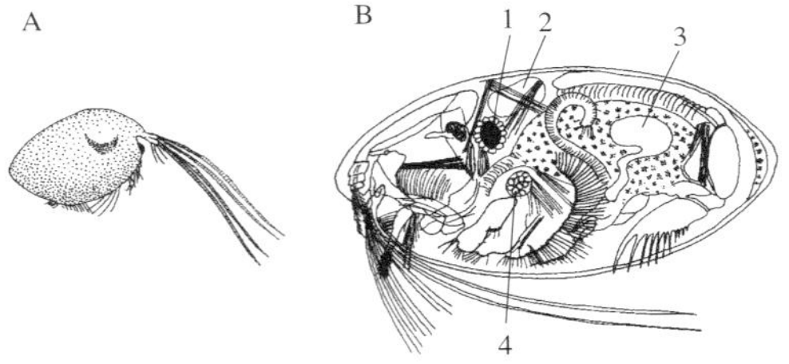

図13・17　貝虫類の体制（A：Barnes, 1987　B：椎野, 1964）．
（A）外形，（B）内部体制　1：複眼　2：心臓　3：精巣　4：閉殻筋

3．貝虫綱（Ostracoda）

外観は軟体動物の二枚貝に似ており，二枚貝の貝殻のような背甲が2葉に分かれて体を完全に包む（図13・17）．背甲両葉は頂部でつながり，閉殻筋の伸縮により背甲を開閉する．

体節は少なく，体は短縮する．付属肢の分化が著しい．頭部はよく発達し，2対の触角は大きく，羽毛状である．口の周辺には1対の大顎と2対の小顎が

取り巻く．第2小顎に太い剛毛を有し，胸肢のように機能する．胸肢は2対で腹肢はない．一部の海産種では上唇腺（labral gland）と呼ばれる器官があり，発光物質を分泌する．

多くは懸濁物食者で，第2小顎と胸肢によって水流を引き起こして，大顎や小顎の剛毛によって懸濁物を捕捉する．捕捉された食物片は大顎によって咀嚼されて，消化管に取り込まれる．消化管の前腸部にはキチン質の隆起があり，咀嚼部となる．中腸は膨出して胃となり，中腸腺が付随する．

生殖腺は1対あり，それぞれ後端から輸卵管または輸精管が伸び，雌では後部の1対の胸肢の内側にある生殖孔で体外に開く．雄では交接器の働きをする後部の胸肢に連絡する．交接時には，雄は第2触角または第2小顎の特殊化した爪で雌を保持する．受精卵は植物またはほかの基質に付着する．ただし，陸水性の一部の種では，卵は雌の背甲内で発育し，ノープリウス幼生として孵化する．単為生殖による繁殖もしばしば認められる．

現生種は13,000種ほどが知られ，多くは海産で，ウミホタル（*Valgula hilgendorfii*），カイミジンコ類（*Cypris*）などを含む．

4. 軟甲綱（Malacostraca）- 1

軟甲綱はきわめて大きな分類群で，含まれる種は甲殻亜門全体の60%近くにあたる約40,000種余りにも達する．主として海域および陸水域に生息するが，一部は陸上の湿地帯にも生息域を広げている．

（1）一般形態

原則として体は3部からなり，頭部と胸部はよく発達した背甲（頭胸甲：carapace）によって包まれる（図13・18）．背甲の前端は角状に突出し，額角（rostrum）と呼ばれる．頭部の付属肢は5対で，2対の触角，1対の大顎および2対の小顎となる．第2触角の外肢は板状ないし棒状に発達する．大顎は咀嚼用に変形して角質化する．頭部前端には1対の複眼が発達する．

胸部は8節で，各節とも1対の付属肢を具える．各付属肢は内肢がよく発達し，外肢は遊泳に重要な役割を果たすことがあるが，ほとんどの場合退化または欠落する．前部3対の付属肢は顎脚として摂餌用に変形していることが多い．また，エビ・カニ類では，それに続く5対の胸肢は歩行機能を有するため，歩

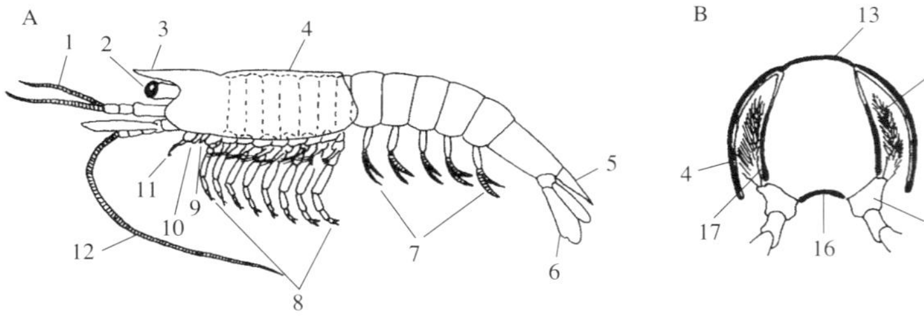

13・3　分類および主な種

図13・18　軟甲類の体制（A：Barth and Broshears，1982を改変，B：椎野，1964）．
（A）側面，（B）頭胸部横断面　1：第1触角　2：複眼　3：額角　4：背甲　5：尾節　6：尾肢
7：腹肢　8：胸肢　9：第2小顎　10：第1小顎　11：大顎　12：第2触角　13：背板　14：鰓
15：底節　16：腹板　17：側板

脚（ambulatory leg）と呼ばれるが，このうち最初の1対はカニやザリガニなどでははさみ状に変形して発達し，鉗脚（cheliped）と呼ばれる．摂食，攻撃，防御，求愛行動などに用いられる．

　腹部はほとんどの場合6節からなり，その後端に尾節を伴う．付属肢が発達するものでは遊泳に用いられることが多く，遊泳肢（遊泳脚：swimmeret）とも呼ばれる．多少扁平で遊泳に適した形態を示すが，同時に大きくなった表面積を利用してガス交換の場となることがある．また，雌では，産出した卵の抱卵場所ともなる．雄では，第1および第2腹肢は変形して交接器官となる場合がある．腹部最後部の付属肢である尾肢（uropod）は後方に伸び，幅広く広がって尾節とともに尾扇を形成することがある．

　消化管は前腸，中腸および後腸の3部よりなり，前腸は膨出して胃となり，後部に中腸腺または肝膵臓を伴う．

　大型の管状の心臓が背側に存在し，循環系はよく発達する．ガス交換は主に鰓で行うが，腹肢などで行うものもいる．排出器官としては，小顎腺または触角腺が存在する．

　生殖腺は胸部から腹部にかけて細長く伸び，生殖孔は雄では第8胸節に，雌では第6胸節にそれぞれ開く．発生様式は多様であるが，多くの場合，ノープリウス期は孵化前に経過する．

（2）分類および主な種

　軟甲綱は大きくコノハエビ亜綱，トゲエビ亜綱と真軟甲亜綱の3亜綱に大別

され，前2者にはコノハエビ類が属する薄甲目，シャコ類を含む口脚目の各1
目がそれぞれ含まれる．真軟甲亜綱は14目を含み，ムカシエビ上目，フクロ
エビ上目およびホンエビ上目の3上目に整理される．

　本書では，洞穴水や温泉に出現する特異な目を除く9目を取り上げるが，多
くの重要種を含む十脚目については，次項で詳細に述べることにし，ここでは
それを除く8目について述べる．

（a）コノハエビ亜綱（Phyllocarida）

　（i）薄甲目（Leptostraca）：腹
部体節数は7節で，後部に尾節を伴
う（図13・19）．胸部および腹部を
包む背甲が2葉に分かれ，閉殻筋に
よって開閉する．額角は突出し，2
対の触角はともに発達する．胸肢は
扁平で幅広く，これを動かして水流
を引き起こし，懸濁有機物を濾しと
ると同時に，その表面でガス交換を

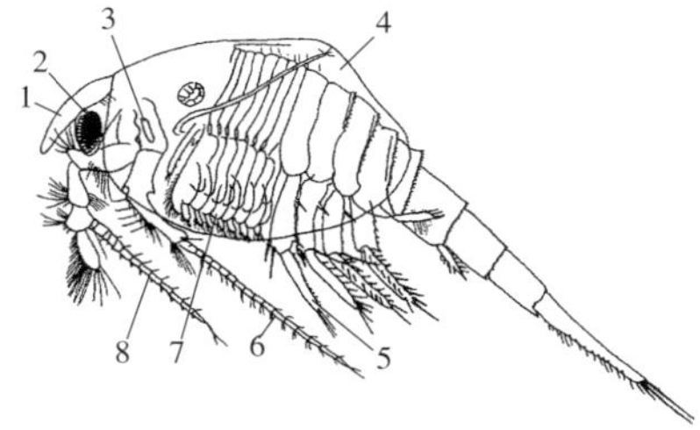

図13・19　コノハエビ（椎野，1969）.
1：顎角　2：複眼　3：触角腺　4：背甲　5：
腹肢　6：第2触角　7：胸肢　8：第1触角

行う．腹肢は前部の4対が遊泳肢として発達するが，後部の2対は退化し，第
7節は付属肢を欠く．雌は腹肢に卵を付着させて哺育する．初期の幼生段階は
卵内で過ごし，成体に近い形で孵化する．この時期の幼生をマンカ（manca）
幼生と呼ぶ．すでに背甲を具えている．

　普通潮下帯の堆積物上や海藻群落内に生息する．僅か20種ほどが知られる
のみで，我が国における本目の代表種であるコノハエビ（*Nebalia bipes*）は
内湾の有機汚濁指標種とされている．

（b）トゲエビ亜綱（Hoplocarida）

　（i）口脚目（Stomatopoda）：背甲は短く，頭部と胸部の前部4節程度を覆
う（図13・20）．体はやや扁平で．胸部第5節までの各付属肢の先端の指節は
前方に反転して前節にたたみ込むことができる．第2胸肢はとくに肥大して指
節の縁辺は鋸歯状となり，捕脚（raptorial leg）と呼ばれる．後部の3対の胸
肢は歩脚となる．腹部は6節で，うち前部5節の腹肢は遊泳肢となり，最後節
の腹肢は尾肢として肥大して尾節とともに尾扇を形成する．シャコを含む350

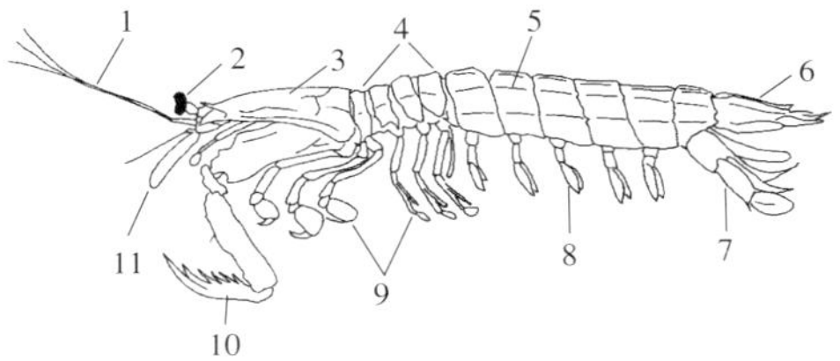

図13·20　口脚類の体制（浜野，1987）
1：第1触角　2：複眼　3：背甲　4：第5〜8胸節（自由胸節）　5：腹節　6：尾節　7：尾肢　8：腹肢　9：胸肢　10：捕脚　11：第2触角

種ほどが知られる.

シャコ（*Oratosquilla oratoria*）：我が国沿岸には12科56種のシャコ類が生息するとされているが，漁業的にはとくにシャコが重要である.

シャコは浅海の泥底にU字状の穴を掘って生息し，我が国の北海道から九州にかけての沿岸で普通に見られる. 産卵に先立ち，交接行動がみられ，精子の授受が行われるが，交接行動自体は産卵期と関わりなく行われるという. 産卵期は主に初夏から夏季にかけてで，数万の卵を紐で連ねたような状態で産出し，その後雌は第1および第3〜5胸肢を用いて円盤状の卵塊を作り，時々放り投げては手繰り寄せる行動を繰り返しながら哺育する. 水温20℃で約3週間で孵化し，孵化後1〜2カ月の浮遊生活を経て晩夏に着底して稚シャコとなる. 約1年で成熟し，寿命は2年余りとされている. 典型的な捕食者で，発達した捕脚を用いて，エビ類をはじめとする甲殻類，二枚貝，小型の魚類や多毛類などを積極的に捕食する.

東京湾，伊勢湾，大阪湾および瀬戸内海などの太平洋側の主な内湾域で多獲されている.

（c）真軟甲亜綱（Eumalacostraca）

（i）**アミ目（Mysida）**：フクロエビ上目（Peracarida）に属し，背甲はよく発達し，頭部と胸部の大部分を包む（図13·21）. 背甲の前端は額角として突出する. 2対の触角はよく発達し，第2触角は扁平な外肢を伴う. 前部の1〜2胸節は頭部に癒合し，この部分の付属肢は小さくなって顎脚となる. 残りの胸肢は外肢に遊泳用の剛毛を具える. 腹肢は多くの種で退化的であるが，その場合でも，雄では一部の腹肢が発達して，交接時に雌に精子を渡す働きをする. 尾肢の内肢に平衡胞を有する（図3·7B，図13·21）.

懸濁物食者がほとんどで，第2触角の外肢と顎脚や胸肢などを用いて水流を引き起こし，プランクトンなどの懸濁有機物を小顎の内肢で濾しとる. 一方，

13. 節足動物

深海性の種は主に腐肉食者である．

幼生は雌の腹部下面の哺育嚢で哺育される．交接の際，雌が脱皮を行うと初めて哺育嚢が現れ，卵はその中で受精して発生を開始する．幼生はほぼ成体に近い形で孵化する．

780種ほどが知られる．浮遊性の種と底生性の種がおり，若干の陸水種も含む．イサザアミの仲間（*Neomysis* 属）をはじめ有用魚類の餌生物として漁業的に重要なものが多い．

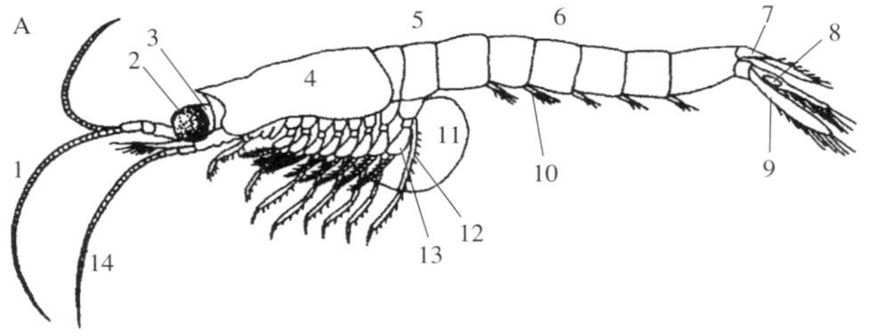

図13·21　アミ類の外形（椎野，1969）.
1：第1触角（外肢）　2：複眼　3：眼柄　4：背甲　5：胸節　6：腹節　7：尾節　8：平衡胞　9：尾肢　10：腹肢　11：哺育嚢　12：胸肢（内肢）　13：胸肢（外肢）　14：第2触角

（ii）クーマ目（Cumacea）：フクロエビ上目に属し，頭胸部がよく発達し，背甲は第3胸節まで達する（図13·22A）．第1触角は小さい．第2触角は雄では長い把握肢に変形し，雌では痕跡的である．胸部の付属肢は著しく変形する．前部の3胸節の付属肢は顎脚となり，それに続く1対の付属肢は把握器官となる．胸部の残りの付属肢は穴を掘るのに用いる．腹肢は雄にのみ発達する．尾肢は管状

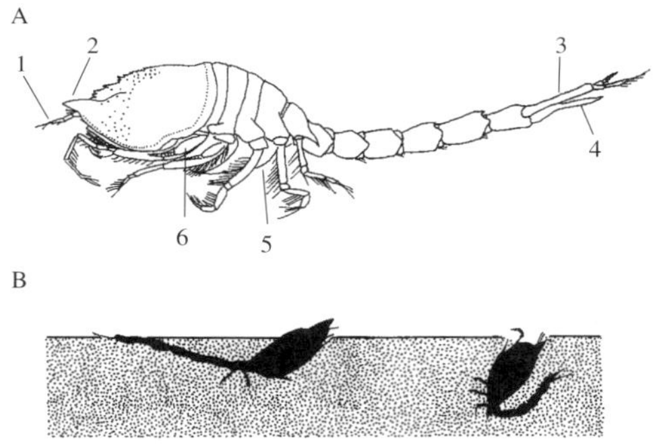

図13·22　クーマ類（椎野，1964を一部改変）.
（A）雌の外部形態，（B）堆積物内での埋在姿勢例
1：第1触角　2：擬額角　3：尾肢　4：尾節
5：哺育嚢　6：外肢

で長く伸び，堆積物内に埋在する時もその先端を表面から出していることが多い（図13・22B）.

懸濁物食者および堆積物食者が多いが，前者は小顎に密生する剛毛によって有機物を濾しとり，後者は堆積物に付着した有機物を顎脚でそぎ取って摂食する．交接は遊泳しながら行い，受精卵は雌の哺育嚢で哺育される.

浅海から深海に至る堆積物の表面付近に埋在する（図13・22B）．ただし，ごく一部の種は汽水域や陸水域にも生息する．約1,000種が知られる.

(iii) **端脚目**（Amphipoda）：フクロエビ上目に属し，体は一部を除いて左右に扁平である（図13・23）．背甲を欠き，胸部の最初の1～2節は頭部に癒合する．胸部と腹部の区別は明らかではない．胸部の前7節の付属肢の底節板（coxal plate）はよく発達する．触角は2対ともよく発達する．顎脚は1対あり，基底部で癒合する．その後の2対の胸肢は食物やほかの物体を捕捉できるように変形し，咬脚（gnathopod）と呼ばれる．腹肢は前部の3対が遊泳用となる.

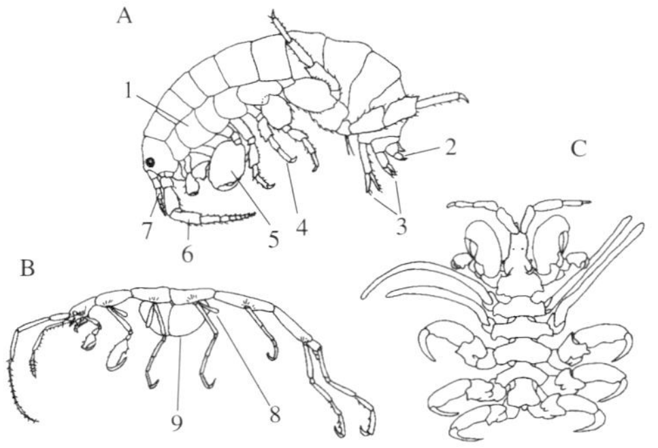

図13・23　端脚類の主要種（椎野，1964を改変）.
（A）ヨコエビ類，（B）ワレカラ類，（C）クジラシラミ類
1：底節板　2：尾節　3：尾肢　4：胸肢（歩脚）　5：咬脚　6：第2触角　7：第1触角　8：鰓　9：哺育嚢

食性は主として堆積物食または腐肉食である．咬脚で食物を掴み，顎脚の助けを借りて口に運ぶ．触角およびほかの付属肢に付着した有機物は顎脚や口器を用いてきれいにそぎ取って食べる.

大部分は海産であるが，陸水にも生息し，一部は陸上の湿地帯へも分布域を広げている．ヨコエビ類（*Gammarus*ほか）やワレカラ類（*Caprella*）など8,000種ほどが知られる．浮遊性の種と底生性の種が見られる.

(iv) **等脚目**（Iso-poda）：フクロエビ上目に属し，体はやや扁平で，加えて付属肢の底節が板状に発達して底節板を形成して横に張り出すため，なおさ

ら扁平な形状を示す（図
13・24）．背甲は欠落し，腹
部は退縮する．第1胸節は
頭部に癒合する．第1触角
は分枝せず，退化的で，陸
生種ではこれを欠く．第2
触角はよく発達する．最前
部の胸肢は顎脚となり，残
りの胸肢が歩脚となる．腹
肢は遊泳およびガス交換の
機能を有する．腹部体節の
後部のいくつかが尾節と癒
合して腹尾節（pleotelson）
を形成する．

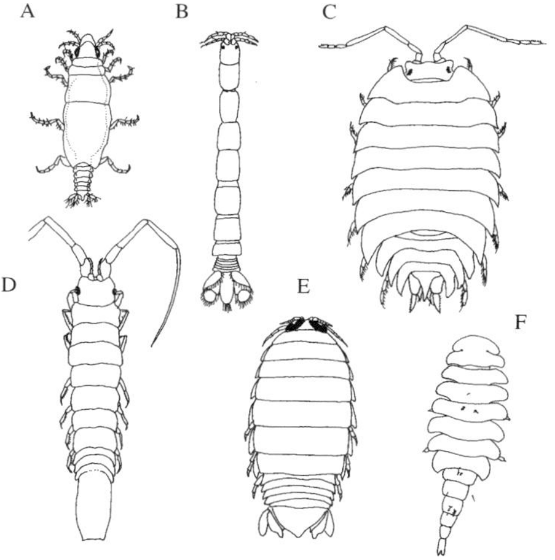

図13・24　等脚目の各種（椎野，1964を改変）．
（A）グナチア類，（B）ウミナナフシ類，（C）ワラジムシ類，
（D）ヘラムシ類，（E）グソクムシ類，（F）カニヤドリムシ

　多様な摂食様式を示す
が，懸濁物食者を欠く．上唇と顎脚が口の周囲を取り巻き，大顎は強い咀嚼力
を有する．寄生種では大顎は錐状で唇部は吸引体（sucking cone）となる．木
材を摂食する種では，腸内にセルロース分解用のバクテリアを共生させている．
ウミナナフシ（*Paranthura japonica*），ワラジムシ（*Porcellio scaber*），ニホ
ンキクイムシ（*Limnoria japonica*）などを含む．
　現生種約10,000種が知られ，陸上も含めてきわめて多様な環境に生息する．
　（v）タナイス目（Tanaidacea）：フクロエビ上目に属し，総じて小型であ
る．背甲が前部2胸節と癒合．第2胸肢ははさみ状に発達し，その後の6対の
胸肢が歩脚となる（図13・25）．腹部最後節と尾節が癒合して腹尾節を形成す
る．ほとんどは海産．1,500種が知られる．
　（vi）オキアミ目（Euphausiacea）：ホンエビ上目（Eucarida）に属し，体
はエビ型で，腹部がよく発達する（図13・26）．背甲は頭胸部を覆うが，側面
が体の下端に届かないため，胸肢に付着する鰓が露出する．額角および2対の
触角は発達する．胸肢はすべて外肢を具える．前部の胸肢は顎脚に分化しない．
腹肢もよく発達し，優れた遊泳力を有し，顕著な鉛直移動をすることで知られ

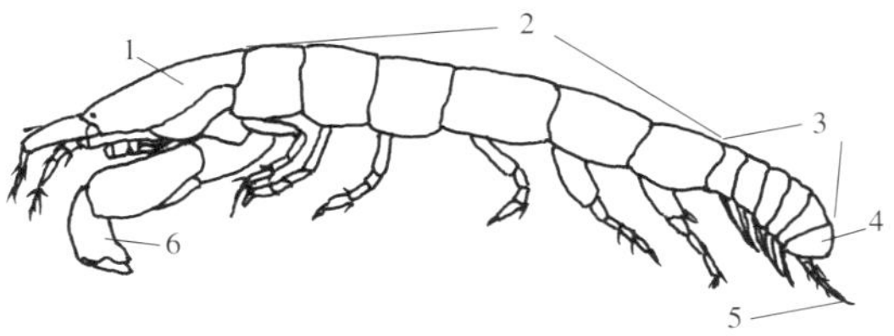

図13·25 タナイス目（Greenaway, 1998）.
1：背甲　2：胸部　3：腹部
4：腹尾節　5：尾肢　6：第2胸肢

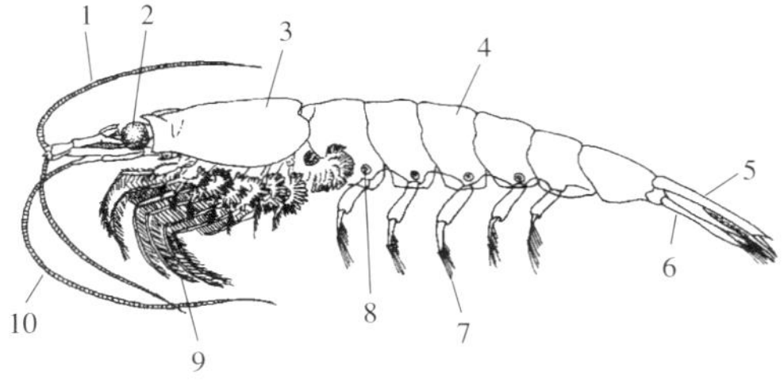

図13·26 オキアミ類（椎野, 1964）.
1：第1触角　2：複眼　3：背甲　4：腹節　5：尾節
6：尾肢　7：腹肢　8：発光器　9：胸肢　10：第2触角

る．尾節は延長する．ほとんどの種が発光器を有する．発光器は眼柄部や一部の胸肢の底節，または体腹面の腹板などに存在する．

ほとんどは懸濁物食性で，胸肢の縁辺の剛毛によって懸濁有機物を濾しとる．中腸に付随する中腸腺は発達して頭胸部の大部分を占める．

本目は90種余りを含む小さな目であるが，量的にはきわめて豊富で，水産動物の餌料として重要な位置を占める．ほとんどの種は群生する．

5. 軟甲綱 - 2 十脚目（Decapoda）

軟甲綱の主要な1群を構成する十脚目はオキアミ目とともにホンエビ上目に属し，甲殻亜門の中で最も大きな目の1つで，約10,000種の現生種が知られる．大部分が海産であるが，ザリガニ類，エビ類，カニ類の一部は陸水にも生息し，また，ヤドカリ類やカニ類の中には成体が陸上に分布するものもいる．

（1）十脚類の体の構造と機能

胸肢の3対が顎脚に変形していることでオキアミ目と区別される．胸肢の残りの5対が発達して，一部の例外を除いて10本の顕著な歩脚となることから本目の名前が由来する．最初の1対の歩脚は残りのものより発達していることが多く，ザリガニ，ロブスター，カニ類などのように，著しく大きな鉗脚となっているものもいる．歩脚の外肢は退化する．

背甲は発達し，背面正中線に沿って体部に癒着する．複眼は有柄で，鰓は胸

肢の基部およびその付近の体側に位置する．雌は哺育嚢を欠き，哺育性の種は，卵を腹肢に付着させ，孵化するまで哺育する．

　体形は大きく2型に類別される．1つは典型的なエビ類で見られるような遊泳型で，体は左右にやや扁平で，外骨格は薄く，付属肢は細い．腹部はよく発達する．もう1つはザリガニ，ロブスター，カニなどのような歩行型である．体は種々の程度に左右に広がり，外骨格は厚い．歩脚の発達と，一部を除いて鉗脚の発達で特徴づけられる．腹部はザリガニやロブスターではよく発達するが，ヤドカリ類やカニ類では退化的である．

　消化系は発達した咀嚼胃，肝膵臓を伴う中腸および後腸とからなる．肛門は尾節に開く．

　心臓は3〜5対の心門を有する．循環系はよく発達し，体内の血体腔を巡った血液は鰓に集められガス交換を行う．十脚類の鰓は胸肢基部に付着し，背甲と体本体の間の空隙である鰓室に納まり（図13・18B），その形状は，中央部の鰓軸とそれから左右に派出する無数の側葉とからなる．この側葉の形状に基づいて鰓は次の3つの型に区別される（図13・27）．

　根鰓型（dendrobranchiate gill）：根鰓亜目のエビ類に見られるもので，1対の側葉の外縁から無数の分枝を出す（図13・27A）．

　葉状鰓型（phyllobranchiate gill）：高等なエビ・カニ類で見られるもので，側葉は葉状である（図13・27B）．

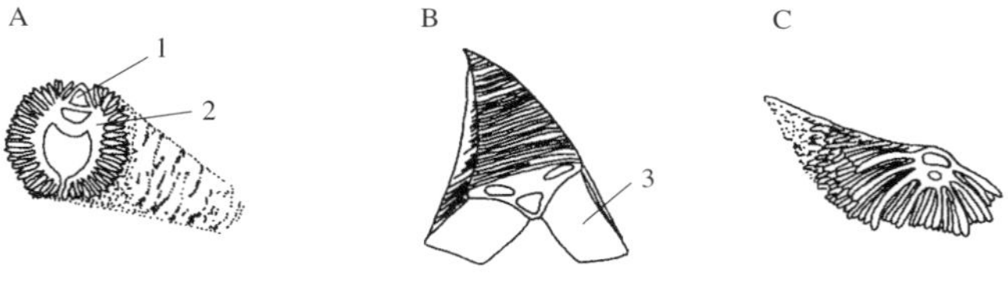

図13・27　十脚類の鰓の形状（Barth and Broshears，1982）．
（A）根鰓，（B）葉状鰓，（C）毛鰓　1：血管　2：鰓軸　3：側葉

　毛鰓型（trichobranchiate gill）：ロブスターやザリガニ類で特徴的な鰓で，側葉の代わりに多数の非分枝の側突起を伴う（図13・27C）．

　第2小顎の拡張部である顎舟葉を振動させることによって呼吸水を鰓室に取り込むが，エビ類とカニ類とでは水の流れが異なり，前者では，背甲の後部お

よび腹部縁辺から入り，鰓を灌流した後，頭部から出ていくのに対し，後者では，鉗脚の周囲から鰓室に入り，後部付近から外に出る．陸に上がるカニでは，上陸前に鰓室に水を溜め込む．その際，顎舟葉が蓋の役割をして水の逸失を防ぎ，水中でと同様に呼吸することができる．

排出器官として触角腺が発達する．汽水種や陸水種では，触角腺や鰓で塩類を保持して浸透調節を行う．

神経系は脳の発達が著しく，前端は眼柄につながる．各体節ごとに神経節はよく発達するが，カニ類では，胸部および腹部の各体節の神経節はすべて癒合して大きな神経塊となる（図3·9C）．複眼はよく発達し，多数の個眼からなる．平衡胞はほとんど例外なく第1触角の基部にある（図3·7A）．

雄では，胸部最後節（第8胸節）の付属肢の底節の上または近くに1対の生殖孔があり，1対の管状の精巣から伸びる輸精管がここに開く．輸精管の末端で精包を形成する場合がある．一方，雌では，卵巣から派出した輸卵管が第6胸節の腹面に開く．輸卵管の末端には受精嚢（thelycum）を伴うことが多い．そうでない場合には，別に貯精器官が胸部の腹板上に存在する．交接時に，雄は交接脚を用いて精子を雌の受精嚢などの貯精器官に送り込む．根鰓亜目のエビの仲間では，受精卵をそのまま海中に放出するが，大部分の種では，雌が受精卵を腹肢に付着させ，一定の期間哺育する．通常ノープリウス，ゾエア，メガロパなどの幼生段階を経る．

（2）分類と主な種

十脚目は根鰓亜目と抱卵亜目の2亜目に大別される．

（a）根鰓亜目（Dendrobranchiata）

根鰓型の鰓を有する．歩脚の前3対の先端ははさみ状になる．雌は浮遊卵を産出し，産卵後卵の哺育は行わない．ノープリウス幼生の段階で孵化する．クルマエビ科（Penaeidae）やサクラエビ科（Sergastidae）の各種を含む（図13·28A）．

クルマエビ科に属する種は100種を遙かに超え，温帯から亜熱帯にかけて広く分布する．クルマエビやその近縁の各種はいずれも重要な漁業資源として古くから注目されてきており，彼らの生態に関しても多くの知見が得られている．クルマエビ類の生活様式は定在型と放浪型の2型に大別できる．前者は夜行性

13. 節足動物

で，昼間は潜砂して潜んでおり，夜間に活発に行動する．クルマエビ（*Marsupenaeus japonicus*），ウシエビ（*Penaeus monodon*），クマエビ（*P. semisulcatus*）などがこの型に含まれ，いずれも広域に分布する傾向がある．一方，後者は堆積物の表面や内部に定在することなく，常に群れを形成して遊泳生活を送るもので，分布域は限られる傾向にある．体表の色素の発達が悪く，体色は透明に近い．我が国近海では，渤海湾にほぼ分布が局限されるコウライエビ（*Fenneropenaeus chinensis*）がこの型に属する．

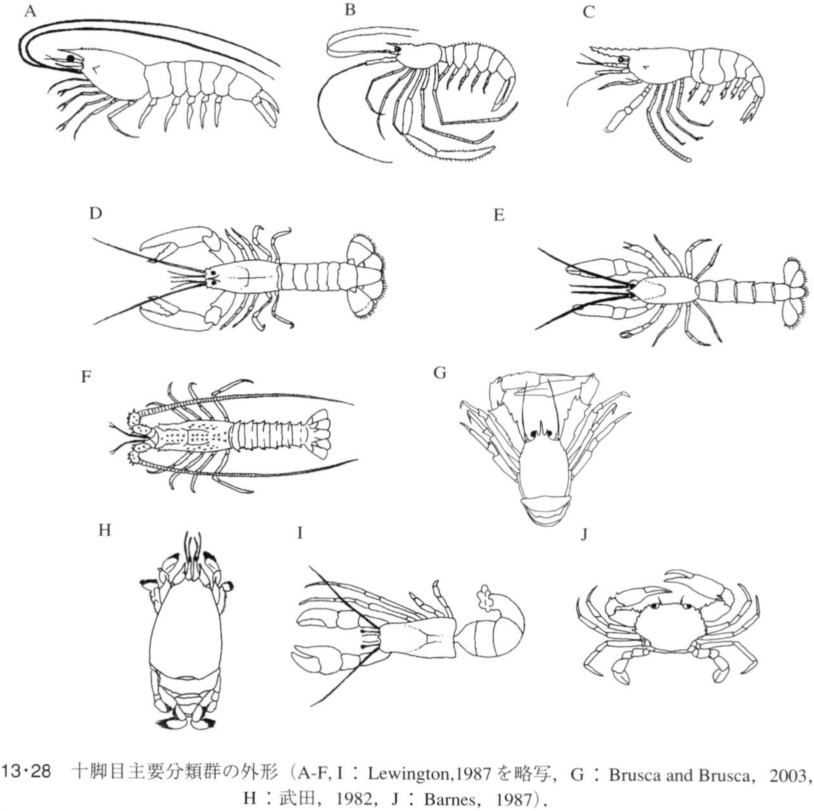

図13・28 　十脚目主要分類群の外形（A-F, I：Lewington,1987 を略写，G：Brusca and Brusca，2003，H：武田，1982，J：Barnes，1987）．
（A）根鰓亜目，（B-J）抱卵亜目，（B）オトヒメエビ下目，（C）コエビ下目，（D）ザリガニ下目，（E）アナジャコ下目，（F）イセエビ下目，（G-I）異尾下目，（G）コシオリエビ上科，（H）スナホリガニ上科，（I）ヤドカリ上科，（J）短尾下目

13・3 分類および主な種

クルマエビ：クルマエビは我が国沿岸海域砂泥底に生息する代表的な種で、漁業的な価値は高い（図13・29）．比較的大型のエビで、体長は20cm前後に達する．東京湾、浜名湖、三河湾、伊勢湾、瀬戸内海、有明海など太平洋側の内海を主漁場とするが、とくに瀬戸内海の西部で多獲される．

図13・29 クルマエビ（中島博司氏提供）．

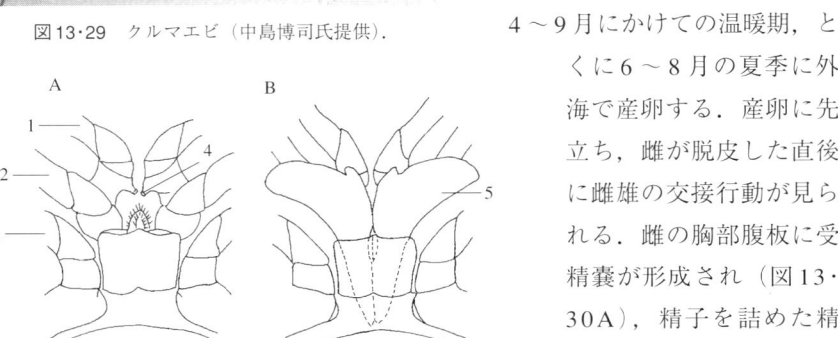

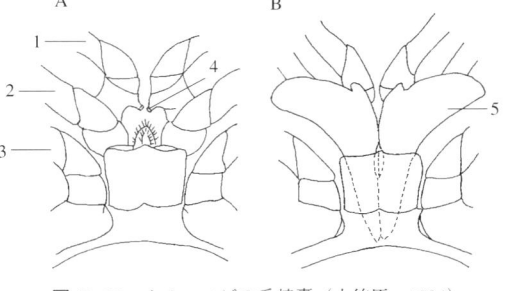

4～9月にかけての温暖期、とくに6～8月の夏季に外海で産卵する．産卵に先立ち、雌が脱皮した直後に雌雄の交接行動が見られる．雌の胸部腹板に受精嚢が形成され（図13・30A）、精子を詰めた精包が雄の交接脚を介してここに送られる．この精包には栓があり、交接を終えた雌の受精嚢はこの栓によって閉じられ、ほかの雄の精包の受け入れを拒む（図13・30B）．産卵時に卵の放出と同時に受精嚢が開いて精子も放出され、海中で受精し、発生を始める．1尾の雌が数十万から100万粒の卵を産出する．

図13・30 クルマエビの受精嚢（小笠原、1984）．
（A）交接前、（B）交接後 1：第3歩脚 2：第4歩脚 3：第5歩脚 4：排卵孔 5：交接栓

受精卵は水温28℃で13時間で孵化し、ノープリウス幼生となる（図13・31A）．その後6回脱皮して1日半でゾエア幼生となり（図13・31B、C）、さらに脱皮を繰り返して2～4週間で着底し、後期幼生として底生生活に入る．

浮遊生活期の初期は産卵場付近の外海で過ごし、その後上げ潮流に乗って沿岸水域に入ってくる．接岸して干潟ないし干潮線付近の浅所に到着した幼生はそこで底生生活に移行する．

クルマエビは昼間は砂に潜り、夜間に活発に行動する．底生生活に入ってからの成長は早く、夏季では2～3カ月、冬季でも8～9カ月で成熟する．成熟

が始まると再び沖合に移動する．外海で完熟した個体はそこで産卵し，生涯を終える．寿命は約2年である．

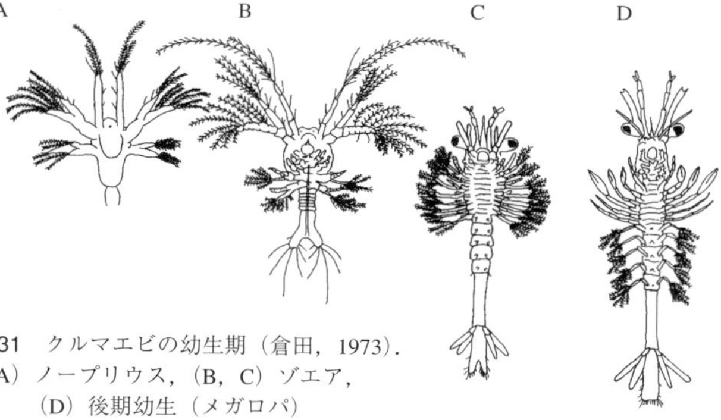

図13・31　クルマエビの幼生期（倉田，1973）．
（A）ノープリウス，（B，C）ゾエア，
（D）後期幼生（メガロパ）

　本種は1959年に種苗生産が事業化されて以来，種苗放流や養殖が盛んに行われている．種苗生産に際しては，十分に成熟した親エビを産卵水槽に入れ蓄養する．産卵は夜間に行われる．孵化後ゾエア期になると投餌を開始し，最初は珪藻のキートセロスを主とする植物プランクトンや，近年開発された人工プランクトン，次いで二枚貝のカキ類の卵や浮遊幼生を与える．その後，アルテミアノープリウス幼生と微粒子配合飼料を給餌する．後期幼生期以降は配合飼料のみでの飼育が可能である．現在の技術では孵化率が50～60％，稚エビの生残率が50％以上の水準に達している．養殖技術の進歩も著しく，技術的には30～50％と高い歩留まりが得られるようになったが，最近，養殖場の環境の悪化などで，ウイルス性の疾患をはじめとして各種疾病が頻発し，生産を安定的に確保することが難しくなってきている．最盛期には4,000

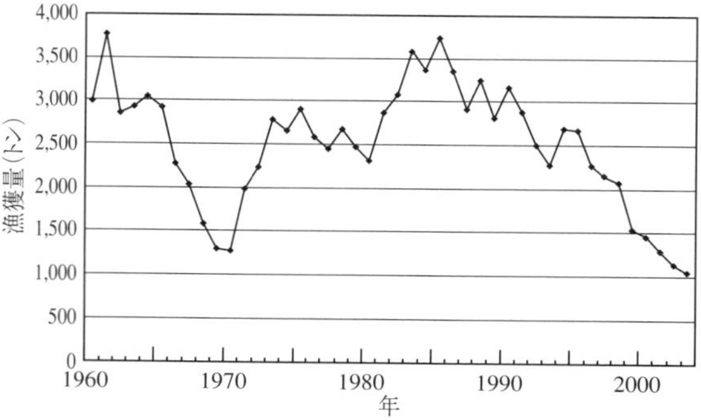

図13・32　我が国のクルマエビ漁獲量の推移．（農林水産省，2006より作成）

トン近くもあった総漁獲量は最近は1,000トン前後にまで低下している（図13·32）.

本種の近縁のウシエビは東南アジアの諸国で盛んに養殖され，ブラックタイガーの名前で我が国にも大量に輸入されている.

サクラエビ（*Sergia lucens*）：サクラエビ科に属する体長4〜5cmの小型のエビで，桜色の体色をしていることに名が由来している. 遊泳性で濃密な群れを形成する. 生息水深に顕著な日周性がみられ，昼間は200〜300m域に分布しているが，日没後50m前後のところに浮上し，集群する. 明け方には再び深部に下降して分散する.

産卵は6〜11月の長期にわたってみられ，産卵後ほぼ1年で成熟し，寿命は15カ月程度とされている.

分布域は限られ，とくに駿河湾の沿岸部で本種を対象にした漁業が有名で，本種は駿河湾の特産とされている. 夜間に浮上して集群した群れを対象として引き網により漁獲する. 漁期は10月〜翌年の6月までにわたり，年間5,000トン前後の漁獲量がある. ほとんどは乾物として利用される.

近縁のアキアミ（*Acetes japonicus*）も同様の生態を示し，有明海や瀬戸内海で多産する.

（b）**抱卵亜目**（Pleocyemata）

葉状鰓型または毛鰓型の鰓を有する. 雌は卵を哺育し，幼生はゾエア期に入る段階で孵化する. 以下の6下目に分けられる.

（i）**オトヒメエビ下目**（Stenopodidea）：頭胸部は多少とも円筒形. 最初の3対の歩脚ははさみ状で，そのうち最後の1対は著しく発達する（図13·28B）. 鰓は毛鰓型. 暖海性で鮮やかな体色を示す. オトヒメエビ類など20種余りが知られ，その一部は魚類などの体表の付着物を食物とするなど，いわゆる大型の海洋動物の掃除屋としてよく知られる. また，海綿動物の水溝系内に共生するドウケツエビ属（*Spongicola*）の仲間も本下目に含まれる.

（ii）**コエビ下目**（Caridea）：頭胸部はやや円筒形. 最初の2対の歩脚ははさみ状. その第1対または第2対がほかの歩脚よりも発達する（図13·28C）. とくにテッポウエビの仲間では，第1対の一方が著しく発達して先端は大きなはさみとなる. 第2腹節の側板が前後に拡大して前後の節の側板の一部を覆う.

多くの場合，体軸は腹部で鋭く折れ曲がる．鰓は葉状鰓型．遊泳性のエビの大部分を含む．海産のホッコクアカエビ（*Pandalus eous*），スジエビ（*Palaemon paucidens*）やエビジャコ（*Crangon affinis*）に加えてテナガエビ（*Macrobrachium nipponense*）などの漁業的に重要な陸水種も含む．

ホッコクアカエビ：タラバエビ科（Pandalidae）に属する冷水性のエビ（図13・33）である．以前は北大西洋産のホンホッコクアカエビ（*P. borealis*）と同種とされていたが，最近我が国沿岸を含む北太平洋産のものは大西洋産のものとは別種とされ，上記の学名が充てられるようになった．我が国では，日本海の北部から隠岐島に至る海域に広く分布し，ナンバンまたはアマエビと俗称されて日本海の大陸棚から斜面にかけての重要な漁業資源となっている．

額角が著しく突出し，その上下縁に多数の棘を有するといったタラバエビ科に共通の特徴を示すとともに，本種に特有の形態的特徴として，第3腹節背面中央寄りやや後方に1棘を有する．生時の体色は赤紅色を呈する．体長は12cm前後に達する．

本種は深海性で，能登半島付近では水深200〜700mにかけて分布するが，主分布水深帯は500〜600mである．成長とともに生息水深を変え，成熟後も季節的な深浅移動が見られるという．当該海域での本種の生活史について次のように想定されている．交接および産卵は3〜4月頃，水深400〜600mで行われ，抱卵個体は秋以降200m域にまで移動し，卵は1〜2月にメタゾエア（metazoea）幼生と呼ばれるゾエア期末期の段階で孵化する．孵化幼生はすべて雄で，1カ月ほど浮遊生活を送った後，成長しながら深所に移動する．ほぼ1年で背甲長2cm程度で成熟して生殖行動に参加するようになる．その後，3〜4年目の夏から秋にかけて性転換して雌に変わり，翌年4月頃から雌として産卵群に加わるようになる．その後1年近く抱卵を行い，幼生が孵化した後，

図13・33　ホッコクアカエビ（のとじま臨海公園水族館提供）．

再び卵形成を行い，ほぼ隔年周期で産卵を繰り返す．寿命は10年前後とされる．餌生物は甲殻類などが中心であるが，貝類や多毛類も摂食する．

　底曳き網や篭網で漁獲され，最近の日本海での漁獲量は5,000トン前後であるが，北欧各国やカナダなどから，ホンホッコクアカエビを主体にその数倍にものぼる30,000トン以上が輸入されている．

　同属にホッカイエビ（*P. latirostris*），ボタンエビ（*P. nipponensis*），トヤマエビ（*P. hypsinotus*）などが知られ，いずれも漁獲の対象となっている．

　(iii)　**ザリガニ下目**（Astacidea）：ザリガニやロブスターの仲間を含む．第1歩脚が著しく肥大して鉗脚となる（図13・28D）．頭胸部は円筒形で，腹部は発達して幾分左右に広がる．歩脚の最初の3対ははさみ状となる．鰓は毛鰓型．

　ロブスターはかなり大型で，額角が顕著に発達する．鉗脚は左右不相称の場合が多い．一方，ザリガニ類はロブスターより小型で，陸水域に生息する．

　(iv)　**アナジャコ下目**（Thalassinidea）：第1歩脚は鉗脚となり，左右不相称．腹部はよく発達する．鰓は毛鰓型．歩脚で穴を掘り堆積物中に埋在する．アナジャコ（*Upogebia major*）やスナモグリ類のスナモグリ（*Nihonotrypaea petalura*）およびニホンスナモグリ（*N. japonica*）などを含む（図13・28E）．

　食用としての需要はほとんどないが，遊漁の餌生物としての価値は高い．

　(v)　**イセエビ下目**（Palinura）：形態はザリガニ類と似るが，第1歩脚は鉗脚とはならない（図13・28F）．また，額角の発達は悪い．ウチワエビを除いて第2触角が著しく発達する．鰓は毛鰓型．

　イセエビの仲間（*Panulirus*属）が属するイセエビ科（Palinuridae）の各種は熱帯から温帯にかけてのサンゴ礁周辺や沿岸の岩礁地帯に広く分布し，我が国周辺ではイセエビ（*Panulirus japonicus*），カノコイセエビ（*P. longipes*），シマイセエビ（*P. penicillatus*），ケブカイセエビ（*P. homarus*），ゴシキエビ（*P. versicolor*），ニシキエビ（*P. ornatus*）などが漁獲対象となっている．

　イセエビ：イセエビ（図13・34）は我が国周辺に分布が限られ，主に千葉県以西の太平洋沿岸および九州西岸の外洋に面した浅海岩礁域で漁獲され，とりわけ千葉，静岡，三重，和歌山，高知，長崎，熊本，宮崎の各県で多獲される．日本海沿岸や琉球列島周辺にはほとんど分布しない．

13. 節足動物

外骨格の石灰化が著しく，背甲は強固で，無数の棘，顆粒，疎毛などを有する．第2触角がよく発達し，その基節内側に発音器を有する．上述のように，第1歩脚は鉗脚とはならず，雌のみ第5歩脚の先端が不完全な小さいはさみ状となる．

産卵期は地域差が大きく，5月下旬〜9月までの長期に

図13・34　イセエビ（三重県水産技術センター提供）．

わたるが，盛期は6月上旬〜8月中旬のかけての2カ月余りである．産卵は交接を終えてほぼ3〜6時間の間に行われる．産出された卵は卵径0.5mmで，産卵期にとくに発達する雌の腹肢の剛毛に房状に付着して発生を始める．抱卵数は3〜80万粒に及び，大型個体ほど多くなる傾向がある．多くの個体は1産卵期に2回産卵を繰り返す．

ノープリウス幼生の段階は卵内で経過し，産卵後3〜5週間を経て，ゾエア期に相当するフィロゾーマ幼生として孵化する（図13・35A）．孵化時のフィロゾーマ幼生は頭部が西洋梨型で，体長は1.5mmと小さく，また，色素をほとんどもたず，体は透明である．浮遊性で流れに乗って広く分散する．フィロ

ゾーマ幼生の期間はかなり長期にわたるが，この時期の生態に関しては不明な点も多い．しかし，最近本種の初期生活期の飼育技術が著しく向上し，飼育を通じて多くの新知見が得られることが期待されている．フィロゾー

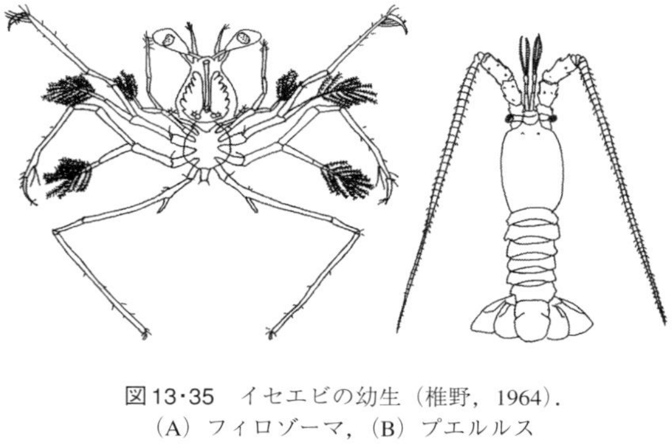

図13・35　イセエビの幼生（椎野，1964）．
（A）フィロゾーマ，（B）プエルルス

マ幼生期に何度も脱皮，変態を繰り返して，やがて成体に近いプエルルス幼生へと変態する（図13・35B）．体はなお透明であるが，背甲が明瞭となり，背甲長は約8mmになる．この時期に浮遊生活から底生生活に移行して接岸する．プエルルス幼生の期間は数日で経過し，脱皮・変態をして稚エビとなる．その後頻繁に脱皮を繰り返して成長を続け，孵化から3年前後で成熟する．

成体は夜行性で，昼間は岩礁の間隙や棚に潜み，夜間に這いだして活動する．餌生物は主に巻貝やカニ類などであるが，ほかに，魚類，エビ類，フジツボ，ウニ，海藻なども含まれる．寿命は20年以上とされるが，刺し網などによる漁獲圧が大きいために，実際には10年を超えて生息するのは稀である．

本種の年間の漁獲量は，最近1,000トン余りで推移している．伊豆半島の石廊崎での調査によれば，各年の若齢エビの採集量はその前年の黒潮流軸の平均距岸距離と明瞭な逆相関関係がみられ，各地先でのイセエビの漁獲量が黒潮によって南方より運ばれてくるフィロゾーマやプエルルス幼生の来遊量に左右されていることをうかがわせる．

（vi）**異尾下目**（Anomura）：ヤドカリの仲間を含む．背甲は通常は左右両側に広がる．第5歩脚は退化的．眼は第2触角の内側に位置する．腹部の発達の程度は多様である．大きく次の4上科に分けられる．

（vi-1）**ロミス上科**（Lomisoidea）：カニ型．鉗脚はよく発達し，鉗脚と歩脚に短い剛毛が密生する．オーストラリア南部の固有種である *Lomis hirta* 一種を含むのみ．

（vi-2）**コシオリエビ上科**（Galatheoidea）：腹部は左右相称で，頭胸部の下面に折れ曲がる（図13・28G）．額角は発達し，三角形状．頭胸部はほぼ円筒形．第1歩脚は鉗脚となり，長く伸長する．第5歩脚は退化する．尾扇が発達．鰓は葉状鰓型．コシオリエビ類（*Galathea*）が含まれる．

（vi-3）**スナホリガニ上科**（Hippoidea）：腹部は左右相称で，頭胸部の下面に畳み込まれている（図13・28H）．尾扇は発達しない．額角はあまり発達しない．歩脚第1対は棒状．第5歩脚は退化的で，背甲の側部に畳み込まれている．鰓は葉状鰓型または毛鰓型．スナホリガニ（*Hippa marmorata*）を含む．

（vi-4）**ヤドカリ上科**（Paguroidea）：背甲は卵形で，腹部は一般に左右不相称（図13・28I）．腹部は巻貝の貝殻内に入っているか，背甲の下に畳み込ま

れている．鰓は葉状鰓型．ホンヤドカリ（*Pagurus filholi*）やタラバガニ
（*Paralithodes camtschaticus*）を含む．

　タラバガニ：タラバガニ科
（Lithodidae）に属し，主分布域
がベーリング海やオホーツク海に
ある寒海性の種である（図13・
36）．同属のハナサキガニ（*P.
brevipes*）とともに異尾下目に含
まれる各種の中では数少ない漁業
価値の高い種である．

　外形はカニ型．背面は暗紫色，

図13・36　タラバガニ（中尾繁氏提供）．

腹面は淡黄色をそれぞれ呈する．背甲は心臓型で，鉗脚は小さく，左右不相称
である．普通右側の鉗脚の方がよく発達する．第5歩脚は退化して背甲の内側
に隠れる．腹肢は雌の左側にのみ発達し，雄では完全に欠落する．

　生息水深は30〜360mにわたる．北海道周辺では，産卵期の4〜6月に接岸
し，夏季以降再び沖合に移動する．産卵に先立ち，雄は雌を鉗脚で把握し，雌
の産卵を待つ．雌が脱皮した直後に雄が精包を雌の腹部に付着させ，同時に雌
が産卵する．1回の産卵数は10万粒前後と見積もられている．雌は産出した卵
を受精させた後腹肢に付着させて孵化までおよそ1年間哺育する．抱卵中にす
でに次世代の卵形成が始まり，幼生の孵化後脱皮して再び生殖活動を行う．ゾ
エア幼生として孵化し，ほぼ2カ月ほど幼生生活を送った後着底して稚ガニと
なる．

　成熟年齢はほぼ6年前後で，その時の背甲長は10cm前後であるが，成熟後
も脱皮して成長を続け，最大背甲長は21cm前後に達する．寿命は20年ほどと
されている．

　本種は国際漁業協定により，漁業水域や漁獲量が厳しく規制されており，最
近の我が国の漁獲量は200トン前後で推移している．一方，ロシア，中国，北
朝鮮，アメリカなどから数万トンが輸入されていることになっているが，この
中には，近縁のアブラガニ（*P. platypus*）も相当量含まれていると思われる．

　（vii）**短尾下目**（Brachyura）：カニ類を含み，4,500種が知られる大きな

分類群である．体は左右に大きく広がる．鰓は葉状鰓型である．腹部は退化し，頭胸部の下面に畳み込まれている．雌では腹肢は残存し，抱卵機能を有するが，雄では，前部の2対が交接脚に変じ，ほかは欠如．尾肢を欠く．歩脚の第1対は鉗脚となる．

　ズワイガニ（*Chionoecetes opilio*）：クモガニ科（Family Majidae）に属するきわめて漁業価値の高い種である（図13・37）．我が国近海では，太平洋側の茨城県以北および本州から北海道にかけての日本海側の大陸斜面に広く分布するほか，日本海中央部の大和堆，沿海州沿岸や朝鮮半島東岸にも分布する．また，オホーツク海，ベーリング海を経てアラスカなどの北米沿岸域，グリーンランド西岸から北大西洋のカナダ沿岸域にかけて分布域は広域にわたる．生息水深は50〜1,000m付近にまで及ぶが，日本海の個体群に関しては，水深200〜400m帯を取り巻くように分布しており，概ねこの水深帯に漁場が形成されている（図13・38）．福井県ではエチゼンガニ，山陰ではマツバガニなどと俗称される．

　背甲は丸味を帯びた三角形で，前端の額部が突出し，先端に切れ込みを有する．背甲表面には多数の瘤状突起がある．鉗脚は歩脚より短い．

　産卵期は初めて産卵を行う初産雌とすでに以前に産卵を

図13・37　ズワイガニ（高橋庸一氏提供）.

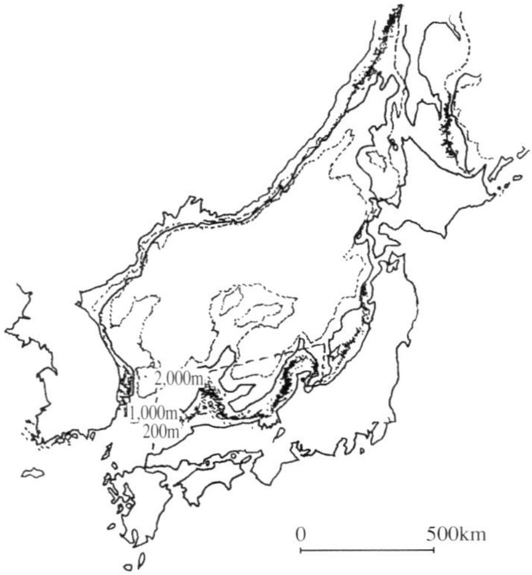

図13・38　日本海におけるズワイガニの漁場分布（黒点）
（桑原ら，1995）.

経験している経産雌とで異な
り，前者が8～11月頃，後者
が2～3月頃に産卵する．初め
ての産卵に先立ち，雌ガニが
最終脱皮を行った直後に雄と
交接し，雄から精包を受け取
った雌は受精嚢に貯える．交
接後1～4時間のうちに産卵
し，卵は受精する．一度交接
を行うと，次回の産卵期には
必ずしも交接しなくても，受
精嚢に貯えている精子を用い
て受精させることができると
されている．雌は産出した受

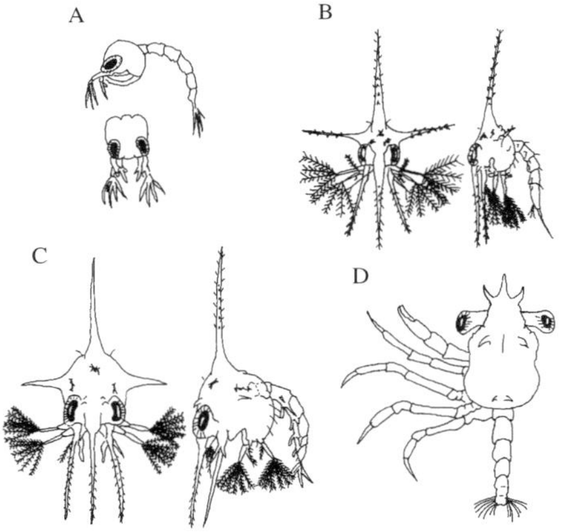

図13・39　ズワイガニの幼生（尾形，1974）.
（A）プレゾエア，（B）ゾエアⅠ期
（C）ゾエアⅡ期，（D）メガロパ期

精卵を腹肢の剛毛に付着させ，経産雌は約1年，初産雌は約1年半哺育する．
2～3月にプレゾエア（prezoea）幼生と呼ばれるゾエア期直前の幼生段階で孵
化する（図13・39A）．そして，孵化幼生はせいぜい1時間前後の短期間のうち
に脱皮，変態してゾエア幼生となる．ゾエア幼生はⅠ期およびⅡ期の2期に分
かれ（図13・39B, C），それぞれ1カ月前後で経過してメガロパ幼生となる
（図13・39D）．メガロパ幼生は2カ月前後で甲幅3mmの1齢稚ガニとなって着
底する．その後，脱皮，成長を繰り返すが，一度脱皮するごとに1齢加齢する
という数え方で，10齢前後で成熟する．脱皮間隔は初期のうちは短期間であ
るが，高齢になるにつれて長くなり，9齢以降では約1年となる．
　雌は10齢（甲幅60mm前後）の春季から卵巣が発達し始め，11齢への脱皮
前の8～11月頃には成熟する．そして11齢（甲幅80mm）への脱皮が最終脱
皮となる．雄の9齢以降の脱皮盛期は9～10月頃で，年に1回の脱皮を行う．
雄は10齢のすべての個体で精巣内に精子が認められ，精管も精包で満たされ
るようになり，初産卵前の雌との交接が可能となる．雄はその後も脱皮を繰り
返し，13齢（甲幅130mm前後）まで成長する．しかし，雄も形態的な成熟
（morphometric maturity）に達した際の脱皮が最終脱皮となり，その後は脱皮

を行わない．最終脱皮を終えて形態的成熟に達した雄は，鉗脚が相対的に大きくなる．雄の最終脱皮となる齢期は9齢から13齢までと個体によって差が見られる．

摂食対象は幅広く，甲殻類をはじめ，多毛類，軟体動物，クモヒトデ類など多様な底生動物を摂食している．

我が国における本種の漁獲量は，1970年前後に60,000トン余りにも達したが，200海里経済水域が国際的に広く受け入れられるに伴い操業水域が大幅に制約されるようになったこともあり，その後急減し，最近は漁業価値の低いミズガニと呼ばれる脱皮直後の雄ガニや雌ガニも含めて6,000トン前後で推移している（図13・40）．産卵期を中心に禁漁期の設定や漁獲サイズの制限などのほか，コンクリートブロック投入による保護区の設定など，種々の資源保護策が講じられ，また，種苗生産も試みられている．1997年からは，我が国の国連海洋法条約の批准（1996年）に伴い，TAC（Total Allowable Catch）制度がスタートし，ズワイガニもその対象に指定され，毎年漁獲可能量が設定され，水揚げ量の数量管理が行われている．

なお，ズワイガニ属には本種のほかにベニズワイガニ（*C. japonicus*），オオズワイガニ（*C. bairdi*），トゲズワイガニ（*C. angulatus*）などがおり，ベニズワイガニやオオズワイガニは相当量市場に流通している．とくに，ベニズワイガニは味覚の点でズワイガニに劣るものの，日本海ではやはり重要な資源である．体色が赤味を帯び，生息水深も500m以深に偏り，主生息域はズワイガニより深部の方にずれている．

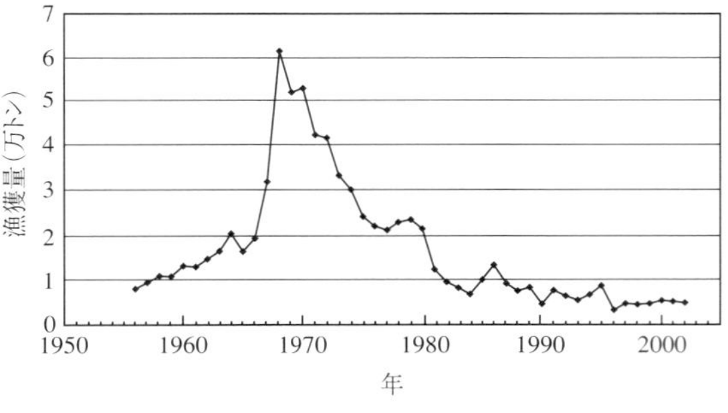

図13・40　我が国のズワイガニ漁獲量の推移（農林水産省，2005より作成）．

ケガニ（*Erimacrus isenbeckii*）：クリガニ科（Atelecychidae）に属し，我

13．節足動物

が国北部地先の日本海および太平洋，カムチャッカ，アラスカ沿岸に産する．背甲は丸味を帯び，その背面や歩脚および鉗脚表面に顆粒および短毛が密生する（図13・41）．

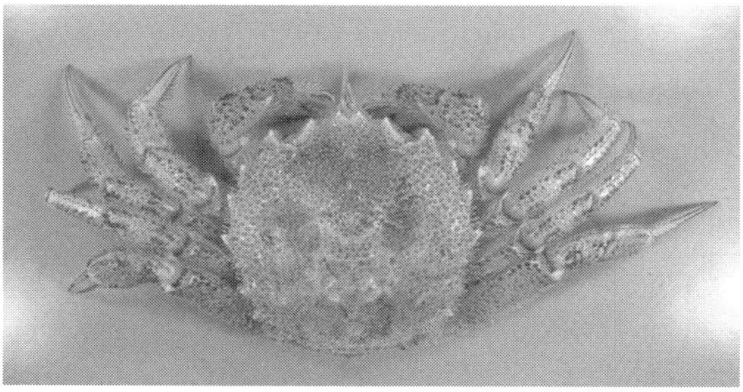

北海道周辺では，成体は水深50m前後の浅場

図13・41　ケガニ（山口浩志氏提供）．

の砂泥底に分布し，主に昼間に活発に摂食活動を行う．小型甲殻類や多毛類が主要な餌料となっている．

幼生はゾエア期で孵化し，ゾエア期5期，メガロパ期1期を経て稚ガニとなる．雌は甲長50～60mmで成熟し，脱皮直後に雄との交接により精子を受け取り受精嚢に貯える．交接を終えるとセメント状の栓で受精嚢を塞ぐため，これを確認することにより交接の有無がわかる．ほかのカニ類と異なり，本種の雌の場合は交接時には卵巣は未熟な状態にあり，交接後産卵まで1年ほどを要し，その後，さらに抱卵期間が1年ほど続く．本種は成熟後も脱皮して成長を続けるが，雌では，抱卵中は脱皮しないため，脱皮間隔が2～3年となり，成熟後は雄に比べて成長が悪くなる．

主に篭網により漁獲され，我が国での漁獲量は約3,000トン前後とされるが，それを遙かに凌ぐ量がロシアから輸入されて流通している．

ガザミ（*Portunus trituberculatus*）：ワタリガニ科（Family Portunidae）に属する暖海性のカニで（図13・42），我が国沿岸および韓国，中国の沿岸砂泥底に分布する．

図13・42　ガザミ（有山啓之氏提供）．

225

背甲は菱形で，背甲の前縁から前側縁は棘状突起で縁取られる．第5歩脚はワタリガニ科に属するほかの種と同様に櫂状となり，これを用いて遊泳するため，ワタリガニの異称がある．体色は雄は青緑色のものが多いが，色調は大きさや季節により変化する．

夜行性で，昼間は眼を残して堆積物中に埋没し，夜間に活動する．小さい巻貝や二枚貝，多毛類，甲殻類などを好んで摂食する．春から夏にかけて沿岸の浅所や湾奥に来遊し，冬季には深部や外海に移動する．水温が14〜15℃以下になると堆積物中に潜って冬眠する．

産卵期は4月下旬〜9月中旬まで続くが，産卵に先立ち，多くは前年の秋に雄は雌を追尾し，雌の脱皮を待って交接する．1個体が産卵期に何度か産卵を繰り返す．1回の産卵数は最高400万粒余りに及ぶが，回数を経るごとに産卵数は減少する．

雌は10〜20日間抱卵し，卵はゾエア幼生の段階で孵化する（図13・43A）．孵化直後の幼生は甲長0.4mmである．ゾエア幼生は4回脱皮を繰り返し（図13・43B），甲幅2mm前後のメガロパ幼生（図13・43C）を経て脱皮・変態して稚ガニとなる．ゾエア期から稚ガニになるまでの期間は水温によって大きく異なり，27℃では2週間足らずであるが，18℃では5週間を要する．その後，脱皮，成長を繰り返し，6月生まれのものでその年の10月に，8月生まれのものでは約1年後に11齢で甲幅13cm前後となって成熟する．寿命は3年以上．

本種の漁獲量は1990年以降3,000〜3,500トン前後で推移し，安定している．三河湾，瀬戸内海，有明海などで多産するが，とくに瀬戸内海での漁獲量が1,500〜2,000トン前後と全体の約半分を占める．

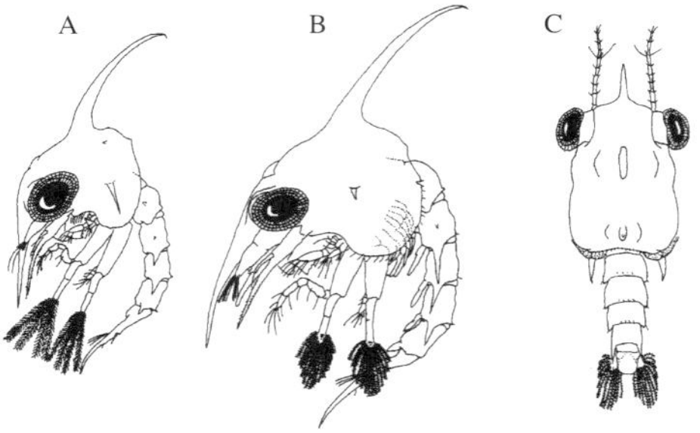

本種の種苗生産には，多くの場合天然の抱卵中の雌を用い，孵化して親を離れたゾエア幼生を集めて，シオミズツボワムシやアルテミアのノー

図13・43　ガザミの幼生期（Kurata, 1975）.
（A）初期ゾエア，（B）最終期ゾエア，（C）メガロパ

プリウス幼生を餌料として飼育する．飼育中の生残率は，ゾエア幼生から第1齢稚ガニになるまで平均17％程度と推定されている．放流用には甲幅15mm前後の4齢稚ガニは適当とされているが，実際には甲幅12mm前後の3齢稚ガニで放流されることも多い．

本種の近縁種としてタイワンガザミ（*P. pelagicus*）が知られるが，形態学的には甲縁の小突起の数や背甲の色調および紋様の有無などで区別される．ガザミに比べて成長が劣り，単価が低いため種苗放流の対象として有利とはいえない．同じくワタリガニ科のジャノメガザミ（*P. sanguinolentus*）やノコギリガザミ属（*Scylla*）の各種も食用としての価値は高いが，東南アジアを主分布域とし，我が国周辺での漁獲はそれほど多くない．

また，本来地中海や黒海に生息している別属のチチュウカイミドリガニ（*Carcinus aestuarii*）が最近我が国沿岸に定着していることが明らかにされ，移入種として注目されている．

モクズガニ（*Eriocheir japonica*）：モクズガニはモクズガニ科（Varunidae）に属し，我が国のほぼ全域の河川から浅海域にかけて広く分布するほか，サハリン，朝鮮半島東岸，中国大陸南岸や台湾などに分布する．甲幅8cm程度になる比較的大きい種で，鉗脚に軟毛が密生するという形態学的特徴を示すとともに，生活史の過程で陸水域と海域の間を移動する，いわゆる通し回遊をするという生態学的にも大きな特徴を有する種である（図13・44）．

成長期は陸水域で過ごし，繁殖期に入ると河口域へと降河し，一部はさらに浅海域に移動して交接して産卵する．主に秋

図13・44　モクズガニ（小林哲氏提供）．
雄個体（上）および雌個体（下）

13・3　分類および主な種

から冬にかけて降河し，秋から翌年の初夏にかけての長期間にわたり産卵が見られる．しかし個体差が大きく，産卵を主に秋から冬にかけて行うものと，冬から春にかけて行うものが含まれる．産卵後雌は幼生が孵化するまで哺育する．哺育期間は哺育する時期により異なり，夏季で2週間程度，冬季では3カ月近くに及ぶ．幼生が孵化して離れると雌は2度目の産卵を行い，再び抱卵する．なかにはさらに3度目の産卵・抱卵を繰り返すものもいるといわれる．繁殖活動を終えた親ガニは衰弱して死亡すると考えられている．幼生はゾエア期からメガロパ期にかけて海域ないし汽水域にとどまり，メガロパ期の後期に河川感潮域上部に移動し，陸水適応能力を獲得した後稚ガニに変態して陸水域に遡上して成長する．

　陸水域に生息している時期が漁獲の対象となり，内水面漁業の重要種の1つである．篭や簗で漁獲される．

　近縁のチュウゴクモクズガニ（*E. sinensis*）は中国大陸に多産する種で，シャンハイガニの名でよく知られる．中華料理の食材として輸入量も多い．しかし，一方で，本種は古くより人為的にヨーロッパや北米などに持ち込まれて分布域を広げ，侵入水域の生態系に深刻な影響を与えており，国際自然保護連合（IUCN）や国際海事機関（IMO）などにより代表的な侵略的外来種として指定されている．

参考文献

Anderson, D. T.: Barnacles-Structure, Function, Development and Evolution. Chapman and Hall, 1994, 357pp.

有山啓之：大阪湾におけるガザミの生態と資源培養に関する研究，大阪府立水産試験場研究報告，12，1-90，2000.

朝倉　彰（編）：総特集甲殻類．月刊海洋．号外26，海洋出版，2001，262pp.

朝倉　彰（編）：甲殻類学—エビ・カニとその仲間の世界—．東海大学出版会，2003，291pp.

Bliss, D.　(ed.)：The Biology of Crustacea. 1-10. Academic Press, 1982-1986

千葉　晋：甲殻類の性転換．中園明信（編），水産動物の性と行動生態．水産学シリーズ136，恒星社厚生閣，105-113，2003.

Dixon, C. J., Ahyoung, S. T. and Schram, F. R.: A new hypothesis of decapod phylogeny. *Crustaceana*, 76, 935-975, 2003.

Farfante, I. P. and Kensley, B.: Penaeid and sergestoid shrimps and prawns of the world-keys and diagnoses for the Families and Genera -. *Mem. Mus. nat. d'Hist. Nat.*, 175, 1997, 233pp.

浜野龍夫：シャコの生物学と資源管理．水産研究叢書51，日本水産資源保護協会，2005，215pp.

林　健一：日本産エビ類の分類と生態I．根鰓亜目．生物研究社，1992，300pp.

228

13. 節足動物

福原晴夫：甲殻類における性転換．海洋と生物，**21**，487-494，1999.

橘高二郎・隆島史夫・金沢昭夫（編）：エビ・カニ類の増養殖—基礎科学と生産技術—．恒星社厚生閣，1996，311pp.

小林哲：通し回遊性甲殻類モクズガニ *Eriocheir japonica*（De Haan）の生態—回遊過程と河川環境—．生物科学，**51**，93-104，1999.

桑原昭彦・篠田正俊・山崎　淳・遠藤　進：日本海西部海域におけるズワイガニの資源管理．水産研究叢書，**44**，日本水産資源保護協会，1995，89pp.

Martin, J. W. and Davis, G. E.: An updated classification of the recent Crustacea. *Nat. Hist. Mus. L. A. County, Sci. Ser.*, **39**, 1-123, 2001.

松田浩一：イセエビ属（*Panulirus*）幼生の生物特性と飼育に関する研究．京都大学大学院農学研究科学位論文，2005，211pp.

Mauchline, J.: The biology of mysids and euphausids. *Adv. Mar. Biol.*, **18**, 3-677, 1980.

三宅貞祥：原色日本大型甲殻類図鑑（Ⅰ）．保育社，1982，261pp.

三宅貞祥：原色日本大型甲殻類図鑑（Ⅱ）．保育社，1983，277pp.

長澤和也（編）：カイアシ類学入門．東海大学出版会，2005，326pp.

日本付着生物学会（編）：フジツボ類の最新学—知られざる固着性甲殻類と人とのかかわり，恒星社厚生閣，2006，396pp.

大富　潤・渡邊精一（編）：エビ・カニ類資源の多様性．水産学シリーズ 138．恒星社厚生閣，2004，137pp.

Sainte-Marie, B., Urbani, N., Sevigny, J. M., Hazel, F. and Kuhnlein, U.: Multiple choice criteria and the dynamics of assortative mating during the first breeding season of female snow crab *Chionoecetes opilio*（Brachyura, Majidae）. *Mar. Ecol. Prog. Ser.*, **181**, 141-153, 1999.

Schram, F. R.: Crustacea. Oxford University Press, 1986, 606pp.

Schram, F. R. and Koenemann, S.: Developmental Genetics and Arthropod Evolution: On Body Regions of Crustacea. Scholtz, G. （ed.）, Evolutionary Developmental Biology of Crustacea. A. A. Balkema Publishers, 2004, 75-92.

関口秀夫：イセエビ類の生活史．海洋と生物，**8～27**，1986-2005.

椎野季雄：節足動物（1）．総説・甲殻類．内田　亨（監），動物系統分類学 8（上），中山書店，1964，312pp.

武田正倫：原色甲殻類検索図鑑．北隆館，1984，284pp.

武田正倫・大塚攻・山口寿之：甲殻類．山田真弓（監），動物系統分類学追補版，中山書店，2000，192-213.

渡辺俊樹・遠藤博寿：サンゴと甲殻類の外骨格における石灰化の分子機構．竹井祥郎（編），海洋生物の機能—生命は海にどう適応しているか—，東海大学出版会，2005，328-344.

14 **外肛動物（Ectoprocta）**

被口綱 Phylactolaemata　ハネコケムシ，カンテンコケムシ

狭口綱 Stenolaemata　ヒゲコケムシ，クダコケムシ

裸口綱 Gymnolaemata　フサコケムシ，ニホンコケムシ

　外肛動物は苔虫動物（Bryozoa）とも呼ばれ，以前は近縁の箒虫動物門（Phoronida）および腕足動物門（Brachiopoda）とともに触手動物門（Tentaculata）または擬軟体動物門（Molluscoidea）の1綱として扱われてきた．これら3動物門は，いずれも口部を取り囲んで触手冠（lophophore）を有し，消化管がU字状に走り，固着生活をするなどの形態的および生態的特徴を共有する．

　外肛動物はいずれも群体性で，船底，水中構造物あるいは海浜に位置する発電所や工場の冷却水の取水管の内壁に付着して種々の被害を与える．

14・1　体の構造と機能

　群体を構成する各個虫は小型で，普通1mmにも満たない．多くの場合，虫体（polypide）は体表から分泌したキチン質または石灰質の外皮に包まれた虫室（zoocium）内に存在する（図14・1）．虫室の一端の開口部から触手冠を出し入れする．触手冠を虫室内に納めている時は，虫室の開口部は口蓋（operculum）によって覆われることが多い．

　触手冠は多数の触手が環状あるいは馬蹄状に並び，その基部の一部は体壁の延長である触手鞘（tentacle sheath）によって包まれる．各触手の内部は体腔の末端部が入り込んで中空となっている．触手冠の中央部に口が開く．消化管はU字状に走り，肛門は触手鞘の背側に開く．U字状の消化管の凸部に位置する胃盲嚢（caecum）の最下端から胃緒（funiculus）と呼ばれる紐組織が伸び

231

14・2　生殖および発生

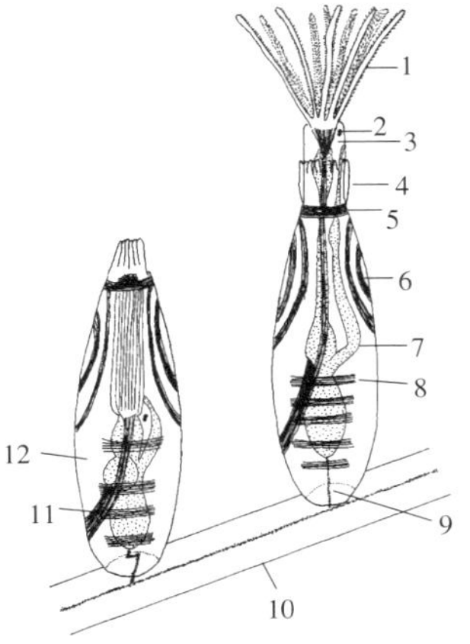

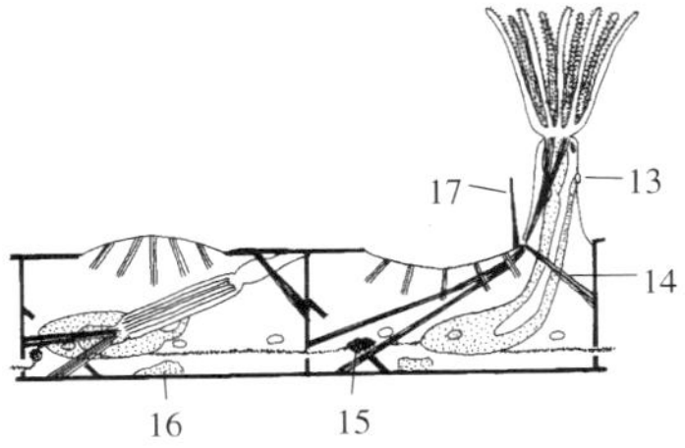

図14・1　外肛動物の体の構造
(Barnes *et al.*, 1988).
(A)クシクチコケムシ類, (B)フタコケムシ類
1：触手環　2：神経節　3：触手鞘　4：
襟　5：括約筋　6：縦走筋　7：消化管
8：環走筋　9：胃緒　10：走根　11：牽
引筋　12：体腔　13：肛門　14：口蓋閉筋
15：精巣　16：卵巣　17：口蓋

て虫室底部と連絡している．胃緒はさらに隣り合う個虫のそれとつながっている．

懸濁物食性で，触手によって植物プランクトンや懸濁有機物を濾しとり，触手上の繊毛の働きによって口へ運ぶ．口から取り込まれた食物は胃に入り，発達した盲嚢部で消化される．消化はほとんど細胞外消化であるが，脂質の一部が細胞内消化されることもある．口部に大きな神経節があり，咽頭神経管（pharyngeal nerve ring）を経て触手や消化管に神経を派出する．さらに，表皮下神経叢（subepidermal nerve plexus）が体中に広がる．感覚器としては，触覚細胞および化学受容細胞が散在する．

循環系や排出系はいずれも発達せず，体腔液がその役割を果たす．

14・2　生殖および発生

外肛動物は有性生殖，無性生殖の両方の生殖方法で繁殖する．群体は個虫の無性生殖によって形成される．

1．有性生殖
外肛動物はほとんどが雌雄同体で，雄性先熟である．生殖腺は分化せず，配偶子は体腔の内皮や胃緒の特定の部位で形成される．成熟した精子は触手を経て放出され，ほかの個虫の触手冠に付着する．一方，成熟卵は触手冠上の特別の開口部から排卵される．時にはこの部分は隆起して触手間器官（intertentacular organ）となる．受精は水中または触手上で行われるが，体内受精

を行う種では，精子が触手冠上の開口部から体内に入る．

2．発　　生

　外肛動物の多くは幼生を哺育する．哺育は虫室内の体腔，あるいは体腔の膨出によって生じた卵室（ovicell；ooecium）内で行われる（図14・2A）．幼生の多くはトロコフォア型であるが，あるグループでは二枚の殻を具え，数ヵ月間の浮遊生活を送るキフォノーテス（cyphonautes）と呼ばれる幼生期を経る（図14・2B）．着底期に達した幼生は体内に発達した着生器を反転させて基質に固着し，変態して成体となる．

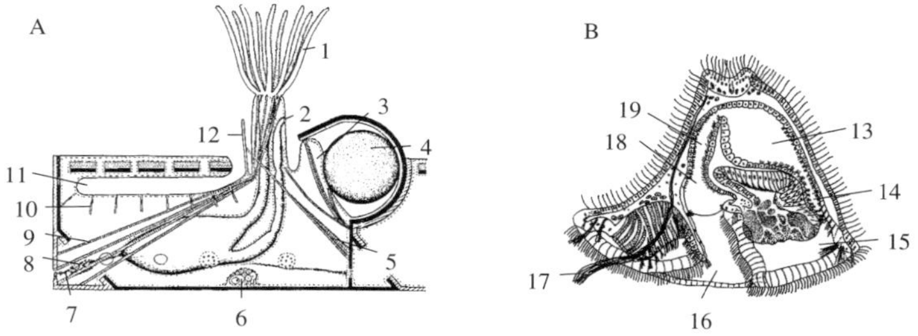

図14・2　外肛動物の生殖（A：Barnes，1987，B：Barth and Broshears，1982を改変）．
（A）幼生哺育中の成体，（B）キフォノーテス幼生　1：触手環　2：肛門　3：卵室　4：幼生　5：口蓋閉筋　6：卵巣　7：胃緒　8：精巣　9：牽引筋　10：体壁筋　11：調整嚢　12：口蓋　13：胃　14：腸　15：肛門　16：前庭　17：鞭毛束　18：口　19：食道

3．群体形成

　基質に固着した個虫は初虫（ancestrula）と呼ばれ，これが出芽により増殖してやがて群体となる．群体は樹枝状，塊状あるいは板状など，それぞれ種特異的な形状を示す（図14・3）．隣り合う各個虫は癒合面に形成された小孔や間隙を通して体腔液を交流させて物質の輸送を行うが，間隙を有しないものでは，胃緒を通して物質の輸送を行う．

　被口綱では個虫は多型現象を示し，摂食を行う通常個虫（autozooid）と防御，清掃，生殖系を分担する異形個虫（heterozooid）に大きく類別される．後者には，群体の防御や清掃機能を有すると考えられる鳥の嘴状の鳥頭体（avicularia）や鞭状の振鞭体（vibraculum）がある．さらに，生殖機能を有

する生殖個虫が知られるほか，内部構造を完全に失って空になった空個虫（kenozooid）も含まれる．空個虫は走根や根茎となり，もっぱら群体を支持する働きをする．

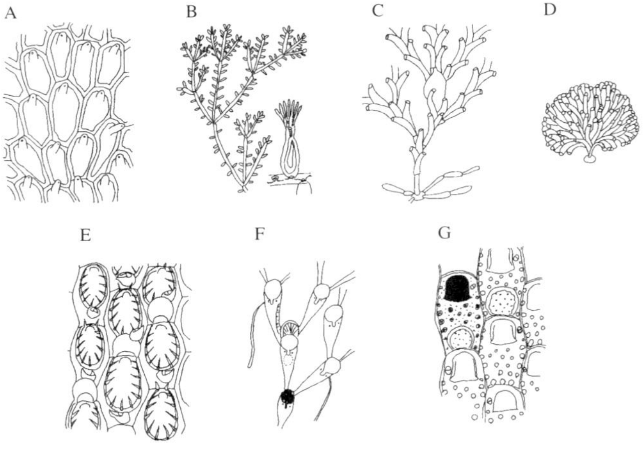

図14・3　外肛動物の各種の群体（馬渡・馬渡，1986を改変）．
（A）シメジヤワコケムシ，（B）ホンダワラコケムシ，（C）エダヒゲコケムシ，（D）スエヒロクダコケムシ，（E）トゲイタコケムシ，（F）イイジマコケムシ，（G）ニホンコケムシ

4．休　芽

被口綱では，環境が悪化した時，胃緒に沿って休芽（statoblast）を形成する．休芽はキチン質の殻に覆われ，内部には養分を含むため，乾燥期や冬季の厳しい環境に耐え抜くことができる．殻の一部が中空で，水面に浮く浮遊性休芽と，それを欠き，他物に付着する付着性休芽がある．時には殻に棘を伴い，それで動物などに付着して広く分散する．環境条件が好転すると，着底して発芽を始める．

5．褐色体

外肛動物の群体を構成する個虫にはしばしば体腔内に褐色体（brown body）と呼ばれる褐色の塊状体が出現する．これは虫体の退化によって生じた物質を含んだもので，環境条件が悪化した時や，卵形成時，幼生哺育時のように生理

的にストレスが高じると出現するらしい．褐色体はやがて体壁の細胞などに吸収される一方，体壁から新しい触手や消化管が再生され，再びもとの虫室内に正常な個虫が生じる．このような褐色体形成に伴う一連の過程は虫体の再生現象として理解されている．

14・3　分類および主な種

1．被口綱（掩喉綱）（Phylactrolaemata）

約50種ほどが知られ，すべて陸水産．群体を構成する各個虫は大型ですべて同型の通常個虫で，異形個虫を欠く．虫室はキチン質ないしゼラチン質の外皮によって覆われる．馬蹄形の触手冠を有する．ハネコケムシ（*Plumatella repens*），カンテンコケムシ（*Asajirella gelatinosa*）などを含む．

2．狭口綱（狭喉綱）（Stenolaemata）

すべて海産．ほとんどが化石種で，現生種は管口目（Tubuliporata）に属する僅かの種が知られるのみ．虫室は管状で，石灰質の外皮で覆われる．虫室開口部は円形で口蓋を欠く．個虫間で共有する大きな卵室が生じる．個虫は通常個虫のほか，走根や棘に変形した空個虫がみられる．ヒゲコケムシの仲間（*Crisia* 属）やクダコケムシの仲間（*Tubulipora*）などを含む．

本綱は次の裸口綱の1亜綱として位置づけられることもある．

3．裸口綱（裸喉綱）（Gymnolaemata）

現生のほとんどの種を含み，多くは海産．触手冠は円形である．群体の形状は多様で，各個虫の虫室を含む外皮もキチン質の柔軟な膜状から石灰質の硬いものまで変異に富む．櫛口目（Ctenostomata）および唇口目（Cheilostomata）の2目からなる．櫛口目は石灰質を含まない個虫壁を作るので，群体は柔らかい．唇口目では個虫の多型化が著しい．

フサコケムシ（*Bugula neritina*）：唇口目に属し，両極を除く世界各地に分布する汎世界種で，樹枝状の群体を形成する．

卵は成熟個虫の卵室内で受精して発生を始める．孵化幼生は海中に放出され

14・3　分類および主な種

て浮遊生活に移る．幼生は僅か数時間後，適当な基質に付着して変態する．ほとんどの場合，群体の近くに付着する．変態を終えた個虫は出芽して群体を形成する．群体の成長はきわめて早く，2週間で200個虫ほどに増える．群体形成を開始して以後約6～7週間で大部分の個虫が成熟して有性生殖を行う．

　主な餌生物は褐色鞭毛藻などの植物プランクトンである．

　適水温は10～30℃の範囲にあり，8℃以下になると死亡する．群体は8～9cmの長さに成長すると幼生の放出が弱まり，やがて基質から脱落して，群体としての寿命を閉じる．

参考文献

平野礼次郎：海産付着動物の生態─特に浮游期および付着期幼生の生態について．月刊海洋科学，5，127-133，1973．

北村　等：フサコケムシ群体の成長と環境要因．月刊海洋科学，16，141-145，1984．

馬渡静夫：触手動物．内田　亨（監），動物系統分類学8（上），中山書店，1965，9-258．

馬渡峻輔・馬渡静夫：苔虫類研究の近年の発展．海洋と生物，5-6，1983-1984．

馬渡静夫・馬渡峻輔：苔虫類．付着生物研究会（編），付着生物研究法，恒星社厚生閣，1986，71-106．

馬渡静夫：苔虫類研究の近年の発展．海洋と生物，6-7，1984-1985．

Bigley, F. P. (ed.): Bryozoa living and fossil. *Bull. Soc. Sci. Nat. Quest Fr. Mem. H. S.*, 1991, 566pp.

Carle, K. J. and Ruppert, E. E: Comparative ultrastructure of the bryozoan funiculus. A blood vessel homologue. *Z. Zool. Syst. Evol.*, 21, 181-193, 1983.

Mukai, H., Terakado, K. and Reed, C. R.: Bryozoa. Harrison, F. W. and Woollacott, R. M. (eds.), Microscopic Anatomy of Invertebrates, 13, Lophophorates, Entoprocta and Cycliophora. Wiley-Liss, 1997, 45-206.

15 毛顎動物（Chaetognatha）

ヤムシ綱 Sagittoidea：ヤムシ，キタヤムシ，イソヤムシ

　毛顎動物は体長5〜100mm程度の小型の動物で，その形状および移動する姿からヤムシ（矢虫）と通称されている．ごく一部の底生種を除いて，生涯プランクトン生活を送る．発生様式や体制の特徴からこれまで後口動物群に含められてきたが，最近の遺伝子解析やより詳細な発生学的検討により，毛顎動物は前口動物群に含められるとする見解を支持する知見が相次いで得られている．

15・1　体の構造と機能

　外形は細い筒状で（図15・1），多くは透明な体色を示すが，深海性の種の中には橙色や乳白色を示すものもいる．体は頭部，胴部および尾部に分けられる．胴部および尾部の側面には体壁の膨出により1ないし2対の膜状の側鰭（lateral fin）を有し，これとは別に尾端に尾鰭（tail fin）を伴う．頭部の腹面に口が開く．口の周囲には摂食に関わる種々の構造を具える．口の両側には各数本の太い棘状の顎毛（hook；grasping spine）が，また，前縁には小歯列がそれぞれ並ぶ．顎毛はそれぞれに付着する筋肉の働きにより指のように動き，

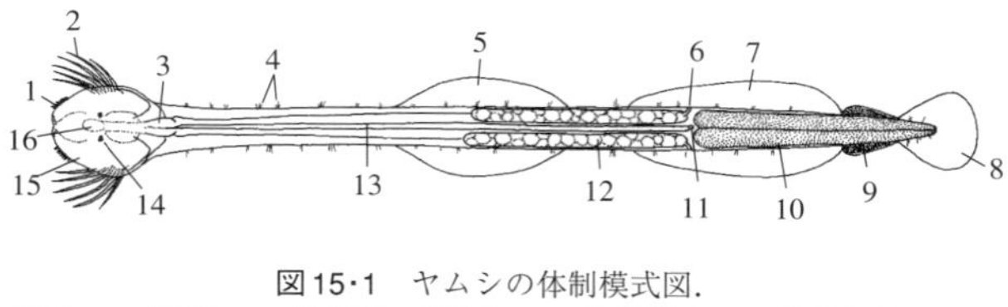

図15・1　ヤムシの体制模式図.
1：歯　2：顎毛　3：咽頭　4：触毛斑の感覚毛　5：前部側鰭　6：雌性生殖門　7：後部側鰭
8：尾鰭　9：貯精嚢　10：精巣　11：肛門　12：卵巣　13：腸　14：眼　15：頭被　16：口

餌生物を捕捉する．頭部の後端付近の体壁は襞状となり，普段は頭被（hood）として顎毛を包み込んでいるが，摂食時には頭被が退行して顎毛が露出する．体表には触毛斑（sensory spot）と呼ばれる繊毛束が散在するほか，頭部と胴部の境界の背面に繊毛環（ciliary loop）と呼ばれる構造があるが，化学受容または精子の移送に関わっていると考えられている．

　体壁は薄い外皮によって取り巻かれ，その下の筋肉層は背部および腹部とも左右1対の縦走筋からなる．内部には体腔が発達するが，頭部，胴部および尾部の境界はそれぞれ隔壁によって仕切られ，さらに，正中線に沿って走る懸腸膜によって左右に分けられている．肛門は胴部と尾部の境界の腹面に位置する．

　遊泳性の種は直進的に素早い動きをするが，この動きは左右の体側筋の拮抗的な伸縮運動によってもたらされる．鰭は推進力としてよりは左右のバランスや浮力の確保に役立っていると考えられる．

　循環系は発達が悪く，消化管壁，懸腸膜や隔膜などの体組織の間隙が系の主要部を構成する．また，ガス交換や排出のための特別な構造は存在せず，主に体壁を介しての拡散によって行われると考えられるが，詳細はなお不明である．

　一方，活発な動きを可能にするために，神経系と感覚器官は高度に発達している．頭部の背面と胴部の腹面に大きな神経節があり，それぞれ頭部神経節（cerebral ganglion）および腹部神経節（ventral ganglion）と呼ばれる．前者は筋肉や感覚器官に神経を派出し，後者は遊泳活動を制御する神経を派出する．

　感覚器官は上述のように，繊毛環や繊毛束が振動刺激の受容器や化学受容器として機能する．頭部にある1対の眼は視覚受容器として機能するが，その構造はきわめてユニークである．それぞれは側方向を向いた半球と残りの半球が4分割されて5つに区分されている．レンズを欠くため，具体的な像として認識するのではなく，光の方向を知るのに適していると考えられる．

15・2　摂食および消化

　毛顎動物は典型的な捕食者で，プランクトン性の微小甲殻類や魚類の仔魚，ほかのヤムシ類などが摂食対象となる．とりわけ橈脚類は重要な食物である．餌生物の存在は，彼らの発する振動を体側に並ぶ繊毛束が刺激として受容する

ことにより知覚する．餌生物の存在を知ると，素早く目標に向かって直進し，鋭い顎毛により捕捉する．また，底生性の種では，尾部を海底の基質に付着させた状態で，餌生物が近づいてくるのを待って捕食する待ち伏せ型の摂食生態を示す．

消化管は口から肛門に向かって直走する．咽頭部には粘液細胞が集まり，大型の餌生物の嚥下を円滑に行うために多量の粘液を分泌する．消化はほとんどが細胞外消化で，主に腸の後部で行われる．

15・3　生殖および発生

毛顎動物は雌雄同体で，胴部に卵巣，尾部に精巣をそれぞれ1対ずつ有する．精細胞は精巣から尾部の体腔に放出され，そこで成熟して精子となる．その後漏斗に取り込まれ，輸精管を経て後部体側にある1対の貯精嚢に集められる．精子は貯精嚢内で精子塊（sperm ball；sperm cluster）としてまとめられる．

卵も未成熟な状態で輸卵管に移動するが，その過程は明らかではない．

生殖は互いに精子を交換する形で行われるが，一部には自家受精を行うものもいる．詳細に観察されている底生性の *Spandella* 属の例では，洗練された求愛行動の後，精子塊を相手の体表に付着させる．精子塊が破れて自由になった精子は後方に移動して雌性生殖孔から輸卵管に入り，そこで受精が行われる．

プランクトン性の種は卵をゼリー状の物質で包み，浮遊性幼生または沈性幼生として放出したり，海底付近に沈下して堆積物表面に置いたり，基質に付着させる．

発生は直達型で，嚢胚段階で原腸陥入が起こる部分は発生完了後の体の後部になるが，口および肛門とも二次的に別のところに形成される．体腔は原腸からちぎれる形で頭部，胴部および尾部の体腔が相次いで出現する．

このように，体腔形成過程は明らかに後口動物型であるが，最近の発生学的研究により，初期の卵割は前口動物群に特徴的ならせん卵割に似ていることが明らかにされている．

発生過程はきわめて急速に進み，受精卵放出から孵化まで約48時間である．

15・4　分類および主な種

　現生種に限れば，ヤムシ綱1綱にまとめられ，世界で100種近くが知られ，2目に整理されている．すべて海産．日本近海には30種ほどが生息している．

　プランクトン性の種の中には，分布域が特定の海域や水塊に限られる傾向にあるものがおり，これらの種は古くから水塊指標種として注目されている．例えば，ヘラガタヤムシ（*Pterosagitta draco*）およびキタヤムシ（*Parasagitta elegans*）はそれぞれ黒潮および親潮水塊の指標種として知られる．底生性のイソヤムシ（*Spadella cephaloptera*）は普段は内湾の海藻や岩などに尾部の吸盤で付着して底生生活を送るが，時には短時間泳いだり，海底面を匍匐することもある．

　ヤムシ類はマサバ，サンマ，スケトウダラなどの餌料生物となっている一方，ニシン，イワシ，タイなどの稚魚の捕食者として水産資源に被害を与えている可能性も指摘されている．

参考文献

Bone, Q., Kapp, H. and Pierrot-Bults (eds.) : The Biology of Chaetognaths. Oxford University Press, 1991, 182pp.

Feigenbaum, D. L. and Maris, R. C.: Feeding in the chaetognaths. *Ann. Rev. Oceanogr. Mar. Biol.*, 22, 343-392, 1984.

Goto, T., Takasu, N. and Yoshida, M.: A unique photoreceptive structure in the arrow worms *Sagitta crassa* and *Spadella schizoptera*（Chaetognatha）. *Cell Tissue Res.*, 235, 471-478, 1984.

小鳥守之・大槻知寛：矢虫の話―ヤムシ，海にだけ住む肉食プランクトン―. 北水試だより，65，27-32, 2004.

Shimotori, T. and Goto, T.: Developmental fates of the first four blastomeres of the chatognath *Paraspadella gotoi*: Relationship to prostomes. *Develop. Growth Differ.*, 43, 371-382, 2001.

Telford, M. J. and Holland, P. W. H.: The phylogenetic affinities of the chaetognaths: A molecular analysis. *Mol. Biol. Evol.*, 10, 660-676., 1993.

寺崎　誠：親潮・黒潮・移行域の毛顎類. 月刊海洋，号外13，147-151, 1998.

寺崎　誠：ヤムシ類の生態. 月刊海洋，号外27，191-197，2001.

Terasaki, M.: Life history strategy of the chaetognath *Sagitta elegans* in the world oceans. *Coast. Mar. Sci.*, 29, 1-12, 2004.

Terasaki, M.: Predation on anchovy larvae by a pelagic chaetognatha, *Sagitta nagae* in the Sagami Bay, central Japan. *Coast. Mar. Sci.*, 29, 162-164, 2004.

寺崎　誠：第14章　肉食性プランクトンの役割. 渡邊良朗（編），海の生物資源―生命は海でどう変動しているか―. 東海大学出版会，2005, 259-271.

時岡　隆：毛顎動物. 内田　亨（監），動物系統分類学8，中山書店，1965, pp. 259-292.

16 棘皮動物（Echinodermata）

ウミユリ綱 Crinoidea：トリノアシ，ニッポンウミシダ

ヒトデ綱 Asteroidea：スナヒトデ，イトマキヒトデ，オニヒトデ

クモヒトデ綱 Ophiuroidea：オキノテヅルモヅル，ニホンクモヒトデ

ウニ綱 Echinoidea：ムラサキウニ，ハスノハカシパン，オカメブンブク

ナマコ綱 Holothuroidea：マナマコ，キンコ，トゲイカリナマコ

棘皮動物は後口動物群に属する．外観は多様な形状を示すが，原則として5放射相称で，体節構造はみられない．現在，世界中で約6,500種が知られている．汽水域に生息するごく一部の種を除いてすべて海産．

16・1 体の構造と機能

1. 一般形態

体制は5放射相称を基本とする．外見的には左右相称型に見えるナマコ類も，内部構造には5放射相称の特徴をとどめている．頭部を欠き，口とその対極を結ぶ軸が体の主軸となる．ウミユリ綱を除いて口は体の下面に位置するが，口部と肛門との位置関係は綱によって異なる（図16・1）．

ウニ類で典型的に見られるように，体表は多くの棘状突起によって覆われ，棘皮動物という門の名前はこのような外部形態の特徴に由来する．

一般に，体表は有繊毛の外皮細胞で覆われ，繊毛の動きによって体表に接する水を動かし，移動力の乏しい棘皮動物の呼吸や索餌を助ける働きをしている．

体壁は主に結合組織層と筋肉層とからなるが，前者には内骨格が含まれる．内骨格は多数の骨片（ossicle）によって構成される．各骨片はマグネシウムカルサイト（$CaCO_3 + MgCO_3$）およびほかの鉱物塩が規則的に並んだ結晶からなる多孔質の骨板で，桿状体，円盤，不規則型など，大きさや形状は様々であ

241

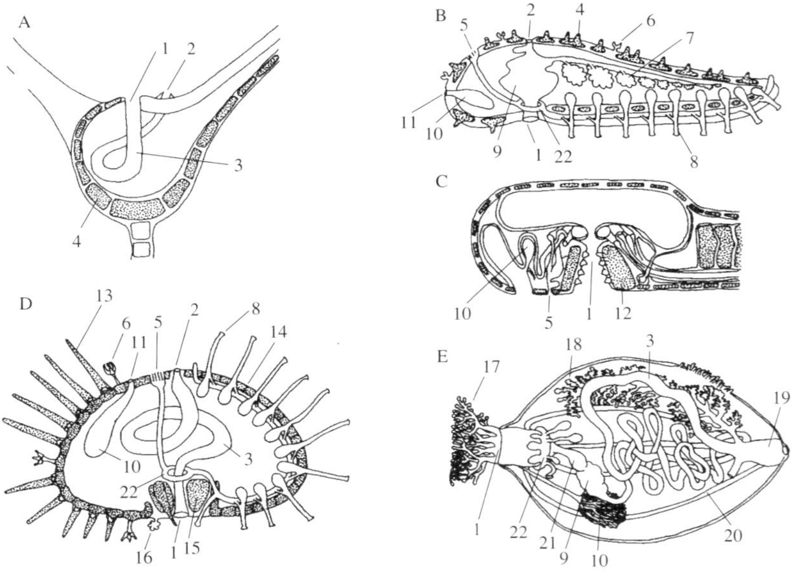

16・1 体の構造と機能

図16・1 棘皮動物各綱の体制図 (A：Barnes *et al*., 1988, B, D：Buchsbaum *et al*., 1987, C：Barth and Broshears, 1982, E：Pechenik, 1985).
(A) ウミユリ綱, (B) ヒトデ綱, (C) クモヒトデ綱, (D) ウニ綱, (E) ナマコ綱
1：口 2：肛門 3：消化管 4：骨片 5：多孔体 6：叉棘 7：肝盲嚢 8：管足 9：胃
10：生殖腺 11：生殖孔 12：顎器 13：棘 14：殻 15：アリストテレスの提灯 16：鰓
17：触手 18：呼吸樹 19：総排出腔 20：放射水管 21：食道 22：環状水管

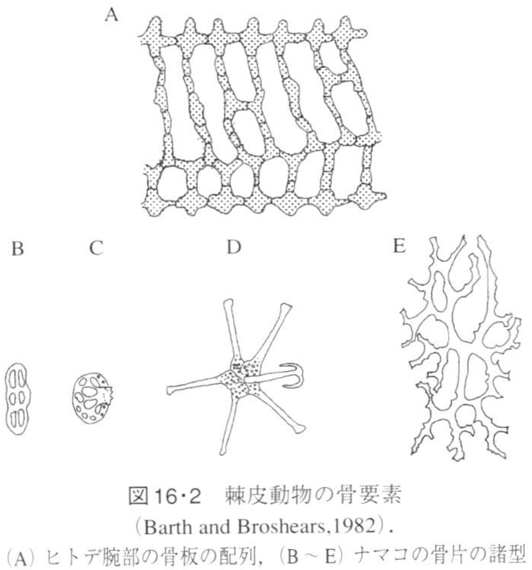

図16・2 棘皮動物の骨要素
(Barth and Broshears, 1982).
(A) ヒトデ腕部の骨板の配列, (B〜E) ナマコの骨片の諸型

る (図16・2). クモヒトデ類の中央盤やウニ類の殻では, 隣り合う骨片が互いに結合組織によって結合されて1枚の板状の骨格となっている. また, ヒトデ類やクモヒトデ類の腕は多数の小型の骨片が規則的につながった内骨格構造によって支持されているが (図16・2A), 結合部の可動性が保持されているため, 柔軟に腕を動かすことができる. 一方, ナマコ類では内骨格は著しく退化的であり, 顕

微鏡的な大きさの骨片が体壁中に散在するに過ぎない．体表の棘状突起もまた骨格の一部をなす．

　ウニ類やヒトデ類には，棘の間に叉棘（pedicellaria）と呼ばれる別の突起が存在する（図16・3）．これは石灰質の顎（jaw）を先端に有し，それを開閉することにより，食物片を把握したり，体表の付着物を取り除いたりする．叉棘は普段は体表に倒れて存在するが，必要に応じて起立し，棘状となる．棘状突起および叉棘は結合組織によって内骨格に付着しているが，この結合組織はキャッチ結合組織（catch connective tissue；mutable collagenos tissue）と呼ばれる特殊な構造で，棘の動きや叉棘の起立や横臥はこの結合組織の硬化や軟化によって行われる．このような結合組織の硬化や軟化は瞬時に起こり，その過程でエネルギーをほとんど消費しないなど，通常の結合組織の場合とはまったく異なる仕組みが介在すると考えられている（コラム7参照）．

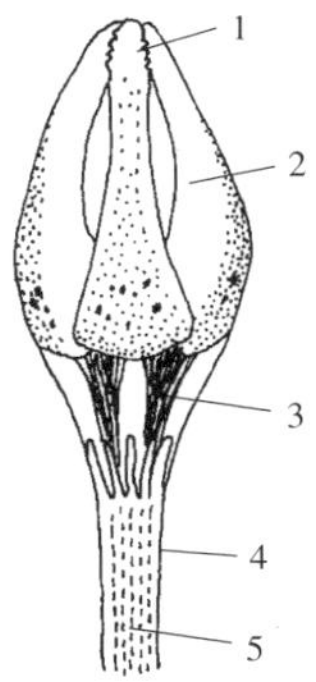

図16・3　叉棘
(Pechenik, 1985).
1：歯状部　2：弁
3：屈筋　4：柄部
5：柄部支持骨桿

　このほか，ヒトデ類では，体表に皮鰓（papula）と呼ばれる指状突起が散在する（図16・4）．これは外皮と体腔内面を覆う腹膜の2層の薄膜で包まれた体腔の突出部で，後述の管足とともに重要なガス交換部位となっている．

　体腔はよく発達し，囲臓腔（perivisceral coelom）と呼ばれる．体腔を満たす体腔液は基本的には海水と同じであるが，中に食細胞活動や物質輸送に関わる体腔細胞（coelomocyte）を含み，これらの細胞は種々の生命維持機能を有する．体腔を取り巻く体壁の内面を覆う腹膜は，中胚葉由来の単層の細胞によって構成されるが，各細胞の先端に繊毛を有し，体腔液の循環を助けている．

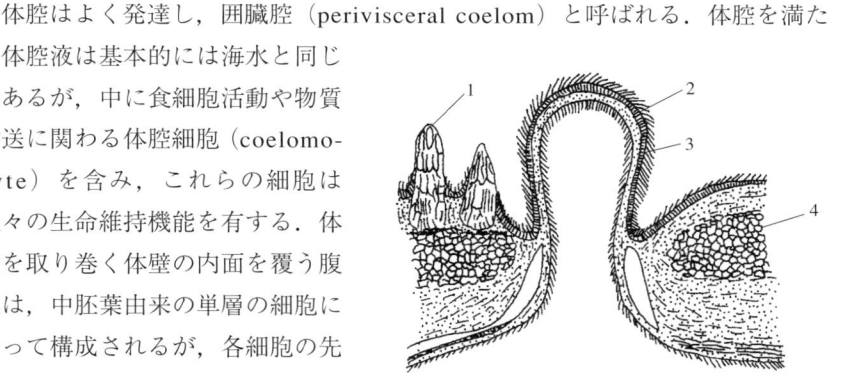

図16・4　皮鰓（Barth and Broshears, 1982）.
1；棘　2：外皮細胞層　3：腹膜　4：骨片

16・1　体の構造と機能

体腔には消化管や生殖腺のほかに水管系（water vascular system）や血管系（hemal system）および囲血腔系（perihemal system）が存在する.

2. 水管系

水管系は棘皮動物に特有の管系で，内面に繊毛を有する管からなる（図16・5）. この管は体表に位置する多孔体（madreporite）と呼ばれる多数の小孔を有する篩状の板を通して外部に開口する. 多孔体は石灰質で強化されて石管（stone canal）と呼ばれる鉛直部を経て環状水管（ring canal）に連なる. 環状水管は口側で食道を取り巻き，原則として5本の放射水管（radial canal）を派出する. ヒトデやナマコの環状水管には，ティーデマン小体（Tiedeman's body）やポーリー嚢（Polian vesicle）などの盲嚢が付属する. 前者は体腔細胞の生産に関与し，後者は水管系の液圧の調整部位になっているとされている. 放射水管は基部から末端に至るまで，ほぼ全長にわたって両側に無数の側水管（lateral canal）を出し，その末端は管足（tube foot）に連なる. このように，管足列は放射状に配列するが，管足列を含む部位を歩帯（ambulacrum），隣り合う歩帯の間に位置する部位を間歩帯（interambulacrum）とそれぞれ呼ぶ. ヒトデの腕のように，歩帯に沿って凹みが存在する場合には，この凹みを歩帯溝（ambulacral groove）と呼ぶ.

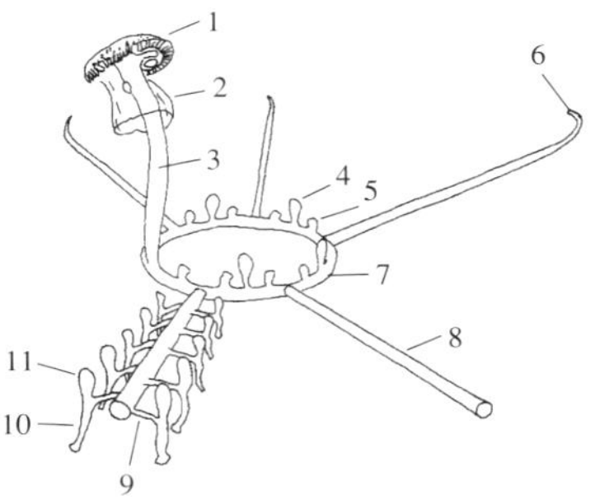

図16・5　棘皮動物の水管系（ヒトデ類）（Barth and Broshears, 1982）.
1：多孔体　2：軸洞　3：石管　4：ポーリー嚢　5：ティーデマン小体　6：不対触手　7：環状水管　8：放射水管　9：側水管　10：管足　11：瓶嚢

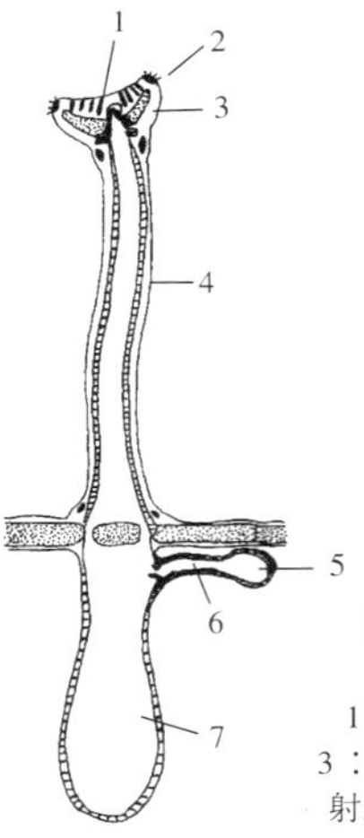

図16・6　管足（Barth and Broshears, 1982）.
1：粘液腺　2：感覚神経環　3：吸盤骨　4：牽引筋　5：放射水管　6：側水管　7：瓶嚢

244

管足は，基部にある筋肉性の袋である瓶嚢（ampulla）と，骨片の小孔を貫いて突出する伸縮可能な足本体とからなる（図16·6）．管足と側水管の間には弁がある．管足を伸張させる際には，内液を管足内に流入させた後にこの弁を閉じ，瓶嚢部の筋肉を収縮させ，水管液を足本体に送り込んで，内圧を増して，その力で足本体を伸張させる．一方，足の収縮は瓶嚢部の筋肉の弛緩と足本体の壁部を走る縦走筋の収縮を併行させて行う．

水管系はその末端の管足部において生命維持に関わる種々の働きをするが，最もよく知られているのは，動物体の移動に関わっている点である．管足を使って移動するものは，管足の先端が吸盤状となっており，伸張させた足の先の吸盤を基質にしっかりと固定させ，次いで足を収縮させて体を引き寄せ，体を前進させる．その後吸着部を離し，進行方向に伸ばして再び吸着させ，この動作を繰り返して移動する．移動を効果的に行うために，管足自体が骨格系によってしっかり支持されていること，および多数の管足が相互に協調し合うように十分にその動きを制御できることが必要である．管足はまたガス交換にも関与する．ナマコ類の多くを除いて発達した呼吸器官をもたない棘皮動物は，体液と海水とが薄膜を介して接する部分ではどこでもガス交換を行うことができると考えられるが，なかでも管足は最も重要なガス交換部位となっているとされている．管足は摂餌に際しても重要な役割を果たす．懸濁物食者では，伸張させた管足の表面に粘液を分泌して浮遊懸濁物を捕捉し，これを隣り合う管足の間で受け渡しを行って口へ運ぶ．また，摂食型の如何を問わず，口部周辺の管足は採餌用に変形し，味を感じたり，集餌機能を有するようになっている．ナマコの口部を取り巻く触手はその典型的な例である．さらに，肉食性のヒトデが二枚貝を捕食するのに先立って，閉じた貝殻をこじ開けるのに管足を用いる．

3．消化系

棘皮動物の消化系は単純で，口と肛門を結ぶ1本の管がそのすべてである（図16·1, 7A）．ただ，ウニ類では，アリストテレスの提灯（Aristotle's lantern）と呼ばれる発達した咀嚼器を有し，これによって硬い基盤から有機物を削ぎ取ったり，大型藻類などを噛み切ったりできる（図16·7B）．

245

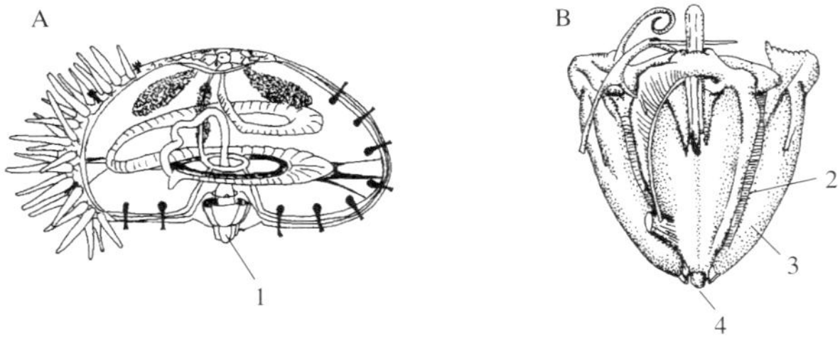

16・1　体の構造と機能

図16・7　ウニ類のアリストテレスの提灯（A：重井ら，2000，B：Barnes，1987）．
(A) ウニ類内部構造，（B）アリストテレスの提灯
1：アリストテレスの提灯　2：筋肉　3：顎骨　4：歯

　消化管は，クモヒトデ類でみられるような腸および肛門を欠いて単純な盲嚢状のものから，ウニ類やナマコ類でみられる体腔内を複雑に走る著しく長い管状のものまで，分類群によって発達の程度は様々である（図16・1）．消化管のうち，とくに前部の膨出部を胃と呼んでそれ以外の腸と区別するが，ヒトデ類ではこの胃がよく発達し，一部の種では翻転させて口外に出すことすら可能である．このような胃の翻転現象は，大型の餌生物を摂食する際や，不消化物を吐き出す際などにみられる．ヒトデ類ではさらに，胃から各腕に向かって放射状に盲嚢が伸びるが，ここは消化酵素の分泌，グリコーゲンや脂質などの栄養物質の蓄積，繊毛運動による半消化物のふるい分けなどの機能をもつとされている．このような消化嚢をもたないナマコ類，ウニ類およびウミユリ類では，比較的長い腸管がその働きをする．また，ナマコ類の消化管の末端には呼吸樹（図3・5A）とキュビエ器官（Cuvierian organ）を伴うが，いずれも消化過程には直接関係なく，前者はガス交換に関わり，後者は内部に粘着性の物質を含み，外敵に遭遇した時に消化管とともに排出して外敵に絡みつかせ，危険を回避する．単純な盲嚢状の消化系しかもたないクモヒトデ類の場合も，その縁辺に10個の小嚢が膨出し，この部分で消化，吸収を行う．

　消化，吸収されて体内に取り込まれた栄養物質は，体腔液に含まれる体腔細胞によって体の各部に運ばれる．

4. 循環系

棘皮動物は真の心臓および循環系を欠き，本来の循環系が有する役割のうち，

246

ガス交換を主とする外界との物質のやりとりは上述のように管足を中心とする水管系が担い，物質の内部輸送は主に体腔液に含まれる体腔細胞が担っている．しかし，血管系および囲血腔系と呼ばれる2つの管系が体腔内を水管系に沿って存在する（図16・8）．血管系は口側に1つ，反口側に2つの環状血管と，これらを結ぶ海綿質の軸腺（axial gland）およびそれぞれの環状血管から歩帯に沿って放射状に伸びる放射状血管とからなる．反口側に近い環状血管から伸びる分枝は生殖洞に連なり，その下部の環状血管は消化系と関わる．ナマコ類では，腸管に沿って背腹2本の顕著な血管が走る．背行血管からは無数の分枝が網目状に広がり，腸管と連絡する（図16・9）．このような構造は奇網（rete mirabile）と呼ばれる．血管系の各部は並行して走る囲血腔系によって取り巻かれ，血管系は二重構造になっている．

　棘皮動物の血管系の機能については，現在でもなお十分に解明されているとはいえないが，消化管からの栄養の取り込み，ある種の体腔細胞の産生や生殖腺への栄養供給などが主な機能と考えられている．

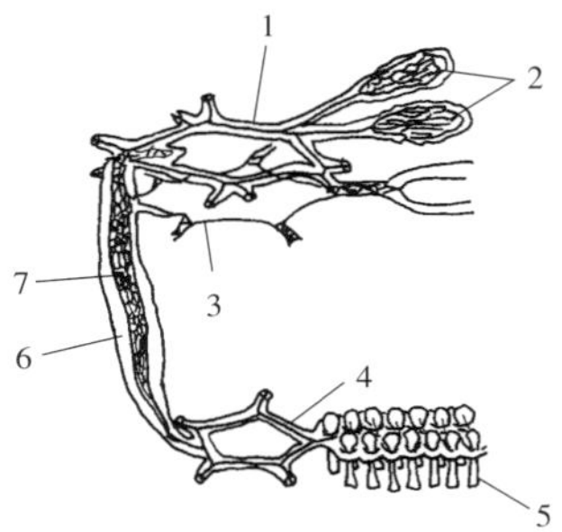

図16・8　ヒトデ類の循環系（Brusca and Brusca, 2003）.
1：反口側環状血管　2：生殖腺　3：消化管環状血管　4：口側環状血管　5：管足　6：軸洞　7：軸腺

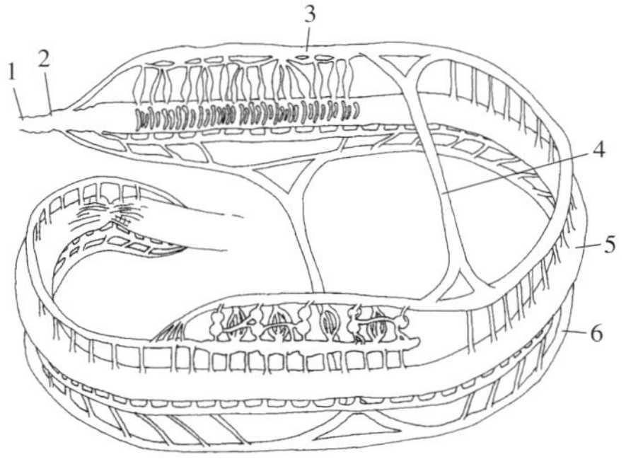

図16・9　ナマコ類の血管系（Barnes, 1987）.
1：食道　2：胃　3：背血管　4：横血管　5：腸　6：腹血管

5．神経系および感覚器官

　棘皮動物の神経系は口側神経系（oral nervous system），口下側神経系（hyponeural nervous system）および反口側神経系（aboral nervous system）の3神経系と体全域に広がる神経集網（nervous plexus）からなる．しかし，

分類群によって発達の程度に差がみられる．ほとんどの種でよく発達する口側神経系は，消化管前部，体表直下部の神経集網および管足などに連絡し，いずれも主に感覚刺激の伝達に関わる．口下側神経系は深部神経系とも呼ばれ，運動神経が主で，管足や体壁の筋肉の伸縮反応を支配する．反口側神経系は発達程度は低く，肛門や生殖腺に関わる神経網に連絡する．ただし，ウミユリ類ではこれが最も発達していて，腕の骨片の中を走り，隣り合う骨片をつなぐ筋肉の動きを支配する．

感覚器官はあまり発達せず，真の感覚器と呼べるのは，光受容器と平衡感覚器ぐらいである．ヒトデ類では，腕の末端部から伸びる触手の先端に多数の眼点を具える．眼点は，表皮の陥没によって生じた色素杯とそれを覆うレンズとからなり，色素杯の中には多数の視細胞と色素細胞とが交互に並ぶ．平衡器はナマコ類やウニ類の一部にみられ，内部に内胞を含み，重力受容器として働く．

体表には種々の感覚細胞が散在するが，管足や叉棘に集中して分布する．化学刺激は化学受容細胞によって知覚されるが，これは口部と肛門の周囲にとくに多く分布する．

16・2 生殖および発生

棘皮動物の生殖・発生過程は，きわめて単純な産卵過程と対照的に複雑な発生過程によって特徴づけられる．

1. 生 殖

棘皮動物の多くは雌雄異体で，ウミユリ類以外は体内に明瞭な生殖腺を有する．通常，複数の生殖腺が放射状に配列し，それぞれが口側または反口側の間歩帯部に開口する生殖孔につながっている．

一部の種を除いて受精は体外で行われるが，受精を確実にするために，日長，月周期，水温などの環境要因が神経分泌系に作用して成熟周期の同調機構が維持されていると考えられる．また，異性の配偶子の存在そのものが他性の生殖行動を誘発し，同調性をより確実にする機構として存在しているとも考えられている．

北方性の各種や深海性の種の中に産卵後，幼生を体表などで哺育をするものが知られている．

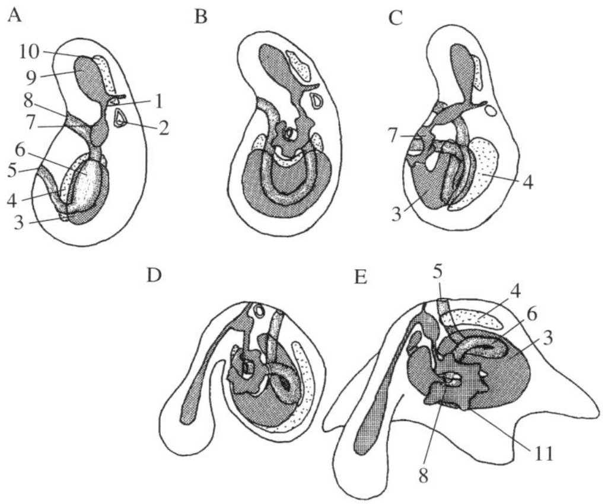

2. 発　生

棘皮動物の卵割は全割で，放射卵割である．卵割が進み，広い卵割腔を内包する胞胚になると孵化する．その後，嚢胚へと進み，原腸の陥入が始まると，典型的な後口動物型の中胚葉の分化と体腔形成が見られ

図16·10　棘皮動物の初期発生（Brusca and Brusca, 2003）．
1：石管　2：右側水腔嚢　3：左側後部体腔嚢　4：右側
後部体腔嚢　5：肛門　6：腸　7：左側水腔嚢　8：口
9：左側軸腔嚢　10：右側軸腔嚢　11：環状水管

る．原腸先端の膨出部から分離した1対の体腔はやがてそれぞれが3つに分かれて，前部から軸腔嚢（axocoel），水腔嚢（hydrocoel），後部体腔嚢（somatocoel）と呼ばれる3対の体腔となる（図16·10）．その後水腔嚢と左側の軸腔嚢が合体して水管系の原基となり，後部体腔嚢は体腔（囲臓腔）となる．右側の軸腔嚢は発生の過程で消失する．

このような体腔系の発達と併行して，形態的にも大きな変化が見られる．孵化時には消化系は完成し，体表には機能的な繊毛帯が出現する．

棘皮動物の孵化幼生は左右相称型で，ほとんどの場合浮遊生活を送るが，それぞれの分類群特有の発生過程を辿る（図16·11）．大きく，オーリクラリア型（auricularia）ないしはそれに近い形態の幼生期を経るものと，プルテウス型（pluteus）幼生の時期を経るものに大別できる．前者はナマコ，ヒトデの各綱で典型的に見られ，後者はウニ綱とクモヒトデ綱の各種で見られる．オーリクラリア型幼生は扁平で両側に数対の突起が張り出して盾型の外形を示すが，厳密にはオーリクラリア幼生はナマコ類の初期幼生期を指し，ヒトデ類ではこの時期の幼生はビピンナリア（bipinnaria）幼生と呼ばれる．両幼生型の形態は類似するが，前者が体表の繊毛帯が1本であるのに対し，後者は2本あ

249

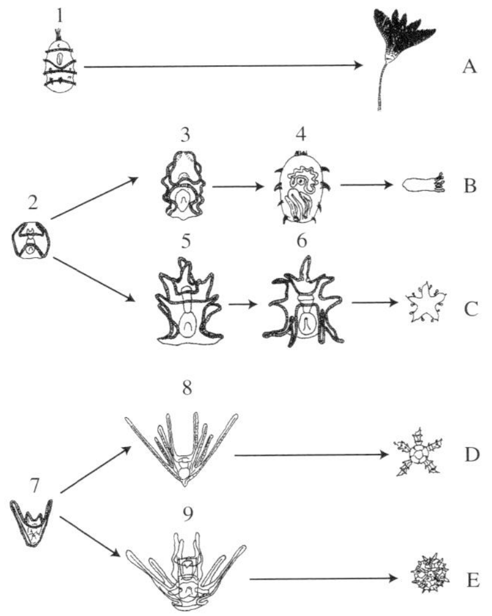

図16・11　棘皮動物の幼生型
（A：Pechenik，1985，B〜E：Barth and Broshears，1982）．
（A）ウミユリ綱，（B）ナマコ綱，（C）ヒトデ綱，（D）クモヒトデ綱，（E）ウニ綱　1：ドリオラリア　2：初期オーリクラリア　3：後期オーリクラリア　4：ドリオラリア　5：ビピンナリア　6：ブラキオラリア　7：プルテウス　8：オフィオプルテウス　9：エキノプルテウス

る．ナマコ類はその後樽型のドリオラリア（doriolaria）幼生からペンタクツラ（pentactula）幼生の各期を経て稚ナマコになる．ウミユリ綱の各種もドリオラリア型の幼生期を経ることが知られている．一方，ヒトデ類はビピンナリア幼生期からブラキオラリア（brachiolaria）幼生期を経て稚ヒトデとなるが，卵黄栄養型の幼生の場合はビピンナリア幼生期を欠いて，非摂食型のブラキオラリア幼生として孵化する．

　一方，ウニ類とクモヒトデ類は孵化後直ぐに長い腕を有するプルテウス幼生となり，クモヒトデ類ではオフィオプルテウス（ophiopluteus）幼生，ウニ類ではエキノプルテウス（echinopluteus）幼生とそれぞれ呼ばれる．両幼生期とも繊毛をもつ数対の長い腕を具え，この腕を支えるために石灰質の棒状体を腕内に含む．腕の数は発育過程の進行とともに増加する．いずれの場合もプルテウス期は比較的長期にわたる場合が多い．

　このように，棘皮動物は幼生型から成体型になる過程で，劇的な変態を行い，それまでの左右相称から放射相称へと体制を一変させる．幼生の前部は退化し，中部および後部が放射状に再構築され，幼生の左側が成体の口側に，右側が反口側にそれぞれなる．消化系やそのほかの系はほとんど完全に再構築される．

3．再生および無性生殖

　棘皮動物には優れた再生能力を有するものが多い．再生過程で体腔細胞が積

極的な役割を果たし，損傷部に栄養物質を運んだり，損傷した組織を吸収する．ただし，再生能力は分類群によって大きく異なる．ヒトデの場合は高い再生能力を有することがとくによく知られており，代表的なものでは，1本の腕と中央盤の1/5があれば完全に全体を再生することができるとされる．一方，クモヒトデ類では一部の特殊な種を除いて再生能力は腕の部分などに限られる．ナマコ類の場合はとくに総排出腔部に限って再生力を有する．ストレスを加えると，消化管やキュビエ器官を肛門から体外に放出するが，これらは再生によってやがてもとの状態に復元することができる．ウニ類は棘や殻の損傷部の再生は可能であるが，それ以外の部分の再生は困難である．ウミユリ類の場合は茎が残っていれば，腕の再生は可能だという．

再生能力の優れた種では，しばしば自切により危機を回避し，その後再生により失った部分を復元する．

自切と再生はヒトデ類やナマコ類の無性生殖の過程でも見られる．自切部位のキャッチ結合組織を溶かして分離し，それぞれの分離片が欠失部を再生させて個体を増やす．このほか，特異な無性生殖の例として，幼生期に腕の一部から新しい幼生が生じる現象がヒトデ類などで見つかっている．

16・3　分類および主な種

現生種に限れば5綱よりなるが，近年発見されたウミヒナギクの3種（*Xyloplax*）をヒトデ綱から独立させてウミヒナギク綱（Concentricycloidea）として6綱とする見解もある．

1. ウミユリ綱（Crinoidea）

最も原始的な綱で，多くは反口側から伸びる茎によって基質に固着する．口および肛門はともに体の上面に位置する．棘や叉棘を欠く．萼（calyx）と呼ばれる体部から腕が伸び，腕上に並ぶ管足によって懸濁物を摂食する懸濁物食者である．現生種約600種余りが知られ，5目に分類される．

2．ヒトデ綱（Asteroidea）

体は星形で，多くは5本の腕を有するが，それ以上の腕を有するものも見られる．底生性の自由生活者で，多くは肉食ないしは腐肉食者であるが，摂食に際しては，胃を翻出させて体外消化を行うものと，胃を翻出させず，普通に食物を取り込むものとがある．現生種1,500種を含む．

オニヒトデ（*Acanthaster planci*）：ヒメヒトデ目（Spinulosida），オニヒトデ科（Acanthasteridae）に属し，太平洋からインド洋にかけての熱帯域に広く分布する暖海性の種で，十数本に及ぶ多数の腕を有し，最大で腕長60 cm前後にもなる大型のヒトデである（図16・12）．体背面には無数の発達した棘を有し，体色は褐色から紫色まで個体変異がみられる．ミドリイシサンゴを主とする造礁性のサンゴを主食とするが，胃を翻出させてサンゴ礁の表面に密着させ，体外消化型の摂食を行う．産卵期は夏季で，ほぼ2年で成熟し，寿命は5年余りと考えられている．サンゴを専食することで，本種個体群の密度レベルの増大はサンゴ礁の深刻な衰退を招くため，環境保護の立場から，近年本種個体群の増減や分布域の変化にとくに関心が集まっている．

図16・12　オニヒトデ（村井貴史氏提供）．

3．クモヒトデ綱（Ophiuroidea）

体は星形で，比較的小さい体部から5本の長い腕が伸びるが，オキノテヅルモヅル（*Gorgonocephalus eucnemis*）のように各腕が複雑に分枝する種もみられる．口は体の下面に開き，腸および肛門を欠く．現生の棘皮動物の中で最も大きな綱で，現生種2,000種が知られる．

4．ウニ綱（Echinoidea）

体は球形ないし円盤状で，腕を欠く．内骨格がよく発達し，殻を形成する．

体表は多数の棘で覆われる．ほぼ球形に近いウニの仲間のほか，不正形ウニと称される心臓形をしたブンブク類や扁平円形のカシパン類を含む．不正形ウニは一般に堆積物内に埋在して生活する．本綱には約950種の現生種が知られる．

日本沿岸に生息するウニ類は40種余りにのぼるが，主に漁獲対象となっているのはエゾバフンウニ（*Strongylocentrotus intermedius*），キタムラサキウニ（ムラサキウニモドキ；*S. nudus*），バフンウニ（*Hemicentrotus pulcherrimus*），ムラサキウニ（*Anthocidaris crassispina*），アカウニ（*Pseudocentrotus depressus*），シラヒゲウニ（*Tripneustes gratilla*）の6種で，合わせて年間2万トン前後の漁獲量がある．なかでも，エゾバフンウニやキタムラサキウニのような北方種は北海道を中心に多産し，ウニ類全漁獲量の3/4を占める．生殖腺が食用となり，生食されるほか，塩漬けやアルコール漬けなどの加工品として利用される．

一方で，時として見られるウニ類の異常発生は，餌となる大型海藻に対する捕食圧を異常に高め，藻場の衰退による「磯焼け」現象をもたらす．

エゾバフンウニ：ホンウニ目（Echinoida），オオバフンウニ科（Strongylocentrotidae）に属し，最大殻径9cmになる大型のウニで，千島，北海道より東北地方に及ぶ沿岸の水深35m以浅に分布する．殻は半球形で，上下両端とも平低（図16・13）．棘は一様に短く，殻径の1/4ないし1/6に過ぎない．体色は暗緑色から褐色，黄白色のものまで変異が著しい．

産卵期は晩夏から秋にわたるが，北ほど早く，南に下がるにつれて遅れる傾向がみられる．分離浮性卵を産み，卵は受精すると海底に沈んで発生を始め，受精後約20時間で胞胚期に達して孵化する．幼生は再び浮遊し，3～4日でプルテウス幼生となる．その後，2カ月余りプルテウス幼生期を過ごした後，変態して稚ウニとなり底生生活に移る．満1年で殻径1.6cm，2年で3cm余りに成長し，満2年で成熟する．

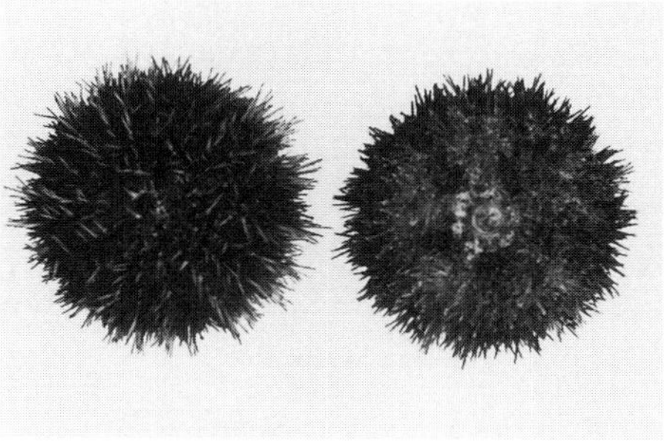

図16・13　エゾバフンウニ（中尾繁氏提供）．

植食性で，殻径8mm以下の稚ウニでは，主に付着珪藻やデトリタスに依存するが，成長とともに大型海藻を摂食するようになる．餌料海藻に対する選択性はそれほど強くないが，海藻の種類によって成長に差がみられ，チガイソ，カヤモノリ，アオサ，マコンブなどを摂食した場合に良好な成長を示す．夜行性で，主に夜間に活発に摂食する．摂食活動の盛んな時期には，1個体1日当たり，マコンブで約3g摂食する．

本種は漁期の制限，漁獲殻径の制限などによって資源保護が図られる一方，投石による生息場の造成や移植などの積極的な増産対策も講じられている．また，人工採苗による養成稚ウニの放流も試みられているが，本種の成長および成熟は餌料条件に大きく左右されるため，移植や放流に先立って餌料環境の検討が重要である．

図16·14　バフンウニ（安田徹氏提供）．

バフンウニ：エゾバフンウニと同様ホンウニ目，オオバフンウニ科に属し，東北地方から九州にかけての沿岸に普通にみられる暖海性のウニである（図16·14）．殻径は約3.5cmと小型で，殻は上下両面が扁平な球形で，棘は細くて短い．体色は暗緑色を呈する．

1～4月にかけて成熟し，産卵する．卵は分離浮性卵で受精後沈下する．約20時間で胞胚期に達して孵化し，浮遊生活を始める．受精後約3日でプルテウス幼生，約2カ月で着底変態して稚ウニとなる．満1年で殻径1cm前後，2年で2.5～3cmとなり，満2年で成熟する．寿命は7～8年と考えられる．

変態直後は沿岸の潮間帯付近の浅所に生息するが，成長とともに沖合に生息域を広げる．

餌料は成長とともに変化し，殻径1cm以下の稚ウニは付着珪藻主体であるが，徐々にアナアオサ，ワカメなどの大型藻類を摂食するようになる．時には動物性の餌も摂食する．福井県での調査例では，浅いところほど成長がよい結果が得られているが，これは餌料環境の相違を反映したものと思われる．

エゾバフンウニの場合と同様の増産対策が積極的に講じられている.

ムラサキウニ：ホンウニ目，ナガウニ科（Echinometridae）に属する（図16・15）．北海道南端から本州，四国，九州にかけての浅海の岩礁域に生息し，殻径4〜7cmの中型ウニである．殻は強固で，やや扁平な半球形．棘は強大で先端が尖り，ほぼ殻径と同長．体表，棘ともに一様に濃い紫黒色を呈する.

図16・15　ムラサキウニ（西潔氏提供）.

産卵期は5〜8月にわたるが，地域によってずれがあり，多くは7〜8月にかけての1カ月に集中する.

約1カ月のプルテウス幼生期を経て変態，着底して稚ウニとなり，8カ月で殻径9.5mmに成長する．殻径8mm以下の稚ウニは主に付着珪藻を摂食し，それ以上になるとカジメ，ノコギリモク，ウミトラノオなどの大型の褐藻を摂食するようになる．1個体1日当たりの摂食量は多い時で体重の5％余りである．本種は量的にはそれほど多くはなく，ウニ類全漁獲量の中ではごく一部を占めるに過ぎない.

5. ナマコ綱（Holothuroidea）

体は前後に長く延長し，外形はほぼ左右相称である．口部は前端に，肛門は後端にそれぞれ位置する．口の周囲を多数の触手が取り囲む．腕や棘を欠き，内骨格は退化し，痕跡的な骨片が体壁に埋まって散在する．現生種約1,000種余りが知られる.

我が国沿岸には約100種のナマコ類が分布するが，食用として主に利用されるのはマナマコの仲間（Apostichopus属），キンコ（*Cucumaria frondosa var. japonica*）などであり，なかでもマナマコの仲間がそのほとんどを占め，重要な食資源となっている.

マナマコの仲間（*Apostichopus*属）：楯手目（Aspidochirotida），マナマ

コ科（Stichopodidae）に属する．体色によりアカナマコ，アオナマコ，クロナマコなどと呼ばれて区別されるが，最近の分類学的検討結果によれば，体色の赤いものはアカナマコ（*Apostichopus japonicus*）として，マナマコ（*A. armata*）とは別種とされている．また，マナマコの学名に関しては異論もある．北海道から九州にかけて各地沿岸の潮間帯付近から水深20〜30mまでの浅海に多産する．

産卵期は3〜9月にかけて長期にわたるが，南方ほど早く，北方で遅くなる傾向がみられる．雌1個体の産卵数は50万〜300万である，

体外で受精した卵は10時間前後で孵化し，約70時間でオーリクラリア幼生となって摂食を開始し，10〜15日でドリオラリア幼生となる．その後，底生生活に入り，付着珪藻や沈殿有機物を摂食するようになる．受精後15〜23日で稚ナマコになり，3年で20cm前後に成長する．主に冬季に成長し，夏に水温が上昇すると成長を停止して夏眠する．この期間には消化管をはじめとする体の顕著な退縮現象がみられる．

本種の生産量は年間7,000トン余りで，北海道，山口，青森の各道県で多い．生食されるほか，体壁を乾燥させたいりこや消化管を塩漬けにしたこのわたとして利用される．

本種は産卵期を中心とした数ヵ月を禁漁期として資源保護が図られると同時に，投石，柴漬け，放流などによる増殖も行われている．

参考文献

荒川好満：なまこ読本．緑書房，1990，118pp.

吾妻行雄：キタムラサキウニ個体群の個体群動態に関する生態学的研究．北水試研報，**51**，1-66，1997.

Baker, A. N., Rowe, W. E. and Clark, H. E. S.: A new class of Echinodermata from New Zealand. *Nature*, 321, 862-864, 1986.

富士　昭：北海道のウニとその増殖．水産増養殖叢書，**21**，日本水産資源保護協会，1969，79pp.

富士　昭：ウニ類の生態．海洋科学，**5**，157-164，1973.

Giese, A. C., Pearse, J. S. and Pearse, V. B: Reproduction of Marine Invertebrates. VI. Echinoderms and Lophophorates. Boxwood Press, 1991, 808pp.

Harrison, R. W. and Chia, F. S. (eds.): Microscopic Anatomy of Invertebrates. **14**, Echinodermata. Willy-Liss, 1994, 510pp.

16. 棘皮動物

林　健一：オニヒトデとサンゴ礁の保護．遺伝，**29**，62-66，1975.

川村一広：エゾバフンウニの漁業生物学的研究．北水試報告，**16**，1-54，1973.

川村一広：うに—増養殖と加工・流通．北海道水産新聞社，1993，253pp.

倉持卓司・長沼　毅：相模湾産マナマコ属の分類学的再検討．生物圏科学，**49**，49-54，2010.

Lawrence, J. M.: A Functional Biology of Echinoderms. Johns Hopkins University Press, 1987, 340pp.

Lawrence, J. M. （ed.）: Edible Sea Urchins: Biology and Ecology（Developments in Aquaculture and Fisheries Science）. Elsevier Science, 2001, 419pp.

松井　魁：ウニの増殖．水産増養殖叢書，**12**，日本水産資源保護協会，1966，103pp.

Motokawa, T.: Connective tissue catch in echinoderms. *Biol. Rev.*, **59**, 255-270, 1984.

本川達雄（編）：ヒトデ学—棘皮動物のミラクルワールド—．東海大学出版会，2001，259pp.

本川達雄・今岡　亨・楚山いさむ：ナマコガイドブック．阪急コミュニケーションズ，2003，135pp.

佐波征機・入村精一・楚山　勇：ヒトデガイドブック．TBSブリタニカ，2002，135pp.

崔　相：なまこの研究．海文堂，1963，226pp.

重井陸夫・小郷一三・大路樹生・佐波征機・入村精一・太田秀：棘皮動物．山田真弓（監），動物系等分類学追補版．中山書店，2000，288-324.

内田　亨・山田真弓・小郷一三・林　良三・入村精一・重井陸夫・小黒千足: 棘皮動物．内田　亨（監），動物系統分類学 8（中），中山書店，1974，403pp.

17 脊索動物（Chordata）

尾索動物亜門 Urochordata
　　ホヤ綱 Ascidiacea：マボヤ，シロボヤ
　　タリア綱 Thaliacea：ヒカリボヤ，ウミタル，オオサルパ
　　オタマボヤ綱 Appendicularia：オタマボヤ類
頭索動物亜門 Cephalochordata
　　ナメクジウオ綱 Leptocardia：ナメクジウオ類
脊椎動物亜門 Vertebrata
　　メクラウナギ綱 Myxini：ヌタウナギ，メクラウナギ
　　頭甲綱 Cephalaspidomorphi：カワヤツメ
　　軟骨魚綱 Chondrichthyes：サメ類，エイ類
　　硬骨魚綱 Osteichthyes：イワシ類，サケ類，ハゼ類，スズキ類，フグ類，
　　　ヒラメ・カレイ類
　　両生綱 Amphibia：カエル類，サンショウウオ類
　　爬虫綱 Reptilia：ヘビ類，トカゲ類，ワニ類，カメ類
　　鳥綱 Aves：鳥類
　　哺乳綱 Mammalia：哺乳類

　脊索動物は一部の例外を除いて，生活史の一時期または生涯を通して体の中軸器官として脊索（notochord）を有するという形態学的特徴を共有し，大きく3亜門にまとめられる．およそ5万種近くが知られるが，脊椎動物亜門を除く2亜門はすべて海産．ここでは，この2亜門について述べる．

17・1　尾索動物亜門

　尾索動物(Urochordata)は被嚢類(tunicate)とも呼ばれ，ホヤ綱(Ascidiacea)，

タリア綱（Thaliacea）およびオタマボヤ綱（Appendicularia）の3綱に分けられるが，*Sorbera* 属を含む深海性のホヤ類を別綱（Sorberacea）とし，4綱とされることもある．ほとんどは懸濁物食性である．幼生はすべて脊索を有するが，オタマボヤ綱を除いて，脊索は発育過程のごく初期の段階で消失する．固着性のものと浮遊性のものがおり，また，単体で生活する種と群体を形成する種がいる．合わせて1,500種ほどが知られているが，大部分はホヤ綱に属する．

1．体の構造と機能

尾索動物に属する3綱の間で形態および生態は大きく異なるが，いずれも体が被囊（tunic）と呼ばれる外部分泌物によって包まれ，体内に大量の水を取り込んで懸濁物を濾過摂取するための濾過装置を具える．

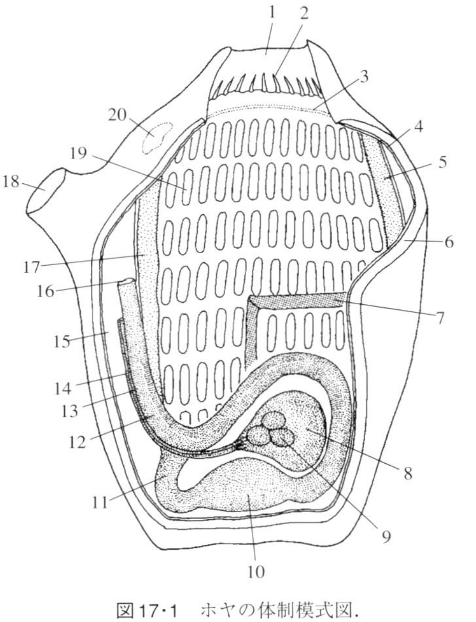

ホヤ類は固着性で，単体種は巾着型で一般に肉厚な形状を示す（図17・1）．

体表を覆う被囊はよく発達し，ツニシン（tunicin）と呼ばれるセルロース状の物質によって形成された繊維質の格子構造に種々のタンパクなどが加わり，きわめて丈夫な構造となっている（図17・2）．被囊は一種の外骨格として体を保護するが，同時に，同じ外骨格である軟体動物の貝殻などとは異なり，それ自体血液の供給を受けて代謝活性を有する生きた体組織の一部でもある．被囊の下の体壁は被囊の分泌に関わる上皮細胞層と結合組織層からなり，

図17・1　ホヤの体制模式図．
1：入水孔　2：触手　3：囲咽頭帯　4：筋膜　5：内柱　6：被囊　7：鰓囊壁　8：精巣　9：卵巣　10：胃　11：食道　12：腸　13：輸卵管　14：輸精管　15：囲鰓腔　16：肛門　17：背膜　18：出水孔　19：鰓孔　20：脳神経節

17. 脊索動物

さらに平滑筋繊維が多方向に走り，強化されている．被嚢を除く体壁とその内部に含まれる内臓を合わせて筋膜体と称される．体の底部は基質への付着部分となり，変形している．

体表には入水孔（oral aperture）と出水孔（atrial aperture）がいずれも上方を向いて開き，体内への水の取り込みと外部への排出の場所となっている．出水孔のある側を背側，その対面を腹側とされる．入水孔の直下に位置する咽頭は発達し，鰓嚢（branchial sac）とも呼ばれる．咽頭の周囲を囲鰓腔（peribranchial cavity）が取り囲む．咽頭壁には鰓孔（stigmata）と呼ばれる多数の裂孔が規則正しく並ぶ．鰓孔の縁辺は繊毛で覆われ，この繊毛の動きが恒常的な水の流れを作り出す．水は入水孔から咽頭に入り，鰓孔から囲鰓腔に流れ，出水孔から体外に出る．このような水の流れは各個体の栄養摂取，呼吸，排出，生殖などに重要な関わりを有している．水の取り込み量は大量で，1日当たり，体の体積の数千倍にも達するという．

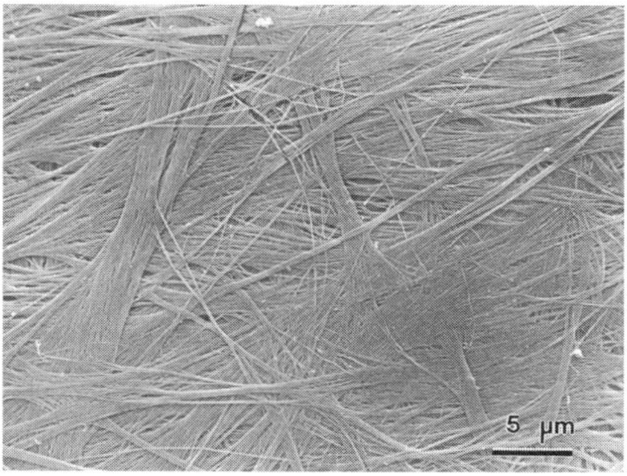

咽頭の後端は胃を経て消化管へと連なり，下降した後，U字状に反転して上方に向かい，その末端の肛門は出水孔付近の囲鰓腔に開く．

タリア類は浮遊性で，体は樽形もしくは紡錘形で（図17・3），群体形成種は中空の円筒状の群

図17・2　ホヤ類の被嚢中のセルロース様構造（木村聡氏提供）．

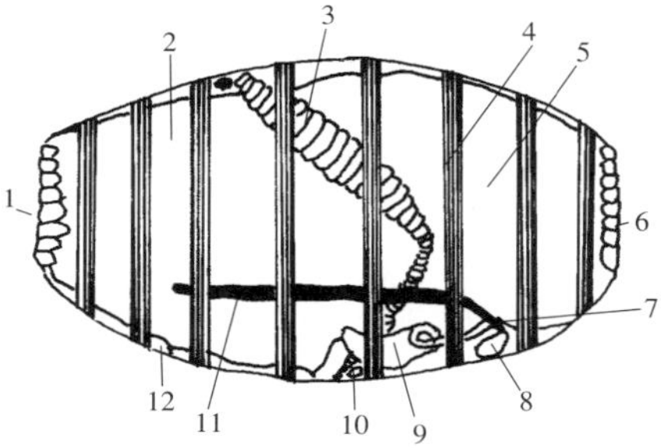

図17・3　ウミタルの体制模式図（Barnes *et al.*, 1988）．
1：入水孔　2：咽頭　3：鰓孔　4：筋肉環　5：囲鰓腔　6：出水孔　7：肛門　8：卵巣　9：胃
10：心臓　11：精巣　12：内柱

261

体を作る．入水孔と出水孔が，ホヤ類とは異なり体の前後にそれぞれ位置する（図17・3）．

　被嚢および体壁はそれほど発達せず，全体としてゼラチン質であるが，体壁中には環走筋が発達し，その伸縮によって，水の取り込みや排出を行ったり，移動の際の推進力を得ている．

　咽頭およびそれに続く消化管とも退化的である．体前方の入水孔から取り込んだ水はほぼ直線的に後方に流れ，後端の出水孔から排出される．消化系は直線状である．

　オタマボヤ類はすべて単体で，生涯浮遊生活を送る．生涯を通して発達した尾部を有し，また，体表の腺細胞から分泌したゼラチン質の袋である包巣（house）に入って過ごすなど，その姿は尾索動物のほかの分類群とは著しく異なる（図17・4）．咽頭は退化的で，鰓孔は後端に2つ有するのみである．包巣には，上面に1対の水を取り込むためのメッシュ状の開口部と後端に排出部を有し，さらに，前方下面には出入りのできる脱出口を具える．包巣はもろくて壊れやすいため，捕食者の攻撃を受けて損傷したり，水の取り込み部のメッシュが目詰まりをおこすと，脱出口から脱出して，直ちに新しい包巣を分泌する．このような行動は1日に数回みられる．

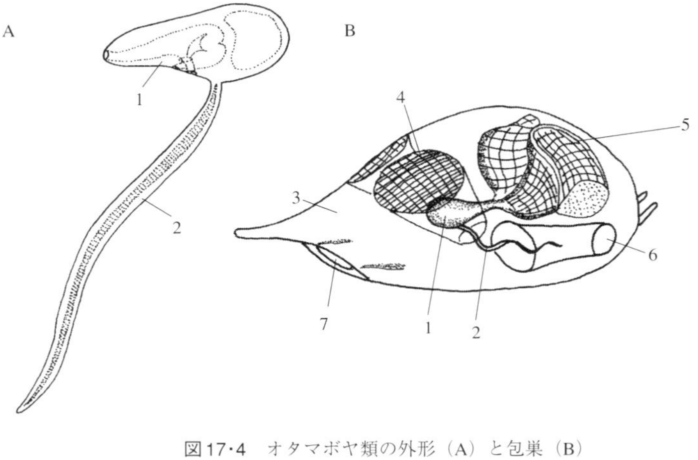

図17・4　オタマボヤ類の外形（A）と包巣（B）
（A：Bone and Mackie, 1975, B：Brusca and Brusca, 2003）.
1：胴部　2：尾部　3：包巣　4：入水孔フィルター　5：摂食フィルター　6：尾部通路　7：脱出口

17. 脊索動物

<コラム11　遺伝子の水平伝播>

　遺伝子は親から子へと伝わると一般に考えられ、これを遺伝子の垂直伝播という。これに対して、まったく異なった生物間で遺伝子が移動することを水平伝播という。

　セルロースは D –グルコースが β-1,4 結合で連なった鎖状高分子で植物の主要構成成分として知られているが、なぜか動物の中ではホヤ類にのみ存在し、その起源に興味が持たれてきた。これまでの研究で、ホヤ類では表皮細胞が特殊化したグロメルロサイトと呼ばれる細胞の液胞内でセルロースが合成され、被嚢へと分泌されることがわかっていた。最近になりカタユウレイボヤ（*Ciona intestinalis*）の全ゲノム配列（1億5500万塩基対、ヒトの約20分の1程度）が明らかにされ、その結果、ホヤの持つセルロース合成酵素がバクテリアからの水平伝播によるものであることが明らかとなった。化石の研究から、この水平伝播は様々な形態の海洋無脊椎動物が爆発的に出現したカンブリア紀（約5億3千年前）にはすでに起こっていたものと考えられている。細菌間の遺伝子の水平伝播についてはかなり頻繁に起こっていることがこれまでにも知られていたが、最近ではこのホヤの例以外にも、細菌から植物や昆虫への遺伝子の水平伝播が報告されていることから、原核生物から真核生物への遺伝子の水平伝播は決して珍しいことではないようだ。例えば、ウイルス感染により宿主ゲノム中にウイルス遺伝子が組み込まれるように、細菌感染によって細菌遺伝子が宿主ゲノム中に組み込まれることが起こるのだろう。

　近年、遺伝子組換え技術が確立された。この技術を用いた品種改良はきわめて短期間に有用形質を導入できることから、植物や家畜に比べて品種改良が遅れている養殖魚の品質向上に期待されている。このようにして作り出された遺伝子組換え生物は、自然界に逃げ出した場合、野生種に影響を与えることが懸念されることから、現在ではカルタヘナ条約により、その管理が厳しく義務づけられている。しかし、この規制はあくまで遺伝子の垂直伝播だけを対象としたものであり、水平伝播は考慮されていない。つまり、あくまでその動物が逃げ出さないようにするための規制であり、その排泄物までは管理の対象としていないのである。しかし、一旦魚に組み込まれた外来遺伝子が、小腸上皮細胞から腸内細菌へ水平伝播し、糞とともに排泄された腸内細菌からその遺伝子がさらに別の生物へ水平伝播されることもあり得ないことではない。

　いつか人類が月に移住する時代がやってくるだろう。遺伝子組換え技術はこのような宇宙時代には必須の品種改良手段となっているだろうが、その頃には、遺伝子の水平移行まで考慮したきわめて厳密な遺伝子組換え生物の管理が必要となるのかも知れない。
（豊原治彦）

図. セルロースの構造. セルロースは D-グルコースが β-1,4 結合で連なった鎖状高分子で、$(C_6H_{10}O_5)$ n の組成を持つ自然界にもっとも多量に存在する難分解性の多糖である. 植物体の乾燥重量の1/3 ～ 1/2 を占めるといわれている. 動物界ではホヤ類にのみ存在し、ホヤ由来のセルロースはスピーカーの振動板に使われている.

263

消化系はU字状を呈し，肛門は胴部中央下面に開く．

2. 摂食および消化系

　ホヤ類は入水孔から咽頭に水とともに取り込んだプランクトンを主とする有機懸濁物を鰓孔で濾しとり摂食するが，その濾しとりの仕組みは特異である．咽頭の腹側内壁を内柱（endostyle）と呼ばれる溝が縦走し，ここから大量の粘液が分泌される．この粘液は咽頭内面を覆い，鰓孔で濾しとった食物片を吸着させ，背側を走る背膜（dorsal lamina）と呼ばれる膜状体でとりまとめられ，食道を経て胃へと運ばれる（図17·5）．胃内で細胞外消化を行った後，大部分は腸で吸収される．

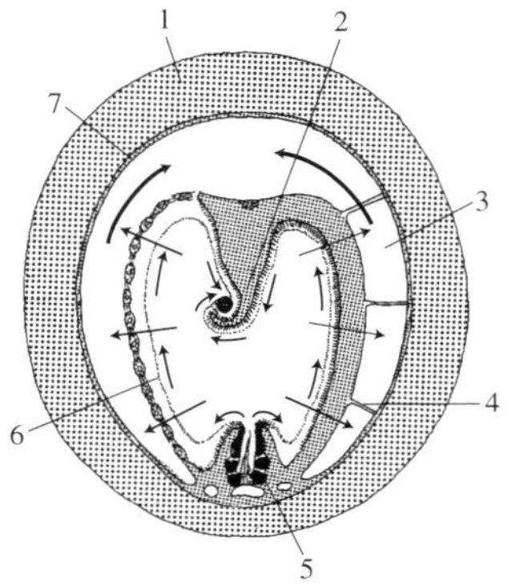

　タリア類の摂食様式もホヤ類とほぼ同様で，前端の入水孔から取り込んだ水に含まれる懸濁有機物を咽頭の後方にある少数の鰓孔で濾しとり，摂取する．不消化物は腸内を後方に送られ，後端の出水孔から排出される．

　オタマボヤ類は包巣の網目を通して懸濁性の有機物を取り込むが，さらに口から分泌された粘液の食網（mucous feeding net）で濾しとり，粘液とともに咽頭部に送られる．包巣内への水の取り込みは筋肉質の尾部を左右に振ることにより行われる．植物プランクトンやバクテリアなどの微生物を主な摂食対象とする．

図17·5　ホヤの鰓域横断模式図
（Werner und Werner, 1954）.
右半分は横走血管の位置の断面. 左半分は鰓孔の位置の断面. 太い矢印は水流，細い矢印は粘液シートの移動方向を示す.
1：被囊　2：背膜　3：囲鰓腔　4：懸膜
5：内柱　6：粘液シート　7：筋膜

3. 循環系，排出系および神経系

　消化系以外の器官系は退化的であるが，ホヤ類の循環系は古くから注目され，多くの知見が蓄積されている．

　循環系は開放系で，心臓および血管ともに発達は悪い．心臓の拍動の方向が周期的にスイッチするため，血流の方向もそれに合わせて変わるという独特の

17. 脊索動物

血流系を有している.

　ホヤ類の血液中には種々の血球細胞が知られており（図17·6），すべてについてその機能が明らかにされているわけではないが，栄養を被嚢を含む体の各所に運んだり，種々の生体防御機構に重要な役割を担っていると考

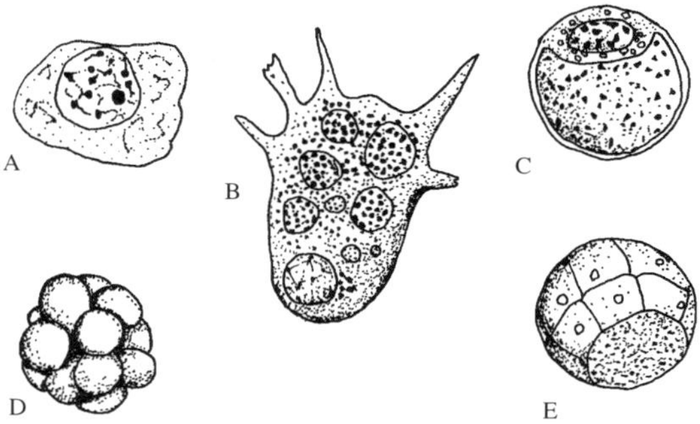

図17·6　ホヤ類の血球細胞（西川ら，1986）.
（A）リンパ球，（B）顆粒アメーバ細胞，
（C）シグネットリング細胞，（D）桑実細胞，（E）区画細胞

えられている. また，この中には，内部に大きな液胞を含み，その形が指輪状に見えることから，シグネットリング細胞（認め指輪細胞）と呼ばれてきた特殊な細胞を含んでいる（図17·6C）. 長らくこの細胞の役割が不明であったが，最近，液胞中に高濃度のバナジウムを含んでいることが明らかとなり，バナジウム濃縮細胞（バナドサイト：vanadocyte）と呼ばれるようになった（コラム12参照）. 細胞中に含まれるバナジウムの濃度は周囲の海水中に存在するバナジウムの濃度の50万倍にも達するといわれ，特に，濃縮能力の高いバナジウムボヤ（*Ascidia gemmata*）では1,000万倍もの濃度になるとされる. マボヤ（*Halocynthia roretzi*）など食用となる種では総じて含有濃度が低い傾向にある. 通常，海水中ではバナジウムは5価イオンとして存在するが，細胞内に取り込まれる過程で3価に還元される. 海水中にきわめて低濃度で存在するバナジウムをどのような仕組みで高濃度に蓄積するのかわかっていない. また，バナジウムを保有する理由に関して，ひところ呼吸生理に関わっているのではないかとも考えられていたが，この説は現在は支持されていない. さらに，なぜこれほど高濃度に蓄積する必要があるのかについてもその理由はなお不明である. 一説には，捕食を避ける保身の効果があるともいわれている.

　尾索類の神経系はきわめて退化的で，幼期の尾部の脊索に沿って顕著な神経管がみられるものの，変態後は咽頭前端付近にある小さな脳神経節がその主要部をなす. また，脳神経節の近くに神経腺（neural gland）と呼ばれる小器官

があり，細管を介して咽頭に連絡しているが，その機能については分かっていない．脊椎動物の下垂体の前駆体と考える研究者もいる．感覚受容器の発達も総じて悪いが，入水孔付近を中心に体表面に散在する感覚細胞は接触刺激や化学刺激を知覚し，敏感に入水孔の開閉を行い，水とともに取り込む粒子の取捨選択をしていると考えられている．また，幼期には着底時の基質選択に関わる感覚受容器が発達する．

　排出器官も発達は悪く，上述の血球細胞中の腎細胞がそのかなりの部分を担っていると考えられている．

4．生殖および発生
（1）有性生殖
　尾索動物の多くは雌雄同体で，精巣と卵巣が胃の近くに存在し，別々の生殖輸管が腸に平行して走り，出水孔の近くに開く．一般に卵には卵黄は少なく，ほぼ全割の放射卵割により発生が進み，有腔胞胚となる．その後囊胚期を経て胚が伸長する過程で，原腸から3片の中胚葉組織が分離し，中央の1つから脊索が，左右の2つから筋肉組織などがそれぞれ形成される．また，外胚葉から分離した組織塊から脊索の背側に沿うように伸びて神経管（nerve cord）が形成される．

　単体性のホヤ類は体外に放卵，放精を行い，卵は海中で受精する．放卵・放精の開始には光周期の刺激が関わっており，また，これらの卵と精子の間には

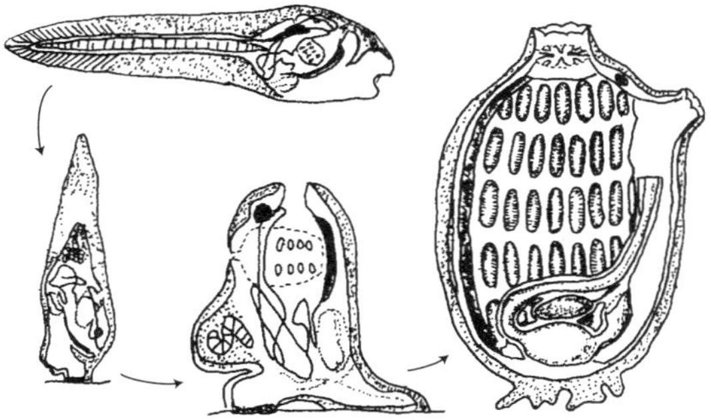

図17・7　ホヤ類の発育に伴う体制の変化の概念図（西川，1998を略写）．

17. 脊索動物

<コラム12　　希少金属濃縮機構>

　動物はミネラル成分として種々の金属を食物から取り込んでいる．例えばカルシウムは最も重要なミネラルのひとつであり，動物の生命活動に必須であることから，すべての生物がカルシウムを取り込み，それを体内に蓄積することができる．一方，海洋無脊椎動物の中には一般の動物には検出されないきわめて珍しい金属を蓄積するものがいる．

　希少金属の濃縮現象でもっとも古くから知られているのがホヤ類によるバナジウム蓄積である．ホヤは，バナジウムを血液中のバナドサイトという特殊な細胞に蓄積する．ホヤ以外にも，エラコ（*Pseudopotamilla occelata*）というゴカイの仲間も高濃度にバナジウムを蓄積するといわれている．そのほか，軟体動物であるタコやイカの仲間には鰓心臓にウランを高濃度に蓄えるものがいるなど，海洋無脊椎動物の仲間には希少金属を体内に蓄積するものが数多くいる．このような金属は食物に由来するものと，海水に由来するものに分けることができ，前者は消化管から，後者は主に鰓や外套から吸収される．取り込みの分子機構に関してはほとんどわかっていないが，最近になってホタテガイのカドミウム濃縮に関わるタンパク質が同定された．

　ホタテガイは中腸腺（ウロ）にきわめて高濃度（海水中の1千万倍）のカドミウムを蓄えており，その濃度は産業廃棄物として処分できる濃度を超えていることから，北海道では商品価値のある貝柱を取り除いた後に残る中腸腺の処理が大きな問題となっている．函館に近い森町には，1999年に電気分解を利用したカドミウムの回収施設が建設され，カドミウムを取り除いたウロから肥料が生産されている（図参照）．

　ホタテガイのカドミウム輸送タンパク質の構造は，ヒトの小腸の鉄輸送タンパク質と類似しているが，面白いことに，ホタテガイのカドミウム輸送体は，ヒトの輸送体とは異なり，カルシウムを取り込むことがわかった．貝類は貝殻形成に大量のカルシウムを必要とすることから，おそらくこの輸送体の本来の機能は海水中からカルシウムを取り込むことにあると思われるが，その過程で同じ二価金属であるカドミウムも取り込むのだろう．カドミウムはきわめて毒性が強いため，メタロチオネインという解毒タンパク質と結合させた形で体内に蓄積しているが，解毒の詳細な機構はよくわかっていない．また，なぜ有害なカドミウムを排泄しないのかも不思議である．一種の毒物質として生体防御機能に利用している可能性も考えられる．

　このように，海洋無脊椎動物は驚異的な希少金属の濃縮能力を持つ上に，これらを無毒化し，蓄積する機能をも具えている．海水中には濃度は低いが人類に有用な様々な希少金属が溶解している．海洋無脊椎動物が持つ希少金属の濃縮・蓄積機能を解明することで，これらの金属を回収する方法を開発するヒントが見つかれば，金や白金などの貴金属の海水からの効率的な回収も夢ではなさそうである．（豊原治彦）

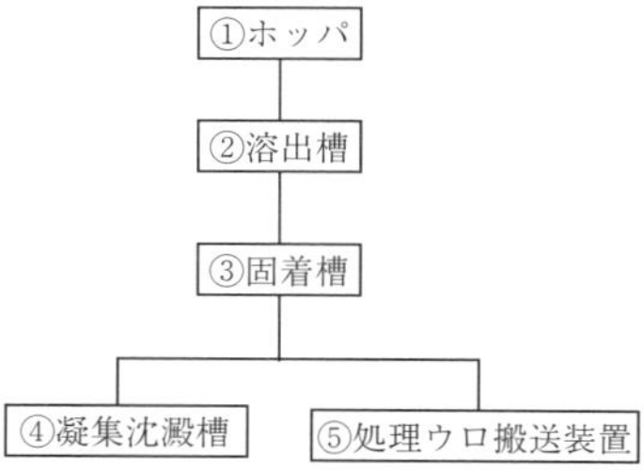

①ホッパ
↓
②溶出槽
↓
③固着槽
↓
④凝集沈殿槽　　⑤処理ウロ搬送装置

図　電気分解法によるホタテガイのウロからのカドミウムの除去．①ホッパと呼ばれるウロの貯蔵設備．1-5％の希硫酸中に貯蔵される．②溶出槽．ここでウロを1％硫酸に24時間浸漬・撹拌することでカドミウムが溶出される．③固着槽．希硫酸中に溶出したカドミウムを電気分解により回収する．④凝集沈殿槽．希硫酸の廃液を中和・沈殿処理し，沈殿成分は回収されミール（養殖魚などの餌）工場へ送られ，液層は排水処理施設へ送られる．⑤処理ウロ搬送装置．カドミウムを取り除かれたウロはここで中和され，ミール工場へ送られる．

自家受精しない仕組みが存在するとされる．胚は尾部が後方に伸びてオタマジャクシ型となる．この時期には脊索と神経管を具え，伸長した尾部の内部を占める．オタマジャクシ幼生（tadpole larva）の期間はきわめて短く，孵化後直ぐに尾部が消失し，海底に沈下して着底生活に入る（図17·7）．幼生は光，重力やある種の化学物質に強い感受性を有し，それによって定着，変態に適した場所を選ぶ．付着後，体の軸を90度回転して変態を終える．一方，群体種の多くは直達発生型の発生様式を採る．卵，精子を共用の腔所に放出し，ここで受精した受精卵を変態するまでの幼生期間を通して哺育する．

タリア類は単生種，群体形成種とも直達発生型の発生様式を示すが，その経過は種により多様である．サルパの仲間では輸卵管内で体内受精を行い，受精卵は輸卵管に着床して発生が進み，親と同じ形になって産み出される．

オタマボヤ類もまた雌雄同体で，配偶子は体外に放出され，受精は体外で行われる．オタマジャクシ幼生期を経た後，幼生期の特徴を残したまま成長する．

（2）無性生殖と群体形成

有性生殖のみが知られているオタマボヤ類を除く尾索類では，無性生殖もごく普通に見られる．無性生殖は出芽や分裂により行われる．

無性生殖を行うのは群体形成種である．群体は多数の個虫が共同の被嚢に納まる型と，独立した各個虫が芽茎で連なる型とがある（図17·8）．尾索動物の群体では，群体を構成する個虫間で機能分化はみられない．

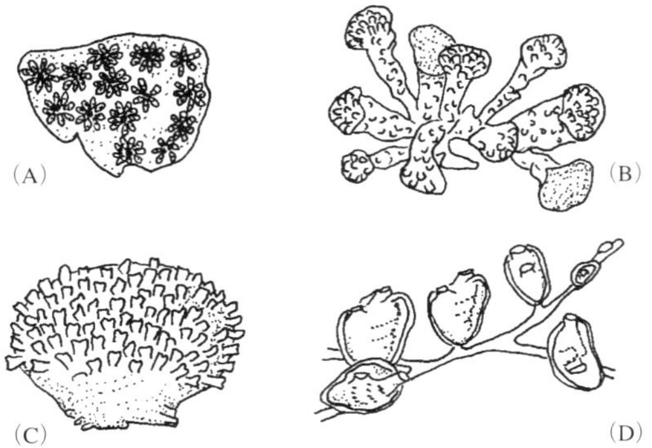

図17·8　群体性ホヤ類の各種（Barnes *et al.*, 2001）．
（A）マボヤ目の1種，（B）マンジュウボヤ目の1種，
（C，D）いずれもマメボヤ目の1種

図17·9　マボヤ（今島，1994）．

5. 分類と主な種

(1) ホヤ綱 (Ascidiacea)

ホヤ綱はすべて単体または群体性の固着種で，固い基質，砂や泥に直接または柄部を介して固着する．大きさは単体のもので1mmに満たない小型のものから60cmに及ぶ大型のものまで広範囲にわたり，群体形成種では，群体の大きさが数十cmにもなるものがいる．

マボヤ (*Halocynthia roretzi*) ：マボヤ目 (Pleurogona)，マボヤ科 (Pyuridae) に属し，単体で岩などの基質に固着する（図17・9）．10cm前後の大きさで，表面に無数の突起を有する．北海道南部から九州北部にかけて分布するほか，韓国沿岸にも分布している．体色および突起の形状に個体差が見られ，大きく3型に分けられている．産卵期が異なることから，自然ではたとえ同所的に生息していてもこれらの型間で生殖隔離があると考えられている．

受精後2日で孵化してオタマジャクシ幼生となり，ほぼ半日で着底変態して固着生活を始める．約2年で成熟する．

東北地方の太平洋沿岸では，本種の被嚢をはがした筋膜体が食材として重用され，古くから積極的に養殖も行われている．

なお，ホヤ類が有するセルロース形成機能やバナジウム濃縮機能は，工業的にも注目されており，近い将来この分野での貢献がむしろ大きくなる可能性がある．例えば，バナジウムは超伝導材料，蛍光体，ファインセラミックス用添加剤など先端技術を支える重要な金属元素として重用されており，これらの技術の急速な進展に伴い，バナジウムの使途が急速に拡大し，バナジウム生産過程にホヤ類の濃縮能力が利用できないか模索されている．

(2) タリア綱 (Thaliacea)

タリア綱はウミタル (*Doliolum denticulatum*) やサルパ類 (*Salpa*ほか) などのプランクトン性の各種を含む3目からなる小さな分類群で，単体および群体の両型を含む．ほとんどは暖海域に分布が限られている．プランクトン食性の魚類などに摂食されている．

(3) オタマボヤ綱 (Appendicularia)

尾索動物亜門の中で最も特化しているが，多くの幼生形質を残している特異な分類群である．終生プランクトン生活を送り，小型で多くは透明である．体

はホヤ類のオタマジャクシ幼生と似るが，長い尾部は生涯を通して有する．したがって，尾部に含まれる脊索も生涯存在する．

オタマボヤ類（*Oikopleura*）は魚類の稚仔期の重要な餌料生物となっていることが多く，例えば，ヒラメの仔魚が摂餌開始直後の時期にオナガオタマボヤ（*Oikopleura longicauda*）の摂餌頻度が特に高いことが知られている．また，オタマボヤ類が作る包巣は有機物に富んでおり，その生涯にわたって繰り返し形成されるため，その量は莫大なものになり，これらが種々の生物の栄養となっていることを考えると，オタマボヤが海洋の物質循環系に果たしている役割は考えられている以上に大きいものと思われる．

17・2　頭索動物亜門

頭索動物亜門（Cephalochordata）は，魚類とよく似た形態を示し，頭部から尾部に至る体全体に終生脊索が発達し，脊椎動物と近い形態を示すことから，最も脊椎動物に近い分類群として位置づけられている．

1. 体の構造および機能

頭索動物は，魚類に似て紡錘形で，尾端に尾鰭（caudal fin）を伴う（図17・10）．

体壁には筋組織が発達し，筋節（myotome）が脊椎動物と同様にV字状に配列する．脊索はしなやかでよく発達し，体を支える．しなやかな脊索と筋節

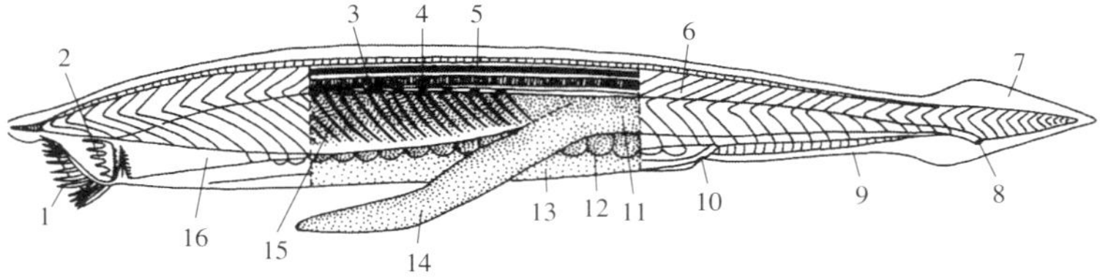

図17・10　ナメクジウオの体制模式図（Godeaux, 1974）.
1：被蓋突起　2：口　3：脊索　4：腎管　5：神経管　6：筋節　7：尾鰭　8：肛門　9：腹鰭
10：出水孔　11：腸　12：生殖腺　13：囲鰓腔　14：肝盲嚢　15：鰓孔　16：咽頭

構造を有することで，体を左右にうねらせることができ，それにより強力な推進力を得ている．尾鰭もまた推進力の増加に寄与している．背部と腹部にも鰭状の構造を有するが，これらは遊泳とは関係なく，生殖物質形成に必要な栄養の貯蔵場所となっている．

頭部の上半部は口被蓋（oral hood）として前方に伸び，口は口被蓋の後端と咽頭前端とを仕切る縁膜（velum）に小孔として開く．口の周囲は種々の突起や繊毛束によって取り巻かれる．肛門は腹部の尾鰭直前に開く．

体中部腹側の両側には腹襞（metapleural fold）が垂れ下がる．

2．摂食および消化

頭索動物もまた典型的な懸濁物食者で，懸濁物の選別と取り込みは口の周囲の突起によって行われる．主な食物対象は珪藻を主とするプランクトンである．食物粒子は口被蓋下面の分泌細胞から分泌された粘液とともに咽頭に送り込まれる．粒子はその後咽頭の下面にある内柱から分泌される粘液シートに付着し，上方に運ばれて上鰓溝（epibranchial groove）に至り，咽頭の後端に連なる食道を経て腸へと運ばれ，消化吸収される．排出物は肛門から排出される．食道から前方に肝盲嚢（hepatic cecum）が突出するが，ここは脂肪やグリコーゲンを貯蔵したり，タンパク合成の機能を有すると考えられ，脊椎動物の肝臓や膵臓の前駆体として位置づけられる．このほか，背部の正中線沿いと，腹部の囲鰓腔の後部にそれぞれ貯蔵室が存在する．

3．循環系，ガス交換および排出

頭索動物の循環系は閉鎖系で，魚類などのそれに近いが，心臓はない．血液中には色素を含まず，循環系はもっぱら栄養分の輸送に関わっていると考えられており，ガス交換は主に腹襞で行われているとされる．

排出は腎管が担う．腎管は血管から窒素老廃物を抽出し，囲鰓腔に排出する．

4．神経系および感覚器官

神経系は単純である．神経管は先端の口被蓋の基部で脳胞（cerebral vesicle）として僅かに膨らむ．神経管から体節ごとに神経を派出する．体表には感覚神

経末端が多数分布するが，その多くは触覚受容器と考えられる．一部の種では，頭部に眼点を具える．

5. 生殖および初期発生

頭索動物は雌雄異体で，約30対前後の生殖腺が囲鰓腔の左右に列をなして並ぶ．産卵時には雌雄が泳ぎ上がって配偶子を放出し，放出後は再び海底に降下し，砂に潜る．受精は体外で行われる．卵割は放射卵割型で不等卵割する．囊胚の原腸の先端部から最初に分離した中胚葉は脊索とその左右に伸びる体腔や筋肉などになる．一方，外胚葉の背部から分離した細胞塊は管状になって内側に沈み神経管となる．

発生は素早く進み，短期間に浮遊幼生として孵化する．幼生は比較的長期浮遊生活を送った後，着底して砂に潜り，底生生活を始める．

6. 分類と主な種

頭索動物は現生種2属30種が知られる非常に小さな分類群である．我々との直接の関わりはほとんど皆無であるが，本分類群が脊椎動物と共通の祖先に由来すると考えられることから，脊椎動物の進化過程を考える上で，重要な示唆を与えてくれる存在として注目されてきた．また，本分類群が潮通しの良い砂底のような良好な環境を好む傾向にあることから，環境保全を象徴する動物としても存在意義は大きい．

我が国沿岸にはヒガシナメクジウオ（*Branchiostoma japonicum*），カタナメクジウオ（*Epigonichthys maldivensis*）およびオナガナメクジウオ（*Asymmetron lucayanus*）の3種が分布することが知られるが，前者が鹿児島以北の九州沿岸や瀬戸内海を含む太平洋沿岸に分布するのに対し，後2者は分布域が南方に偏り，主に鹿児島から沖縄諸島にかけて分布する，ただしオナガナメクジウオとされるものには複数種を含んでいるとの指摘もあり，結論は出ていない．なお，ヒガシナメクジウオにもいくつかの地域個体群が存在することが知られ，その生活史はそれぞれ少しずつ異なるとされる．広島県三原市地先や愛知県蒲郡市地先の個体群は古くから天然記念物として指定されている．

17. 脊索動物

参考文献

Burighel, P. and Cloney, R. A.: Urochordata-Ascidacea. In Harrison, F. W. and Ruppert, E. E. (eds.), Microscopic Anatomy of Invertebrates, 15, Willy-Liss, 1997, 221-348.

Cloney, R. A.: Urochordata-Ascidiacea. In Adiyodi, K. G. and Adiyodi, R. G. (eds.), Reproductive Biology of Invertebrates. Oxford and IBH, 1990, 391-451.

Flood, P. R.: Architecture of, and water circulation and flow rate in, the house of the planktonic tunicate *Oikopleura labradorensis. Mar. Biol.*, 111, 95-111, 1991.

Henmi, Y. and Yamaguchi, T.: Biology of the amphioxus, *Branchiostoma belcheri* in the Ariake Sea, Japan. I. Population structue and growth. *Zool. Sci.*, 20, 897-906, 2003.

広瀬裕一：ホヤの被嚢の構造と機能．細胞，25，383-386，1993.

石川　優：ホヤ胚の変態．遺伝，38，35-45，1984.

Kimura, S. and Itoh, T.: New cellulose synthesizing complexes (terminal complexes) involved in animal cellulose biosynthesis in the tunicate *Metandrocarpa uedai. Protoplasma*, 194, 151-163, 1996.

Kubokawa, K., Azuma, N. and Tomiyama, M.: A new population of the amphioxus (*Branchiostoma belcheri*) in the Enshu-Nada Sea in Japan. *Zool. Sci.*, 15, 799-803, 1998.

Nakauchi, M.: A sexual development of ascidians: Its biological significance, diversity, and morphogenesis. *Am. Zool.*, 22, 753-763, 1982.

西川輝昭・中内光昭・向井勇夫・石川　優・渡辺浩・種田保穂・川村和夫：原索動物門．内田　亨・山田真弓（監），動物系統分類学8（下）半索動物・原索動物，中山書店，1986，111-392.

西川輝昭・星野善一朗：ホヤ類の形態と分類．遺伝，38，9-17，1998.

西川輝昭：ホヤ類における同胞種と種分化．奥谷喬司・太田　秀・上島　励（編），水棲無脊椎動物の最新学，東海大学出版会，1999，309-324.

西川輝昭：半索動物・原索動物．山田真弓（監），動物系統分類学追補版，中山書店，2000，326-343.

西川輝昭・野原正広・昆　健志・西田　睦：現生ナメクジウオ類の系統と分類における新局面．月刊海洋号外，41，130-135，2005.

西川輝昭：ヒガシナメクジウオの氏素性（http://www.sci.toho-u.ac.jp/bio/column/019768.html），2014.

Ruppert, E. E.: Cephalochordata. In Harrison, F. W. and Ruppert, E. E. (eds.), Microscopic Anatomy of Invertebrates, 15, Willy-Liss, 1997, 349-504.

佐藤矩行（編）：ホヤの生物学．東京大学出版会，1998，258pp.

沼宮内隆晴：マボヤの卵成熟および自家不和合性の誘起物質に関する研究．奥谷喬司・太田　秀・上島励（編），水棲無脊椎動物の最新学，東海大学出版会，1999，325-337.

安井金也・窪川かおる：ナメクジウオ－頭索動物の生物学－．東京大学出版会，2005，265pp.

Wada, H., Makabe, K. W., Nakauchi, M. and Satoh, N.: Phylogenetic relationships between solitary and colonial ascidians, as inferred from the sequence of the central region of their respective 18S rDNAs. *Biol. Bull.*, 183, 448-455, 1992.

渡邊　浩・石川　優・佐藤矩行：無脊椎動物の発生（下）17-A　ホヤ類．培風館，1988，432-539.

引用図表出典文献（本文中に挙げた文献は除く）

新谷久男：スルメイカの資源．水産研究叢書，**16**，日本水産資源保護協会，1967，60pp.

Barnes, R. D.: Invertebrate Zoology, 5th ed. Saunders College Publ., 1987, 893pp.

Barnes, R. S. K., Calow, P. and Olive, P. J. W.: The Invertebrates: A New Synthesis. Blackwell Scientific Publications, 1988, 582pp.

Barrington, E. J. W.: Invertebrate Structure and Function. 2nd ed. Halstead Press, 1979, 765pp.

Barth, R. H. and Broshears, R. E.: The Invertebrate World. CBS College Publ., 1982, 646pp.

Bone, Q. and Mackie, G. O.: Skin impulses and locomotion in *Oikopleura*（Tunicata: Larvacea）. *Biol. Bull.*, **149**, 267-286, 1975.

Buchsbaum, R., Buchsbaum, M., Pearse, J. and Pearse, V.: Animals without Backbones. The University of Chicago Press, 1987, 572pp.

藤田矢郎：種苗生産用生物餌料としての意義と問題点．日本水産学会（編），シオミズツボワムシー生物学と大量培養ー．恒星社厚生閣，1983，9-21.

Gibson, P. H. and Clark, R. B.: Reproduction of *Dodecaceria caulleryi*（Polychaeta: Cirratulidae）. *J. Mar. Biol. Ass. U. K.*, **56**, 649-674, 1976.

Godeaux, J. E. A.: Primitive Deuterostomians. Florkin, M. and Scheer, B. T.〔eds.〕, *Chemical Zoology*, 8, Academic Press, 1974, 4-60.

Greenaway, P.: The Crustacea. Anderson, D. T. （ed.）, Invertebrate Zoology, Oxford University Press, 1998, 286-318.

浜野龍夫：シャコ類の生物学- 1．体部分名称と研究史．海洋と生物，**9**，49-55，1987.

日野明徳：生活史ーとくに両性生殖誘導要因．日本水産学会（編），シオミズツボワムシー生物学と大量培養ー．恒星社厚生閣，1983，22-34.

広島大学生物学会（編）：日本動物解剖図説．森北出版，1971，11pp. + 113 pls.

Holthuis, L. B: FAO Species Catalogue. **13**. Marine Lobsters of the World. FAO Fish. Synop., 125, 13, 1991, 292pp.

Hylleberg, J.: Selective feeding by *Abarenicola pacifica* with notes on *Abarenicola vagabunda* and a concept of gardening in lugworms. *Ophelia*, **14**, 113-137, 1975.

Hyman, L. H.: The Invertebrates. 1. Protozoa through Ctenophora. McGraw-Hill, 1940, 726pp.

Hyman, L. H.: The Invertebrates. 2. Platyhelminthes and Rhynchocoela. McGraw-Hill, 1951, 550pp.

Hyman, L. H.: The Invertebrates. 6. Mollusca I. McGraw-Hill, 1967, 792pp.

Ikeda, Y., Sakurai, Y. and Shimazaki, K.: Fertilizing capacity of squid（*Todarodes pacificus*）spermatozoa collected from various sperm storage sites, with special reference to the role of gelatinous substance from oviducal gland in fertilization and embryonic development. *Invert. Reprod. Develop.*, **23**, 39-44, 1993.

今島　実：原索動物．奥谷喬司（編），水産無脊椎動物Ⅱー有用・有害種各論ー，恒星社厚生閣，1994，340-346.

Imajima, M. and Sato, W.: A new species of *Polydora*（Polychaeta, Spionidae）collected from Abashiri Bay, Hokkaido. *Bull. Natn. Sci. Mus. Ser. A*, **10**, 57-62, 1984.

倉田　博：クルマエビ属の生活史．月刊海洋科学，**5**，164-171，1973.

Kurata, H.: Larvae of Decapoda Brachyura of Arasaki, Sagami Bay- V. The swimming crabs of Subfamily Portuninae. *Bull. Nansei Reg. Fish. Res. Lab.*, **8**, 39-65, 1975.

Lalli, C. M. and Parsons, T. R.: Biological Oceanography － An Introduction －, 2nd ed. Butterworth

引用文献

Heinemann, 1997, 314pp.（長沼　毅訳，講談社サイエンティフィク版）

Levin, L. A. and Bridges, T. S.: Pattern and diversity in reproduction and development. McEdward, L.（ed.）, Ecology of Marine Invertebrate Larvae, CRC Press, 1995, 1-48.

Lewington, R.: エビ類，ヤドカリ類，カニ類（十脚目）. 山田真弓（監）. 動物大百科. 14. 水生動物. 平凡社，1987，94-95.

Mackintosh, N. A.: The Stocks of Whales. Fishing News, 1965, 232pp.

Meglitsch, P. A. and Schram, F. R.: Invertebrate Zoology, 3rd ed., Oxford University Press, 1991, 623pp.

奈須敬二：海獣資源と海洋研究の割合. 漁業資源研究会議報，**9**，74-83，1969.

日本大学水産学会（編）：水産動物解剖図譜. 日本大学囊獣医学部水産学会，1958，122pp.

西川輝昭：形態・分類・自然史. 佐藤矩行（編），ホヤの生物学，東京大学出版会，1998，3-21.

小笠原義光：エビの生態. 東京水産大学第9回公開講座編集委員会（編），日本のエビ・世界のエビ. 成山堂書店，1984，28-77.

尾形哲男：日本海のズワイガニ資源. 水産研究叢書，**26**，日本水産資源保護協会，1974，61pp.

岡村周諦：動物実験の指針. 大観堂，1941，1046pp.

奥谷喬司：軟体動物. 奥谷喬司（編），水産無脊椎動物Ⅱ－有用・有害種各論－，恒星社厚生閣，1994，1-192.

大越和加・大越健嗣：ポリドラとホタテガイ－穿孔と防御の生物学. 海洋と生物，**79**，113-119，1992.

Okutani, T.: *Todarodes pacificus*. Boyle, P. R.（ed.）, Cephalopod Life Cycles. 1, Species Account. Academic Press, 1983, 201-214.

Pearse, V., Pearse, J., Buchsbaum, M. and Buchsbaum, R.: Living Invertebrates. Blackwell Scientific Publications and Boxwood Press, 1987, 848pp.

Pechenik, J. A.: Biology of the Invertebrates. PWS Publishers, 1985, 513pp.

Rasmussen, E.: Asexual reproduction in *Pygospio elegans* Claparede（Polychaeta: Sedentaria）. *Nature*, **171**, 1161-1162, 1953.

Rodriguez, S. R., Ojeda, F. P. and Inestrosa, N .C.: Settlement of benthic marine invertebrates. *Mar. Ecol. Prog. Ser.*, **97**, 193-207, 1993.

Russel-Hunter, W. D.: A Life of Invertebrates. Macmillan Publ. Co. Inc., 1979, 650pp.

桜井泰憲：スルメイカの再生産と資源変動. 有元貴文・稲田博史（編），スルメイカの世界－資源・漁業・利用－，成山堂書店，2003，110-133.

佐藤　仁（編）：宍道湖の自然. 山陰中央新報社，1985，179pp.

椎野季雄：水産無脊椎動物学. 培風館，1969，345pp.

Skinner, D. M.: Molting and regeneration. Bliss, D. E. and Mantel, L. H.（eds.）, The Biology of Crustacea. 9, Academic Press, 1985, 43-146.

首藤宏幸：稚魚の餌料としてのベントスの生産量. 林　勇夫・中尾　繁（編），ベントスと漁業，恒星社厚生閣，2005，49-61.

内田　亨：体節動物. 内田　亨（監），動物系統分類学6. 中山書店，1967，1-7.

上島　励：軟体動物門. 白山義久（編），無脊椎動物の多様性と系統，裳華房，2000，169-192.

Werner, E. and Werner, B.: Üer den Mechanismus des Nahrungserwerbs der Tunicaten, speziell der Ascidien. *Helgoläder. Wiss. Meeresunters.*, **5**, 57-92, 1954.

山田真弓：多毛類. 内田　亨（監），動物系統分類学6. 中山書店，1967，24-106.

索　引

＜あ行＞

アオイソメ	177
アオゴカイ	177
アオナマコ	256
アカイカ	163
アカウニ	253
アカガイ	137
アカサンゴ	94
アカナマコ	256
アカルティア類	202
アキアミ	216
アクティヌラ幼生	86
アコヤガイ	139
アサリ	147
アスコン型	75
圧力感覚器	25
アトーク	172
アナジャコ	218
──下目	218
アニワバイ	124
アブラガニ	221
アマエビ	217
アミカイメン類	78
アミ目	206
アメフラシ類	125
アリアケカワゴカイ	177
アリストテレスの提灯	245
アレロケミカル	31
アワビ類	118
アンドンクラゲ	89
イイダコ	163
イカ亜綱	159
イガイ	138
──類	138
イカリムシ	202

育児嚢	194
異形個虫	233
囲血腔系	244
胃腔	73
囲口節	168
異鰓上目	124
囲鰓腔	261
イサザアミ類	207
胃糸	90
胃歯	189
──亜綱	144
イシイソゴカイ	176
イシマテ	135
胃楯	113
異靭帯亜綱	148
イセエビ	218
──下目	218
胃石	194
異旋類	125
囲臓腔	243
イソヤムシ	240
イタボガキ	142
一時性プランクトン	51
一胚葉動物門	45
胃緒	231
囲腸管神経環	114
一化性	60
イトゴカイ	179
胃嚢	90
異尾下目	220
いぼ足	168
イボカワニナ	122
胃盲嚢	231
イワガキ	142
イワムシ	177

咽頭神経管	232
ウシエビ	213
ウニ綱	252
ウバガイ	144
ウミウシ類	125
ウミグモ綱	183
ウミタル	269
ウミナナフシ	209
ウミヒナギク綱	251
ウミヒルガタワムシ綱	104
ウミホタル	203
ウミユリ綱	251
泳鐘	88
栄養個虫	87
栄養細胞	83
エキノプルテウス幼生	250
エゾアワビ	118
エゾカサネカンザシゴカイ	180
エゾバイ	124
──類	123
エゾバフンウニ	253
エゾボラ	124
──類	123
──モドキ	124
エチゼンクラゲ	92
X器官・サイナス腺複合体	193
エッチュウバイ	124
エビジャコ	217
エピトーク	172
──変態	172
エフィラ幼生	90
エボシガイ	199
鰓	22
──心臓	152
襟細胞	73,74

276

索　引

遠心経路	28
エンドトキシン	67
オーリクラリア幼生	249
横分体形成	90
オウムガイ亜綱	158
——属	158
オオエッチュウバイ	124
オオズワイガニ	224
オオタニシ	121
オオノガイ	144
オキアミ目	209
オキノテヅルモヅル	252
オスモライト	34
オタマジャクシ幼生	267
オタマボヤ綱	269
音受容器	25
オトヒメエビ下目	216
オナガナメクジウオ	272
オニヒトデ	252
オフィオプルテウス幼生	250
オベリア属	87

<か行>

界	41
カイアシ亜綱	200
カイアシ類	200
貝殻	109
開眼亜目	160
外クチクラ	185
外肛動物	231
外骨格	19
外肢	186
外腎門	32
貝虫綱	202
外套	109
——器官	110
——腔	36,110
海藤花	164
外胚葉	15
外皮細胞層	82

外部寄生	51
外部出芽	77
開放循環系	22
カイミジンコ類	203
海綿繊維	74
カイロウドウケツ類	80
芽球	77
萼	251
額角	203
顎脚	188
——綱	197
殻口	111
隔鰓型	130
角質環	159
顎舟葉	189
殻頂	125
——期幼生	136
殻板	197
殻皮層	111
隔膜糸	93
学名	41
顎毛	237
カサネカンザシゴカイ	180
——類	180
ガザミ	225
カシラエビ綱	183
下唇	188
ガス交換	22
カタナメクジウオ	272
渦虫綱	101
割球	13
褐色体	234
下内クチクラ	185
カノコイセエビ	218
下皮細胞層	185
カブトエビ類	197
カブトガニ	67
カミナリイカ	160
カメノテ	199
カメラ眼	27

カラスガイ	137
ガラス質骨片	74
カラヌス類	202
カワシンジュガイ	137
カワニナ	122
感覚器	25
感覚窩	86
感覚葉	86
感桿	191
鉗脚	204
カンキュウチュウ	101
環形動物	167
還元体	77
眼窩	153
間細胞	82
間充ゲル	83
間柔織	97
環礁	94
環状血管	171
環状水管	244
肝膵臓	189
完全隔壁	92
管足	244
環帯	180
眼点	26
カンテンコケムシ	235
眼柄	27
間歩帯	244
幹母虫	106
肝盲嚢	271
冠輪動物	48
キクロニューラリア	47
キクロプス類	202
基節	186
偽体腔	16
キタノムラサキイガイ	138
キタムラサキウニ	253
キタヤムシ	240
擬軟体動物	231
キヌタレガイ	137

277

擬縁膜	89	クルミガイ	137	後口動物	17
キプリス幼生	199	クロアワビ	118	口後繊毛環	173
偽糞	21	グロキディウム幼生	137	後固着盤	101
偽弁鰓	129	クロダカワニナ	122	後鰓亜綱	117
気胞体	88	クロナマコ	256	交叉構造	110
奇網	247	クロロクルオリン	24	絞歯	125
キャッチ結合組織	243	群体	87	後腎管	33
キャッチ収縮機構	128	警戒物質	31	肛節	168
吸引体	209	頸器官	172	交接腕	150
休芽	234	珪酸質骨片	74	口前繊毛環	173
嗅検器	114	ケガニ	224	口側神経系	247
旧口動物	17	血管系	244	後腸	171
求心経路	28	結合綱	183	腔腸	82
球相称	18	血体腔	22	口道	92
吸虫綱	101	血洞	22	——溝	92
嗅毛	192	ケツボカイメン類	78	鉤頭動物	104
キュビエ器官	246	血リンパ	22	絞板	125
狭塩種	34	ケブカイセエビ	218	口被蓋	271
鋏角亜門	183	原クチクラ	185	後部体腔嚢	249
鋏角綱	183	原口	15	口柄	89
狭口綱	235	原鰓亜綱	137	剛毛	169
胸肢	186	原鰓型	127	コウモリダコ	163
共肉	88	ケンサキイカ	162	——目	163
共有祖先形質	43	原始細胞	77	コウライエビ	213
共有派生形質	43	原腎管	32	コウロエンカワヒバリガイ	138
棘皮動物	241	減数分裂誘引ホルモン	30	口腕	90
裾礁	94	懸濁物食者	53	コエビ下目	217
挙足筋	132	原腸	15	ゴカイ	175
巨大軸索	153	コウイカ	159	——類	175
キンコ	255	——目	159	5界説	41
筋節	270	口囲膜	151	個眼	26
空個虫	234	広塩種	34	呼吸樹	24
クーマ目	207	口蓋	231	呼吸色素	24
クダコケムシ	235	甲殻亜門	183	コシオリエビ上科	220
掘足綱	109	口下側神経系	247	コシオリエビ類	220
クマエビ	213	咬脚	208	ゴシキエビ	218
クモヒトデ綱	252	口脚目	205	個虫	37
クリオネ	125	口球	151	骨片	74,241
クルマエビ	213	後期幼生	195	コノハエビ	205
クルマガイ類	125	溝腹綱	109	コノハエビ亜綱	205

索　　引

古腹足上目	117	──突起	83	生涯多回繁殖型	61
コブシメ	160	刺糸	83	小顎	188
コペポーダ類	200	四鰓亜綱	158	──腺	33
五放射相称形	17	シジミ類	145	──片	176
根鰓亜目	212	紫汁腺	114	消化系	20
根鰓型	211	指状個虫	88	消化腺	21,112
昆虫綱	183	糸鰓類	137	小割球	14
		シズクガイ	145	晶桿体	130
＜さ行＞		雌性先熟	37	──嚢	130
鰓下腺	114	指節	186	橈脚亜綱	200
鰓冠	54	歯舌	112	少脚綱	183
鰓脚綱	195	自切	174	上クチクラ	185
鰓孔	261	歯舌嚢	112	鞘形亜綱	159
サイコン型	75	嘴側板	197	礁湖	95
細尿管	114	櫛鰓	113	小孔	73
鰓嚢	261	シノブハネエラスピオ	177	鞘甲亜綱	197
鰓尾亜綱	200	嘴板	197	上鰓溝	271
細胞分裂	13	始腹足亜綱	117	上鰓腔	129
サキグロタマツメタ	123	刺胞	81,83	上唇	188
サクラエビ	216	刺胞動物	81	晶体	191
サザエ	120	シマイセエビ	218	条虫綱	102
叉棘	243	シャクシガイ	148	上内クチクラ	185
座節	186	シャコ	206	上皮筋細胞	82
サナダムシ類	102	斜走筋	169	小網膜	27
砂嚢	112	ジャノメガザミ	227	触糸	168
左右相称形	17	シャンハイガニ	228	触手冠	48
ザリガニ下目	218	ジャンボタニシ	122	──動物	48
サルパ類	269	集合フェロモン	31	触手間器官	232
サルボウガイ	138	終生プランクトン	51	触手鞘	231
サンゴ礁	94	雌雄同体現象	37	触手動物	231
傘膜	151	終末嚢	190	触手胞	86
シオミズツボワムシ類	105	重力覚	25	触受容器	25
磁気受容器	25	収斂現象	44	植食者	53
色素胞	154	受精嚢	36,156,212	食道腺	112
糸筋	82	十脚目	210	植物極	14
軸腔嚢	249	出水管	127	食網	264
軸腺	247	出水孔	261	触毛斑	238
軸柱	110	受容器	24	食物糸	112
糸鰓	129	楯板	198	触腕	150
刺細胞	82	生涯一繁殖型	60	初虫	233

279

触角腺	33	スナホリガニ	220	前節	186
シライトマキバイ	124	——上科	220	前大脳	191
シラヒゲウニ	253	スナモグリ	218	選択的堆積物食者	55
シロサンゴ	94	スポロシスト幼生	102	前腸	171
腎管	32	スルメイカ	160	全能性	73
唇脚綱	183	ズワイガニ	222	繊毛冠	103
神経管	266	棲管	170	繊毛環	238
神経感覚細胞	85	星口動物	46	前門	75
神経集網	247	精子塊	239	相称性	17
神経節	27	成熟促進ホルモン	30	ゾエア幼生	194
神経腺	265	星状神経節	153	側系統群	45
神経ホルモン	30	生殖器官	34	足刺	169
腎口	33	生殖腔	100	足糸	133
新口動物	17	生殖個虫	87	——腺	134
腎細胞	190	生殖腺刺激ホルモン	30	足神経節	114
真珠層	111	生殖体包	88	側水管	244
尋常海綿綱	78	生殖輸管	34	側生動物	45
真正後生動物	45	精巣	34	側板	184,197
新生腹足上目	121	性巣下腔	90	側鰭	237
伸足筋	132	成長脈	126	咀嚼胃	189
靭帯	125	性転換現象	37	咀嚼器	103
真体腔	16	性フェロモン	31	咀嚼嚢	103
浸透順応型	33	精包	36,155	祖先形質	43
浸透調節型	33	——腺	155	𧏛素嚢	112
真軟甲亜綱	206	石管	244		
腎嚢	152	脊索	259	＜た行＞	
——付属腺	152	——動物	259	体外消化	21
唇弁	127	脊椎動物亜門	259	大顎	188
真弁鰓	129	世代交代	81	大割球	14
振鞭体	234	セタシジミ	145	耐久卵	106
心門	189	石灰海綿綱	78	体腔	15
水管	113	石灰質骨片	74	——細胞	243
——系	244	節足動物	183	大孔	73
水溝系	75	セメント腺	104	体制	17
水腔嚢	249	全割	13	堆積物食者	54
水骨格	20	線形動物	47	体節	19
頭蓋軟骨	150	前口動物	17	——性	19
スクミリンゴガイ	122	前口葉	168	——動物	47
スジエビ	217	前鰓亜綱	117	タナイス目	209
スナイソゴカイ	176	腺細胞	82	タイラギ	140

索　引

タイワンガザミ	227	長節	186	頭部神経節	238
タイワンシジミ	146	チョウセンハマグリ	148	動物極	14
唾液腺	112	腸体腔	15	頭帽	158
多核体	97	鳥頭体	233	独立効果器	27
多化性	60	腸内縦隆起	113	トゲエビ亜綱	205
タカラガイ類	122	直泳動物門	45	トゲズワイガニ	224
他感作用物質	31	直腹足亜綱	117	トコブシ	119
多系統群	45	貯精嚢	36,155	ドブガイ	137
多孔体	244	チリメンカワニナ	122	ドメイン	42
多足亜門	183	通常個虫	233	トヤマエビ	218
脱皮動物	48	ツツイカ目	160	ドリオラリア幼生	250
タナイス	209	ツツガタソコミジンコ	20	トリガイ	144
タニシ類	121	ツニシン	260	トロコフォア	116
多板綱	109	ツバイ	124	──幼生	17
多毛綱	175	ツメタガイ	122		
タラバガニ	221	D型幼生	136	＜な行＞	
タリア綱	269	ティーデマン小体	244	内顎綱	183
単為生殖	34,38	泥食者	56	内骨格	19
端黄卵	13	底生生物	51	内肢	186
単眼	26	底生動物	51	内臓塊	109
端脚目	208	底節	186	内臓血洞	171
単系統群	45	──板	208	内柱	264
単生綱	101	底表下堆積物食者	54	内胚葉	15
単生殖巣綱	105	底表堆積物食者	54	内皮細胞層	82
単板綱	109	ディプリュールラ幼生	17	内部寄生	52
短尾下目	221	デカポディド幼生	195	内部出芽	77
端部繊毛環	173	デトリタス	56	内分泌ホルモン	30
チヂミエゾボラ	124	テナガエビ	217	ナガタニシ	121
チチュウカイミドリガニ	227	テナガダコ	163	ナマコ綱	255
中央眼	191	等黄卵	13	ナミウズムシ	101
中膠	74	トウガタガイ類	125	ナメクジ類	125
チュウゴクモクズガニ	228	導管	33	軟甲	160
虫室	231	──部	190	──綱	203
中生動物	45	等脚目	209	軟サンゴ	20
虫体	231	頭胸甲	203	ナンバン	217
中腸	171	ドウケツエビ属	216	ニーダム嚢	155
──腺	21,112	頭索動物亜門	270	肉食者	52
中胚葉	15	頭節	98	ニシキエビ	218
チューブワーム類	175	套線	127	ニホンキクイムシ	209
チョウ	200	頭被	238	ニホンスナモグリ	218

281

二枚貝綱	125	バナジウムボヤ	265	ヒメタニシ	121
二名法	41	バナドサイト	265	ヒメヤマトカワゴカイ	177
入鰓静脈	152	花虫綱	92	紐形動物	46
入水管	127	ハネコケムシ	235	表皮下神経叢	232
入水孔	261	ハブクラゲ	89	ヒルガタワムシ綱	105
ニューロン	27	バフンウニ	254	鰭	151
ネクトキータ幼生	173	ハマグリ	148	瓶嚢	245
ねじれ現象	110	ハリイカ	159	フィロゾーマ幼生	195
粘液腺	155	ハオリムシ類	175	プエルルス幼生	195
年周期多回繁殖型	61	ハルパクチクス類	202	不完全隔壁	92
嚢胸下綱	197	反口側神経系	247	複眼	26
脳神経節	27	半索動物	46	腹行血管	169
嚢胚	15	皮下血洞	171	複合排出器	33
脳胞	271	皮下溝	76	複雑眼	27
ノープリウス眼	191	皮下受精	36	副肢	188
ノープリウス幼生	194	皮下神経網	114	腹肢	184,186
ノコギリガザミ属	227	ヒガシナメクジウオ	272	腹尾節	209
		尾鰭	237,270	腹部神経節	238
＜は行＞		ヒゲコケムシ	235	腹襞	271
バイ	123	被甲	103	腹膜	15
倍脚綱	183	被口綱	235	腹毛動物	47
配偶子	34	尾腔綱	109	袋形動物	47
背行血管	169	皮鰓	243	フサコケムシ	235
背板	184,198	尾索動物亜門	259	フジツボ亜綱	197
背膜	264	尾肢	204	フジツボ類	199
背鰭	169	ビゼンクラゲ	91	縁膜	88,271
バカイカ	163	非選択的堆積物食者	56	普通海綿綱	73
薄甲目	205	ヒトデ綱	252	フナクイムシ	144
箱虫綱	89	ヒドロ花	87	腐肉食者	52
はしご状神経系	28	ヒドロ茎	87	部分割	14
派生形質	43	ヒドロ根	87	浮遊生物	51
ハダカカメガイ	125	ヒドロ莢	87	ブラインシュリンプ	197
ハチジョウダカラガイ	122	ヒドロ虫綱	88	ブラキオラリア幼生	250
鉢ポリプ	91	被嚢	260	ブラックタイガー	216
鉢虫綱	89	――類	259	プラナリア	101
八腕形目	163	ヒバリガイ	138	プラヌラ幼生	86
白化現象	95	ビビンナリア	249	プランクトン	51
発光器	154	皮膚呼吸	23	――栄養型幼生	57
八放サンゴ亜綱	93	ヒメエゾボラ	124	――食者	53
バナジウム濃縮細胞	265	ヒメコウイカ	160	プレゾエア	223

282

索 引

分岐図	44	ボーリー嚢	244	ミズシタダミ類	125
分岐論	43	捕脚	205	ミズダコ	163
分子系統学	45	歩脚	204	ミドリイガイ	138
吻唇	127	墨汁嚢	154	ミラシディウム幼生	101
分泌腺	34	ホシダカラガイ	122	ムカデエビ綱	183
噴門胃	189	堡礁	94	無性生殖	37
閉殻筋	132	捕食者	52	無体腔動物	16
閉眼亜目	160	歩帯	244	ムラサキイカ	163
平衡石	25	——溝	244	ムラサキイガイ	138
平行現象	44	ホタテガイ	140	ムラサキウニ	255
閉鎖循環系	22	ホタルイカ	160	——モドキ	253
平板動物門	45	ボタンエビ	218	迷路部	190
ペディベリジャー幼生	136	ホッカイエビ	218	メガイ	118
ベニズワイガニ	224	ホッコクアカエビ	217	メガロパ幼生	194
ヘメリスリン	24	ホトトギスガイ	138	メタセルカリア幼生	102
ヘモグロビン	24	炎球	32	メタゾエア幼生	217
ヘモシアニン	24	ホヤ綱	269	メテフィラ幼生	91
ヘラガタヤムシ	240	ホラガイ	123	面盤	116
変形サイコン型	75	ホンホッコクアカエビ	217	毛顎動物	237
扁形動物	97	ホンヤドカリ	221	毛鰓型	211
弁鰓型	129			盲嚢	151
片節	99	**＜ま行＞**		モガイ	138
ペンタクツラ幼生	250	マイマイ類	125	モクズガニ	227
扁平細胞	73	マガキ	142	モクヨクカイメン	78
鞭毛室	75	マシジミ	145	モモイロサンゴ	94
哺育嚢	194	マスティゴプス幼生	195	モンゴウイカ	160
峰側板	197	マダカ	118		
箒虫動物	48	マダコ	163	**＜や行＞**	
放射水管	244	マダラスピオ	178	ヤギ類	93
放射相称形	17	末端細胞	32	ヤクシマダカラガイ	122
放射卵割	15	マナマコ	255	ヤドカリ上科	221
ボウシュウボラ	123	マボヤ	269	ヤマトカワゴカイ	177
棒状小体	97	マミズクラゲ	89	ヤマトカワニナ	122
包巣	262	マルタニシ	121	ヤマトシジミ	145
ホウネンエビ類	197	マンカ幼生	205	ヤムシ綱	237
峰板	197	蔓脚	54	ヤリイカ	162
胞胚	15	——下綱	197	遊泳脚	204
——腔	15	ミシス幼生	194	遊泳生物	51
抱卵亜目	216	ミジンコ類	197	有腔胞胚	15
包卵腺	155	ミズクラゲ	90	有櫛動物	46

有鬚動物	175	——動物群	47	連室細管	158
有性生殖	34	卵黄栄養型幼生	57	連続多回繁殖型	61
雄性先熟	37	卵割	13	ロイコン型	76
遊走細胞	74	卵室	233	漏斗	150
有帯綱	180	卵巣	34	六脚亜門	183
有肺亜綱	117	卵胎生	36	六放海綿綱	78
幽門胃	189	流出溝	76	六放サンゴ亜綱	94
ユムシ動物	46	流入溝	76	ロミス上科	220
葉状鰓型	211	流入室	129		
翼形亜綱	137	菱形動物門	45	**＜わ行＞**	
ヨコエビ類	208	両性生殖雌虫	106	Y器官	193
ヨツバネスピオ	177	緑腺	190	ワタリガニ	226
		輪形動物	103	ワラジムシ	209
＜ら行＞		リンコトウチオン幼生	157	ワレカラ類	208
裸口綱	235	裂体腔	15	腕節	186
らせん卵割	15	レディア幼生	102	腕足動物	48

INDEX

< A >

abdomen	186
aboral nervous system	247
Acanthaster planci	252
Acanthocephala	104
Acartia	202
Acetes japonicus	216
aciculum	169
acoelomate	16
actinula	86
afferent branchial vessel	152
afferent pathway	28
albumen gland	155
alimentary canal system	20
allelochemical	31
ambulacral groove	244
ambulacrum	244
ambulatory leg	204
amebocyte	74
Amphioctopus fangsiano	163
Amphipoda	208
ampulla	245
ancestrula	233
animal pole	14
Annelida	167
annual iteroparity	61
Anodonta woodiana	137
Anomalodesmata	148
Anomura	220
antennal gland	33
Anthocidaris crassispina	253
Anthozoa	92
aperture	111
apomorphic character	43
Apostichopus japonicus	256

Appendicularia	269
aquiferous system	75
archenteron	15
archeocyte	77
Argulus japonicus	200
Aristotle's lantern	245
Artemia salina	197
Arthropoda	183
Articulata	48
Asajirella gelatinosa	235
Ascidia gemmata	265
Ascidiacea	269
asconoid type	75
Ascothoracida	197
asexual reproduction	34
Ashchelminthes	47
Astacidea	218
Asteroidea	252
Asymmetron lucayanus	272
atoke	172
atoll	94
atrial aperture	261
Atrina lischkeana	140
atrium	73
attached surface dweller	133
Aurelia aurita	90
auricle	114
auricularia	249
autotomy	174
autozooid	233
avicularia	234
axial gland	247
axocoel	249

< B >

Babylonia japonica	123
Balanus	199
baroreceptor	25
barrier reef	94
basis	186
bauplan	17
Bdelloidea	105
benthos	51
bilateral symmetry	17
binominal nomenclature	41
bipinnaria	249
Bivalvia	125
Biwamelania multigranosa	122
—— *nipponica*	122
blastocoel	15
blastomere	13
blastopore	15
blastula	15
blood sinus	22
body cavity	15
boring type	134
brachiolaria	250
Brachionus	105
Brachiopoda	48
Brachyura	221
branchia	22
branchial crown	54
branchial heart	152
branchial sac	261
Branchinella	197
Branchiopoda	195
Branchiostoma japonicum	272
Branchiura	200
brown body	234

285

Bryozoa	231	cement gland	104	cnida	81
buccal bulb	151	Cephalocarida	196	Cnidaria	81
buccal membrane	151	Cephalochordata	270	cnidocil	83
Buccinum aniwanum	124	Cephalopoda	148	cnidocyte	82
—— *isaotakii*	124	cerebral ganglion	27,238	coelenteron	82
Buccinum middendorffi	124	cerebral vesicle	271	coeloblastula	15
—— *striatissimum*	124	Cestoda	102	coelom	15
—— *tenuissimum*	124	Chaetognatha	237	coelomocyte	243
—— *tsubai*	124	*Charonia lampas sauliae*	123	coenosarc	88
Bugula neritina	235	—— *tritonis*	123	Coleoidea	159
byssus	133	Chelicerata	183	colony	87
—— gland	134	Cheliceriformes	183	columella	110
		cheliped	204	commissure	172
< C >		chiastoneury	110	complete mesentery	92
caecum	151,231	Chilopoda	183	complex eye	27
Caenogastropoda	121	*Chionoecetes angulatus*	224	compound eye	26
Calanus	202	—— *bairdi*	224	Concentricycloidea	251
Calcarea	78	—— *japonicus*	224	continuous iteroparity	61
calcareous plate	197	—— *opilio*	222	contractile vacuole	77
calcareous spicule	74	*Chironex yamaguchii*	89	convergence	44
calyx	251	chitinous ring	159	Copepoda	200
camera eye	27	chlorocruorin	24	copepodid	202
Capitella	208	choanocyte	74	copulatory organ	34
—— *capitata*	179	—— chamber	75	coral bleaching	95
—— sp. type I	179	Chordata	259	—— reef	94
Capitulum mitella	199	chromatophore	154	*Corallium elatius*	94
carapace	203	ciliary loop	238	—— *konojoi*	94
Carcinus aestuarii	227	ciliary process	154	*Corbicula fluminea*	146
cardiac stomach	189	*Cipangopaludina chinensis*		—— *japonica*	145
cardinal teeth	125	*laeta*	121	—— *leana*	145
Caridea	217	—— *japonica*	121	—— *sandai*	145
carina	197	circumentic nerve ring	114	cornea	27
carino-lateral plate	197	Cirripedia	197	corona	103
carnivore	52	cirrus	54,168	coxa	186
carpus	186	cladistics	43	coxal plate	208
Carybdea rastonii	89	cleavage	13	coxopodite	186
catch connective tissue	243	Clitellata	180	cradogram	44
caudal fin	270	clitellum	180	*Crangon affinis*	217
Caudofoveata	109	*Clonorchis sinensis*	101	cranial cartilage	150
cell division	13	closed circulatory system	22	*Craspedacusta sowerbii*	89

286

INDEX

Crassostrea gigas	142
—— *nipponica*	142
Crinoidea	251
Crisia	235
Cristaria plicata	137
crop	112
Crustacea	184
crystalline cone	191
crystalline style	130
ctenidium	113
Ctenphora	46
Cubozoa	89
Cucumaria frondosa	255
Cumacea	207
Cuspidaria steindachneri	148
Cuvierian organ	246
Cycloneuralia	47
Cyclops	202
cyphonautes	233
cypris	199
Cypris	203

< D >

dactyl	186
dactylozooid	88
dactylus	186
Daphnia	197
Decapoda	210
decapodid	195
Demospongiae	78
Dendrobranchiata	212
dendrobranchiate gill	211
deposit feeder	54
dermal respiration	23
detritus	56
deuterocoel	16
Deuterostomia	17
deutrerostome	17
digestive gland	21,112
dipleurula	17

Diplopoda	183
Doliolum denticulatum	269
Domain	42
doriolaria	250
dormant egg	106
dorsal lamina	264
dorsal vessel	169
Dugesialatum japonica	101

< E >

Ecdysozoa	48
Echinodermata	241
Echinoidea	252
echinopluteus	250
Echiura	46
ectoderm	15
ectoparasite	52
Ectoprocta	231
efferent pathway	28
elytron	169
end sac	190
endocrine hormone	30
endoderm	15
endoparasite	52
endopod	186
endopodite	186
endoskeleton	19
endostyle	264
Ennucula nipponica	137
Enteroctopus dofleini	163
enterocoel	16
Entovalva	135
Eogastropoda	117
ephyra	90
epibranchial groove	271
epicuticle	185
epidermis	82
Epigonichthys maldivensis	272
epipod	188
epipodite	188

epitheliomascular cell	82
epitoke	172
Erimacrus isenbeckii	224
Eriocheir japonica	227
—— *sinensis*	228
esophageal gland	112
esthetascs	192
eulamellibranch gill	129
Eumalacostraca	206
Eumetazoa	45
Euphausiacea	209
Euplectella	80
euryhaline species	34
Euspina fortunei	123
exhalant canal	76
exhalant chamber	129
exhalant siphon	127
exocuticle	185
exopod	186
exopodite	186
exoskeleton	19
external budding	77
external digestion	21
eye stalk	27
eyespot	26

< F >

Fenneropenaeus chinensis	213
filibranch gill	129
fin	151
flame bulb	32
food groove	129
food string	112
foregut	171
fringing reef	94
Fulvia mutica	144
funiculus	231
funnel	150

287

<G>

Galatheoidea	220
gamete	34
Gammarus	208
ganglion	27
gas exchange	22
gastolith	194
gastric filament	90
gastric pouch	90
gastric shield	113
gastric teeth	189
gastrodermis	82
Gastropoda	109
Gastrotricha	47
gastrozooid	87
gastrula	15
gemmule	77
genital cavity	100
georeceptor	25
giant axon	153
gill	22
gizzard	112
gladius	160
gland cell	82
glochidium	137
Glossaulax didyma	123
gnathopod	208
gonad	34
—— stimulating substance	30
gonoduct	34
gonotheca	88
gonozooid	87
Gorgonocephalus eucnemis	252
grasping spine	237
green gland	190
ground plan	17
growth line	126
Gymnolaemata	235

<H>

Haliotis	118
—— *(Nordotis) discus*	
discus	118
—— *(N.) d. hannai*	118
—— *(N.) gigantea*	118
—— *(N.) madaka*	118
—— *(Sulculus) diversicolor*	
aquatilis	119
—— *(S.) d. diversicolor*	119
Halocynthia roretzi	265
Harpacticus	202
hectocotylus	150
Hediste atoka	177
—— *diadroma*	177
—— *japonica*	177
hemal system	244
hemerythrin	24
Hemicentrotus pulcherrimus	253
Hemichordata	46
hemocoel	22
hemocyanin	24
hemoglobin	24
hemolymph	22
hepatic cecum	271
hepatopancreas	189
herbivore	53
hermaphroditism	37
Heterobranchia	124
Heterodonta	144
Heterogen longispira	121
heterozooid	233
Hexacorallia	94
Hexactinellida	78
Hexapoda	183
hindgut	171
hinge plate	125
Hippa marmorata	220
Hippoidea	220

hollow thread	83
holoblastic cleavage	13
holoplankton	51
Holothuroidea	255
hood	158,238
hook	237
Hoplocarida	205
house	262
hydranth	87
hydrocaulus	87
hydrocoel	249
Hydroides	180
—— *elegans*	180
—— *ezoensis*	180
hydrorhiza	87
hydrostatic skeleton	20
hydrotheca	87
Hydrozoa	88
hypobranchial gland	114
hypodermic impregnation	36
hypodermis	185
hyponeural nervous system	247

<I>

incomplete mesentery	92
incurrent canal	76
independent receptor	27
inhalant part	129
inhalant siphon	127
ink sac	154
interambulacrum	244
internal budding	77
International Code of Zoological Nomenclature	41
interstitial cell	82
intertentacular organ	232
ischium	186
isolecithal egg	13
Isopoda	209

INDEX

iteroparity 61

< K >

kenozooid 234
Kingdom 41

< L >

labial palp 127
labium 188
labyrinth 190
ladder-like nervous system 28
lagoon 95
Lamellibranchia 175
lamellibranchiate type 129
lateral canal 244
lateral fin 237
lateral plate 197
lecithotrophic larva 57
Lepas anatifera 199
Leptostraca 205
Lernaea cyprinacea 202
leuconoid type 76
Leucosolenia 78
ligament 125
Limnoria japonica 209
Limulus 67
Loligo (Heterololigo) bleekeri 162
—— *(Photololigo) edulis* 162
Lomis hirta 220
Lomisoidea 220
Lophophorata 48
lophophore 48
Lophotrochozoa 48
lorica 103
lubrum 188

< M >

Macrobrachium nipponense

217
macromere 14
madreporite 244
magnetoreceptor 25
Malacostraca 203
manca 205
mandible 188
mantle 109
—— cavity 110
manubrium 90
Margaritifera laevis 137
Marphysa sanguinea 177
Marsupenaeus japonicus 213
marsupium 194
mastax 103
masticatory stomach 189
mastigopus 195
maturation promoting factor 30
maxilla 188
maxillary gland 33
maxilliped 188
Maxillopoda 197
megalopa 194
Meretrix lamarckii 148
—— *lusoria* 148
meroblastic cleavage 14
meroplankton 51
merus 186
mesenchyme 82,97
mesentery 92
mesoderm 15
mesoglea 83
mesohyl 74
Mesozoa 45
metagenesis 81
metamerism 19
metanephridium 33
metapleural fold 271
metatroch 173

metazoea 217
metephyra 91
micromere 14
mictic female 106
midgut 171
midgut gland 21,112
miosis inducing substance 30
miracidium 101
modified syconoid type 75
Modiolus nipponicus 138
molecular phylogenetics 45
Molluscoidea 231
Monoblastozoa 45
Monogenea 101
Monogononta 105
monophyletic group 45
Monoplacophora 109
mucous feeding net 264
mud feeder 56
multivoltine 60
muscular lobe 126
Musculista senhousia 138
mutable collagenos tissue 243
Mya arenaria oonogai 144
myoneme 82
Myopsida 160
myotome 270
Myriopoda 183
Mysida 206
mysis 194
Mytilus coruscus 138
—— *galloprovincialis* 138
—— *trossulus* 138

< N >

nacreous layer 111
nauplian eye 191
nauplius 194
Nautiloidea 158
Nautilus 158

289

Nebalia bipes	205
nectophore	88
Needham's sac	155
nektochaete	173
nekton	51
Nemata	47
nematocyst	83
Nematoda	47
Nemertea	46
Nemopilema nomurai	91
Neomysis	207
nephridial tubule	33
nephridiopore	32
nephridium	32
nephrocyte	190
nephromixium	33
nephrostome	33
Neptunea constricta	124
── *intersculpta*	124
── *polycostata*	124
── *(Barbitonia) arthritica*	
	124
nerve cord	266
── plexus	114,247
neural gland	265
neurohormone	30
neuron	27
neurosecretory cell	30
neurosensory cell	85
nidamental gland	155
Nihonotrypaea japonica	218
── *petalura*	218
non-selective deposit feeder	
	56
notochord	259
nuchal organ	172
numerical taxonomy	43
nutritive cell	83

< O >

Obelia	87
oblique muscle	169
ocellus	26
Octocorallia	93
Octopoda	163
Octopus minor	163
── *vulgaris*	163
Oegopsida	160
Ommastrephes bartramii	163
ommatidia	26
ooecium	233
open circulatory system	22
operculum	231
ophiopluteus	250
Ophiuroidea	252
opisthaptor	101
Opisthobranchia	117
oral aperture	261
oral arm	90
oral hood	271
oral nervous system	247
Oratosquilla oratoria	206
orbit	153
Orthogastropoda	117
Orthonectida	45
osculum	73
osmoconformer	33
osmolyte	34
osmoregulator	33
osphradium	114
ossicle	241
ostium	73,189
Ostracoda	202
Ostrea denselamellosa	142
ovary	34
ovicell	233
oviducal gland	155
ovoviviparous spawning	36

< P >

Paguroidea	221
Pagurus filholi	221
Palaemon paucidens	217
Palinura	218
pallial cavity	110
pallial line	127
pallial organ	110
palp proboscides	127
Pandalus borealis	217
── *eous*	217
── *hypsinotus*	218
── *latirostris*	218
── *nipponensis*	218
Panulirus homarus	218
── *japonicus*	218
── *longipes*	218
── *ornatus*	218
── *penicillatus*	218
── *versicolor*	218
papula	243
paragnath	176
Paralithodes brevipes	221
── *camtschatica*	221
── *platypus*	221
parallelism	44
Paracorallium japonicum	94
Paranthura japonica	209
paraphyletic group	45
parapodium	168
Paraprionospio sp. form A	
	177
Parasagitta elegans	240
Parazoa	45
Patinopecten yessoensis	140
pedal elevator	132
pedal ganglion	114
pedal protractor	132
pedicellaria	243
pediveliger	136

INDEX

peduncle	197	pleurite	184	puerulus	195
Penaeus monodon	213	*Plumatella repens*	235	Pulmonata	117
—— *semisulcatus*	213	pneumatophore	88	purple gland	114
pentactula	250	Polian vesicle	244	Pycnogonida	183
pentaradial symmetry	17	*Polydora brevipalpa*	178	pygidium	168
pereiopod	186	polyphyletic group	45	pyloric stomach	189
pereopod	186	polypide	231		
peribranchial cavity	261	Polyplacophora	109	< R >	
perihemal system	244	*Pomacea canaliculata*	122	radial canal	244
Perinereis aibuhitensis	177	*Porcellio scaber*	209	radial cleavage	15
—— *mictodonta*	176	*Portunus pelagicus*	227	radial symmetry	17
—— *wilsoni*	176	—— *sanguinolentus*	227	radula	112
periostracum	111	—— *trituberculatus*	225	—— sac	112
peristomium	168	postlarva	195	raptorial leg	205
peritoneum	15	predator	52	receptor	24
perivisceral coelom	243	prezoea	223	reduction body	77
Perna viridis	138	procuticle	185	Remipedia	183
Petrasma pusilla	137	proglottid	99	renal appendage	152
pharyngeal nerve ring	232	propodus	186	renal sac	152
phonoreceptor	25	Prosobranchia	117	renal tubule	114
Phoronida	48,231	prosopyle	75	respiratory pigment	24
photophore	154	prostomium	168	respiratory tree	23
Phylactrolaemata	235	protandry	37	rete mirabile	247
phyllobranchiate gill	211	Protobranchia	137	retinula	27
Phyllocarida	205	protobranchiate type	127	rhabdoid	97
phylogenetic systematics	43	protocerebrum	191	rhabdome	191
phylosoma	195	protogyny	37	Rhombozoa	45
pinacocyte	73	protonephridium	32	rhopalium	86
Pinctada fucata martensii	139	protostome	17	*Rhopilema esculenta*	91
Placozoa	45	Protostomia	17	rhynchoteuthion	157
plankton	51	prototroch	173	ring canal	244
—— feeder	53	*Pseudocardium sachalinense*		ring vessel	171
planktotrophic larva	57		144	rostral plate	197
planktotrophy	53	*Pseudocentrotus depressus*		rostro-lateral plate	197
planula	86		253	rostrum	203
Platyhelminthes	97	pseudocoel	16	Rotifera	103
Pleocyemata	216	pseudofeces	21	*Ruditapes philippinarum*	147
pleopod	186	pseudolamellibranch gill	129		
pleotelson	209	Pteriomorphia	137	< S >	
plesiomorphic character	43	*Pterosagitta draco*	240	Sagittoidea	237

291

salivary gland	112	
Salpa	269	
Scapharca kagoshimensis	138	
—— *broughtonii*	137	
scaphognathite	189	
Scaphopoda	109	
scavenger	52	
schizocoel	15	
scientific name	41	
scolex	98	
Scolytus japonicus	209	
scutum	198	
Scylla	227	
scyphopolyp	91	
Scyphozoa	89	
secretory gland	34	
secretory lobe	126	
segment	19	
Seisonidea	104	
semelparity	60	
seminal receptacle	36,156	
—— vesicle	36,155	
Semisulcospira kurodai	122	
—— *libertina*	122	
—— *reiniana*	122	
sense organ	25	
sensory lappet	86	
sensory lobe	126	
sensory pit	86	
sensory spot	238	
Sepia (*Acanthosepion*)		
lycidas	160	
—— (*Doratosepion*)		
kobiensis	160	
—— (*Platysepia*) esuculenta		
	159	
—— (*Sepia*) latimanus		
	160	
Sepioida	159	
septal filament	93	

septibranchiate type	130	
Sergia lucens	216	
seta	169	
sex change	37	
sexual reproduction	34	
shell	109	
siliceous spicule	74	
Sinotaia quadrata histrica	121	
siphon	113	
siphonoglyph	92	
siphuncle	158	
Sipuncula	46	
soft bottom burrower	132	
soft coral	20	
Solenogastres	109	
somatocoel	249	
Sorbera	260	
Sorberacea	260	
Spadella cephaloptera	240	
sperm ball	239	
sperm cluster	239	
spermatophore	36,155	
spermatophoric gland	155	
spherical symmetry	18	
spicule	74	
spiral cleavage	15	
Spiralia	47	
Spongia officinalis	78	
Spongicola	216	
spongin fiber	74	
spongocoel	73	
sporocyst	102	
stalk	197	
statoblast	234	
statolith	25	
stellate ganglion	153	
stem mother	106	
stenohaline species	34	
Stenolaemata	235	
Stenopodidea	216	

sternite	184	
stigmata	261	
stomach	20	
Stomatopoda	205	
stomodeum	92	
stone canal	244	
strobilation	90	
Strongylocentrotus intermedius		
	253	
—— *nudus*	253	
style sac	130	
subdermal sinus	171	
subdermal space	76	
subepidermal nerve plexus		
	232	
subgenital pit	90	
subsurface deposit feeder	54	
sucking cone	209	
surface deposit feeder	54	
suspension feeder	53	
swimmeret	204	
Sycon	78	
syconoid type	75	
Symphyla	183	
synapomorphic character	43	
syncytium	97	
synplesiomorphic character	43	
< T >		
tactile receptor	25	
tadpole larva	267	
tail fin	237	
Tanaidacea	209	
teletroch	173	
telolecithal egg	13	
telson	186	
tentacle	150	
—— sheath	231	
Tentaculata	231	
Teredo navalis	144	

INDEX

tergite	184	tunicate	259	Vertebrata	259
tergum	198	tunicin	260	Vetigastropoda	117
terminal cell	32	Turbellaria	101	vibraculum	234
testis	34	*Turbo (Batillus) cornutus*	120	visceral mass	109
Tetrabranchia	158	typhlosole	113	visceral sinus	171
Teuthoida	160				
Thalassinidea	218	**< U >**		**< W >**	
Thaliacea	269	umbo	125	*Watasenia scintillans*	160
Thecostraca	197	umbonal stage	136	water vascular system	244
thelycum	212	under endocuticle	185	web	151
Theora fragilis	145	univoltine	60		
—— *lubrica*	145	untouched surface dweller	134	**< X >**	
thorax	186	*Upogebia major*	218	X organ and sinus gland	
Tiedeman's body	244	upper endocuticle	185	complex	193
Todarodes pacificus	160	Urochordata	259	*Xenostrobus securis*	138
torsion	110	uropod	204	*Xyloplax*	251
totipotency	73				
Trematoda	101	**< V >**		**< Y >**	
trichobranchiate gill	212	*Valgula hilgendorfii*	203	Y organ	193
Triops	197	Vampyromorpha	163		
Tripneustes gratilla	253	*Vampyroteuthis infernalis*	163	**< Z >**	
trochophore	17,116	vanadocyte	265	zoea	194
trophi	103	vegetal pole	14	zoocium	231
tube	170	velum	88,116,271	zooid	37
—— foot	244	ventral ganglion	238	zooxanthella	95
tubule	190	ventral vessel	169		
Tubulipora	235	ventricle	114		
tunic	260	veralium	89		

＜著者紹介＞

林　勇夫（はやしいさお）1941 年大阪府生まれ，京都大学
農学部水産学科卒業，農学博士．現在，京都大学名誉教授．

すいさんむせきついどうぶつがくにゅうもん
水産無脊椎動物学入門

2006 年 9 月 9 日　　初版発行
2014 年 3 月 31 日　　2 刷発行
2019 年 2 月 25 日　　3 刷発行
2023 年 2 月 28 日　　4 刷発行

（定価はカバーに表示）

著　者　林　勇　夫

発行者　片　岡　一　成

発行所　　株式会社 恒星社厚生閣

〒 160-0008　東京都新宿区四谷三栄町 3-14
Tel　03-3359-7371　Fax　03-3359-7375
http://www.kouseisha.com/

印刷・製本：シナノ

ISBN978-4-7699-1045-9　C3045

JCOPY 〈出版者著作権管理機構　委託出版物〉

本書の無断複製は著作権法上での例外を除き禁じられています．複製され
る場合は，そのつど事前に，出版者著作権管理機構（電話03-5244-5088,
FAX03-5244-5089, e-mail:info@jcopy.or.jp）の許諾を得てください．